신재생에너지 발전설비 태양광

기사·산업기사 기능사(필답형) 실기

김종택 편저

도서출판 금호

Prologue

세계 에너지환경에서 볼 수 있듯이 우리나라뿐만 아니라 전 세계적으로 신 · 재생에너지에 대한 관심은 크게 고조되고 있으며, 신 · 재생에너지가 각국 에너지정책의 중요한 부분을 차지하게 되었습니다. 신 · 재생에너지는 무한한 가능성도 있지만, 무작정 환상적인 에너지원은 아니며 우리가 극복해야 할 과제가 있으며 지불해야 할 비용도 있는바, 이러한 점들을 균형있는 시각으로 이해하고 조정하는 것이 신 · 재생에너지산업을 육성 하고 신 · 재생에너지 공급을 확대하는 데 있어서 중요한 전제 조건이라 사료됩니다.

이 책에서는 신 · 재생에너지실기 시험과 관련하여 많은점을 염두에 두었습니다.

어떻게 하면 태양광 수험생에게 실기에 관한 사항을 쉽게 접근 할 수 있을까 고민을 많이 하였습니다. 태양광 발전설비의 실기 및 관련 시공 및 설계에 주안점을 두고 각 장마다 한국산업 인력공단에서 실기 출제 기준에 근접하도록 최선을 다해 만들었습니다.

실기 문제가 어떻게 나올지 궁금하기도 하면서 이 정도면 될 것 같은 예상을 각 장마다 끝부분에 실기 필답형 문제를 총 약150여개의 실기문제를 만들었습니다.

특히나 3장에서는 최신 중복 출제된 50문제를 선정하여 정답 해설을 기술하였습니다.

20년을 토목, 건축 ,도시계획을 하면서 태양광설비에 필요한 기초 및 관련 설계에 필요한 법령을 가미하였고, 주변의 지인으로 부터 태양광설비에 관해 많은 도움을 받았습니다.

글을 마치면서도 본인이 아는 지식 또는 생각을 글로 남긴다는 것은 부끄럽고 부담스러운 일입니다. 하지만 이 글을 통해서 이 분야에 대한 자격증을 취득하여 좀더 깊이 있는 이해에 조금이나마 도움을 줄 수 있다면 충분히 의미있는 일이라고 생각하면서 이러한 부끄러움은 행복이 아닐까 반문해 봅니다.

“실무자가 세상을 바꾼다.”라는 명제에 현실을 보다 깊이 있고 폭넓게 알고 있는 실무자가 학계의 이론과 대중들의 의견을 겸허히 받아들이면서 정책과 제도를 개선해 나갈 때 세상은 한 걸음 더 나아갈 것입니다. 이러한 실무자가 되도록 끊임없이 노력하고자 합니다.

한가지 무엇보다도 안타까운것은 같은 대한민국의 공학도로써 실력과 정보를 서로 교류하고 토론할 때, 진정한 가치가 나옴에도 불구하고, 본인만의 가치인양 떠들어대는 공학도가 있어 실망과 안타까움이 있습니다. 급기야는 자신의 꿈과 신뢰를 의심케 하는 상황이 종종 벌어지고 있습니다.

"꿈은 이루어진다"라는 말이 있습니다. 꿈만 꾼다면 몽상가일 뿐입니다. 꿈을 이루기 위해 최선을 다해 노력하는 자는 자신이 바라는 꿈이 현실 된다는 것을 이제 50년을 살면서 알게 되었습니다.

역사의 불빛은 본인을 포함한 모든 이들의 가슴속에 수많은 사연을 간직하고 있습니다. 감히 세상은 서럽고 힘들지만 아름다우면서 따뜻한 그리고 너무도 정감어린 인간적인 삶을 살아가는 사람들과 늘 함께 하고 싶습니다.

또한, 본서를 접하여 합격의 기쁨을 맛본다면 크나큰 영광이 아닐 수 없습니다.

마지막으로 본서의 집필에 지대한 관심과 충고를 아끼지 않으신 금호 출판사 성 대준 사장님 그리고 음으로 양으로 관심과 사랑을 보내온 제자와 지인분들과 함께 본서 출간의 기쁨을 지면으로나마 머리숙여 감사의 인사를 드립니다.

김 종 택 배상

차 례 Contents

제1편 태양광 발전설비 실무

제2편 태양광 발전설비 운영 및 유지

제3편 핵심 예상문제 및 해설

제 1 편

태양광 발전설비 실무

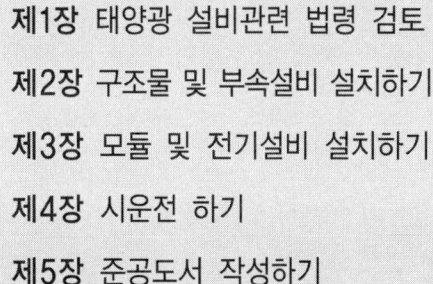

- 제1장 태양광 설비관련 법령 검토
- 제2장 구조물 및 부속설비 설치하기
- 제3장 모듈 및 전기설비 설치하기
- 제4장 시운전 하기
- 제5장 준공도서 작성하기

제 1 장

태양광 설비관련 법령 검토

* 설계도서 검토 및 해당공사 발주에 따른 인허가 업무를 전반적으로 다루었다.
* 현행 공시된 태양광발전 설비와 관련된 법령(현 : 2018.01.01일자 법, 시행령, 시행규칙, 지침)등을 각 기관과 연결된 업무에 따라 정리하였다.
* 각 인허가에 따른 각부문 공사에 따른 발주 내용을 행정법령에 따라 정리하였다.

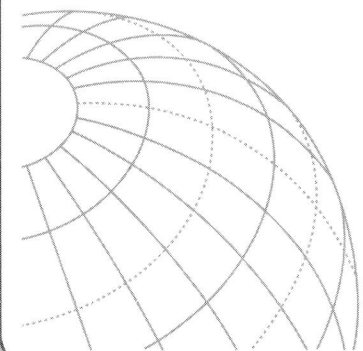

제1장

태양광 설비관련 법령 검토

제 1 절 신재생 에너지 발전 설비 법령에 따른 인·허가

가. 인·허가에 따른 정리 및 법령 내용

【인 · 허가 및 유관기관과의 업무협의】

발전사업 허가 신청	• 광역시 · 도지사(사업허가 신청서, 송전관계일람도 및 발전원가 명세서, 기술 인력 확보 계획서), 3MW초과시 산업통상자원부 장관 • 행정 소요일수 : 60일 이내
↓	
개발행위허가 및 환경영향평가 문화재지표조사	• 개발행위허가 : 기초 지자체사전심사 청구 • 환경영향평가 : 환경정책기본법 시행령 별표 2에 해당 경우 ※ 환경정책기본법 시행령 별표 2의 주요 내용(환경기준) 1. 대기분야 : 아황산가스(SO_2),일산화탄소(CO),이산화질소(NO_2),미세먼지(PM-10),미세먼지(PM-2,5),오존(O_3), 납(Pb), 벤젠. 2. 소음(단위 : Leq dB(A)) 일반지역 : 가, 나, 다, 라 지역으로 구분, 낮과 밤의 기준. 도로지역 : 가와 나, 다, 라 지역으로 구분 • 매장문화재 지표조사 : 문화재보호법 제6조, 제7조에 해당 경우 ※ 매장문화재보호법 제6조 및 제7조의 주요 내용 제6조(매장문화재 지표조사) ① 건설공사의 규모에 따라 대통령령으로 정하는 건설공사의 시행자는 해당 건설공사 지역에 문화재가 매장 · 분포되어 있는지를 확인하기 위하여 사전에 매장문화재 지표조사(이하 "지표조사"라 한다)를 하여야 한다. ② 지표조사의 실시시기에 관하여는 문화체육관광부령으로 정한다.

	제7조(지표조사 절차 등) ① 지표조사는 제6조에 따른 건설공사의 시행자가 요청하여 제24조에 따른 매장문화재 조사기관이 수행한다. ② 건설공사의 시행자는 제1항에 따라 지표조사를 마치면 그 결과에 관한 보고서(이하 "지표조사 보고서"라 한다)를 대통령령으로 정하는 바에 따라 해당 사업지역을 관할하는 지방자치단체의 장과 문화재청장에게 제출하여야 한다. ③ 지표조사에 필요한 비용은 해당 건설공사의 시행자가 부담한다. ④ 지표조사의 방법, 절차 및 지표조사 보고서 등에 관한 세부적인 사항은 문화재청장이 정하여 고시한다.
↓	
발전사업자사업허가 취득	• 광역시 · 도지사(3MW초과시 산업통상자원부 장관) • 에너지관리공단 지원사업(자금 및 세제 지원)
↓	
전기설비의 설치계획신고 및 인가 후 공사개시	• 도지사(공사계획신고서, 공사계획서, 공사공정표, 기술시방서, 감리확인 서류) • 전문기업(표준화 모듈, 인버터, 주요기자재 등 시험성적서 제출)
↓	
계통연계 사용전 검사	• 전기안전공사(사용전 검사신청서 및 공사계획인가(신고)서 사본, 전기안전관리담당자 선임 신고필증 사본) • 검사 1주일 전 신청하며 사전 정밀안전진단후 시험성적서 제출
↓	
설비설치확인 및 사후관리	• 에너지관리공단(사업완료보고서, 설치완료 보고서, 설치확인신청서)
↓	
사업개시 신고	• 광역시 · 도지사
↓	
전력시장 공급 및 차액지원 사후관리	• 전력공급 : 한국전력거래소, 한전 해당지점 • RPS 대상 발전사업자 관리기관 : 에너지관리공단 신재생에너지센터 • 사후관리 : 시설운영현황 점검, 관련자료 수집 등을 위한 현장 실태조사 및 서면조사 실시

1) 전기(발전)사업허가

전기사업은 국민생활과 산업 활동에 필수 불가결한 공공재이고 막대한 투자와 상당기간의 건설 기간이 필요하므로, 전기사용자의 이익 보호와 건전한 전기산업 육성을 위해 적정한 자격과 능력이 있는 자만이 전기사업에 참여할 수 있도록 하기 위함이다.

(1) 허가권자

① 3,000kW 초과설비 : 산업통상자원부장관(전기위원회 총괄정책팀)

② 3,000kW 이하설비 : 광역시장 · 도지사

* 단, 제주특별자치도는 제주국제자유도시특별법에 따라 3,000kW 이상의 발전설비도 제주특별자치도지사의 허가사항임.

(2) 관계법령

① 전기사업법 제7조(사업의 허가), 제12조(사업허가의 취소 등)

※ 법령내용

제7조(사업의 허가)

① 전기사업을 하려는 자는 전기사업의 종류별로 산업통상자원부장관의 허가를 받아야 한다. 허가받은 사항 중 산업통상자원부령으로 정하는 중요 사항을 변경하려는 경우에도 또한 같다. 〈개정 2013.3.23〉

② 산업통상자원부장관은 전기사업을 허가 또는 변경허가를 하려는 경우에는 미리 제53조에 따른 전기위원회(이하 "전기위원회"라 한다)의 심의를 거쳐야 한다. 〈개정 2013.3.23〉

③ 동일인에게는 두 종류 이상의 전기사업을 허가할 수 없다. 다만, 대통령령으로 정하는 경우에는 그러하지 아니하다.

④ 산업통상자원부장관은 필요한 경우 사업구역 및 특정한 공급구역별로 구분하여 전기사업의 허가를 할 수 있다. 다만, 발전사업의 경우에는 발전소별로 허가할 수 있다. 〈개정 2013.3.23〉

⑤ 전기사업의 허가기준은 다음 각 호와 같다. 〈개정 2014.10.15〉

1. 전기사업을 적정하게 수행하는 데 필요한 재무능력 및 기술능력이 있을 것
2. 전기사업이 계획대로 수행될 수 있을 것

3. 배전사업 및 구역전기사업의 경우 둘 이상의 배전사업자의 사업구역 또는 구역전기사업자의 특정한 공급구역 중 그 전부 또는 일부가 중복되지 아니할 것
4. 구역전기사업의 경우 특정한 공급구역의 전력수요의 50퍼센트 이상으로서 대통령령으로 정하는 공급능력을 갖추고, 그 사업으로 인하여 인근 지역의 전기사용자에 대한 다른 전기사업자의 전기공급에 차질이 없을 것
4의2. 발전소나 발전연료가 특정 지역에 편중되어 전력계통의 운영에 지장을 주지 아니할 것
5. 그 밖에 공익상 필요한 것으로서 대통령령으로 정하는 기준에 적합할 것

⑥ 제1항에 따른 허가의 세부기준 · 절차와 그 밖에 필요한 사항은 산업통상자원부령으로 정한다. 〈개정 2013.3.23〉

제12조(사업허가의 취소 등)

① 산업통상자원부장관은 전기사업자가 다음 각 호의 어느 하나에 해당하는 경우에는 전기위원회의 심의를 거쳐 그 허가를 취소하거나 6개월 이내의 기간을 정하여 사업정지를 명할 수 있다. 다만, 제1호부터 제4호까지의 어느 하나에 해당하는 경우에는 그 허가를 취소하여야 한다. 〈개정 2013.3.23, 2014.5.20, 2014.10.15〉

1. 제8조 각 호의 어느 하나에 해당하게 된 경우
2. 제9조에 따른 준비기간에 전기설비의 설치 및 사업을 시작하지 아니한 경우
3. 원자력발전소를 운영하는 발전사업자(이하 "원자력발전사업자"라 한다)에 대한 외국인의 투자가 「외국인투자 촉진법」 제2조제1항제4호에 해당하게 된 경우
4. 거짓이나 그 밖의 부정한 방법으로 제7조제1항에 따른 허가 또는 변경허가를 받은 경우
4의2. 산업통상자원부장관이 정하여 고시하는 시점까지 정당한 사유 없이 제61조제1항에 따른 공사계획 인가를 받지 못하여 공사에 착수하지 못하는 경우
5. 제10조제1항에 따른 인가를 받지 아니하고 전기사업의 전부 또는 일부를 양수하거나 법인의 분할이나 합병을 한 경우

6. 제14조를 위반하여 정당한 사유 없이 전기의 공급을 거부한 경우
7. 제15조제1항 또는 제16조제1항을 위반하여 산업통상자원부장관의 인가 또는 변경인가를 받지 아니하고 전기설비를 이용하게 하거나 전기를 공급한 경우
8. 제18조제3항에 따른 산업통상자원부장관의 명령을 위반한 경우
9. 제23조제1항에 따른 산업통상자원부장관의 명령을 위반한 경우
10. 제29조제1항에 따른 산업통상자원부장관의 명령을 위반한 경우
11. 제34조제2항에 따라 차액계약을 통하여서만 전력을 거래하여야 하는 전기사업자가 같은 조 제3항에 따라 인가받은 차액계약을 통하지 아니하고 전력을 거래한 경우
12. 제61조제1항부터 제4항까지의 규정에 따라 인가를 받지 아니하거나 신고를 하지 아니한 경우
13. 제93조제1항을 위반하여 회계를 처리한 경우
14. 사업정지기간에 전기사업을 한 경우

② 다음 각 호의 어느 하나에 해당하는 경우에는 그 사유가 발생한 날부터 6개월간은 제1항을 적용하지 아니한다.
1. 법인이 제8조제6호에 해당하게 된 경우
2. 원자력발전사업자가 제1항제3호에 해당하게 된 경우
3. 전기사업자의 지위를 승계한 상속인이 제8조제1호부터 제5호까지의 어느 하나에 해당하는 경우

③ 산업통상자원부장관은 배전사업자가 사업구역의 일부에서 허가받은 전기사업을 하지 아니하여 제6조를 위반한 사실이 인정되는 경우에는 그 사업구역의 일부를 감소시킬 수 있다. 〈개정 2013.3.23〉

④ 산업통상자원부장관은 전기사업자가 제1항제5호부터 제14호까지의 어느 하나에 해당하는 경우로서 그 사업정지가 전기사용자 등에게 심한 불편을 주거나 그 밖에 공공의 이익을 해칠 우려가 있는 경우에는 사업정지명령을 갈음하여 5천만원 이하의 과징금을 부과할 수 있다. 〈개정 2013.3.23, 2014.5.20〉

⑤ 제1항에 따른 위반행위별 처분기준과 제4항에 따른 과징금의 부과기준은 산업통상자원부령으로 정한다. 〈개정 2013.3.23〉

⑥ 산업통상자원부장관은 제4항에 따른 과징금을 내야 할 자가 납부기한까지 이를 내지 아니하면 국세 체납처분의 예에 따라 징수할 수 있다. 〈개정 2013.3.23〉

② 동법 시행령 제4조(전기사업의 허가기준), 제62조(권한의 위임 · 위탁)

※ 법령 내용

제4조(전기사업의 허가기준)

① 법 제7조제5항제4호에서 "대통령령으로 정하는 공급능력"이란 해당 특정한 공급구역의 전력수요의 60퍼센트 이상의 공급능력을 말한다.

② 법 제7조제5항제5호에서 "대통령령으로 정하는 기준"이란 발전사업에 있어서 다음 각 호의 기준을 말한다.

1. 발전소가 특정 지역에 편중되어 전력계통의 운영에 지장을 주지 아니할 것
2. 발전연료가 어느 하나에 편중되어 전력수급(電力需給)에 지장을 주지 아니할 것
3. 법 제25조에 따른 전력수급기본계획에 부합할 것
4. 「저탄소 녹색성장 기본법」 제42조제1항제1호에 따른 온실가스 감축 목표의 달성에 지장을 주지 아니할 것

③ 제2항 각 호의 기준의 세부기준은 산업통상자원부장관이 정하여 고시한다. 〈개정 2013.3.23.〉

제62조(권한의 위임 · 위탁)

① 산업통상자원부장관은 법 제98조제1항에 따라 다음 각 호의 권한을 특별시장 · 광역시장 · 도지사 또는 특별자치도지사(이하 "시 · 도지사"라 한다)에게 위임한다. 〈개정 2013.3.23〉

1. 발전시설 용량이 3천킬로와트 이하인 발전사업에 대한 다음 각 목의 권한
   가. 법 제7조제1항에 따른 전기사업의 허가
   나. 법 제9조에 따른 준비기간의 지정 · 연장 및 사업개시 신고의 접수
   다. 법 제10조에 따른 전기사업의 양수, 전기사업자인 법인의 분할 · 합병의 인가 및 공고 등
   라. 법 제12조에 따른 사업허가의 취소 및 사업의 정지, 사업구역의 감소, 과징금의 부과 · 징수 등

마. 법 제13조에 따른 청문

2. 설비용량이 1만킬로와트 미만인 발전설비, 전압이 20만볼트 미만인 송전·변전설비 또는 전압이 1만볼트 이상인 공동구(共同溝) 및 전력구(電力溝)의 배전선로에 대한 다음 각 목의 권한

가. 법 제61조제3항에 따른 공사계획의 신고 및 변경신고의 접수

나. 법 제71조에 따른 기술기준에의 적합명령

3. 설비용량이 1만킬로와트 미만인 전기설비에 대한 법 제61조제4항에 따른 공사 신고의 접수

4. 법 제62조제4항에 따른 자가용전기설비의 설치 또는 변경공사 신고의 접수(제2항제1호에 따라 자유무역지역관리원장에게 권한이 위임된 경우는 제외한다)

5. 법 제108조제2항제1호에 따른 과태료의 부과·징수 중 제1호나목에 따라 시·도지사의 권한으로 위임된 사항과 관련된 과태료의 부과·징수

② 산업통상자원부장관은 법 제98조제1항에 따라 「자유무역지역의 지정 및 운영에 관한 법률」 제2조제1호에 따른 자유무역지역 안의 자가용전기설비에 대한 다음 각 호의 사항을 자유무역지역관리원장에게 위임한다. 〈개정 2013.3.23〉

1. 법 제62조제4항에 따른 자가용전기설비의 설치 또는 변경공사에 대한 신고의 접수

2. 전기설비 또는 전기통신선로설비(법 제62조제1항에 따라 산업통상자원부령으로 정하는 공사는 제외한다)에 관한 법 제71조에 따른 기술기준에의 적합명령

③ 산업통상자원부장관 또는 시·도지사는 법 제98조제2항에 따라 다음 각 호의 업무를 안전공사에 위탁한다. 〈개정 2013.3.23〉

1. 법 제62조제2항에 따른 자가용전기설비 공사계획의 신고 및 변경신고의 접수
2. 법 제63조에 따른 전기설비의 검사
3. 법 제64조에 따른 전기설비 임시사용의 허용
4. 법 제65조에 따른 전기설비의 검사

④ 산업통상자원부장관은 법 제98조제3항에 따라 다음 각 호의 업무를 「전력기술관리법」 제18조제1항에 따른 전력기술인단체 중 산업통상자원부장관이 지정하여 고시한 단체에 위탁한다. 〈개정 2013.3.23, 2017.3.2〉

1. 법 제73조의4제1항에 따른 안전관리교육
2. 법 제73조의5제2항에 따른 전기안전관리업무를 전문으로 하는 자 및 전기안전관리대행사업자의 변경등록(변경사항이 기술인력인 경우만 해당한다)

⑤ 산업통상자원부장관은 법 제98조제4항에 따라 법 제67조에 따른 기술기준의 조사 · 연구 및 개정 검토에 관한 업무를 해당 업무를 수행할 수 있다고 인정되는 전기설비의 안전관리 관련 법인 또는 단체 중에서 산업통상자원부장관이 지정하여 고시하는 법인 또는 단체에 위탁한다. 〈개정 2013.3.23〉

③ 동법 시행규칙 제4조(사업허가의 신청), 제5조(변경허가사항 등) 및 제7조(허가의 심사기준)

※ 법령 내용

제4조(사업허가의 신청)

① 법 제7조제1항에 따라 전기사업의 허가를 받으려는 자는 별지 제1호서식의 전기사업 허가신청서(전자문서로 된 신청서를 포함한다. 이하 같다)에 다음 각 호의 서류(전자문서를 포함한다. 이하 같다)를 첨부하여 산업통상자원부장관에게 제출하여야 한다. 다만, 발전설비용량이 3천킬로와트 이하인 발전사업(발전설비용량이 200킬로와트 이하인 발전사업은 제외한다)의 허가를 받으려는 자는 특별시장 · 광역시장 · 도지사 또는 특별자치도지사(이하 "시 · 도지사"라 한다)에게 제출하여야 한다. 〈개정 2013.3.23, 2014.7.31〉

1. 별표 1의 작성요령에 따라 작성한 사업계획서, 이 경우 별표 1의2에 따른 서류를 첨부하여야 한다.
2. 정관, 대차대조표 및 손익계산서(신청자가 법인인 경우만 해당하며, 설립 중인 법인의 경우에는 정관만 제출한다)
3. 신청자(발전설비용량 3천킬로와트 이하인 신청자는 제외한다. 이하 이 호에서 같다)의 주주명부. 이 경우 신청자가 재무능력을 평가할 수 없는 신설 법인인 경우에는 신청자의 최대주주를 신청자로 본다.
4. 삭제 〈2014.7.31〉
5. 삭제 〈2014.7.31〉
6. 삭제 〈2014.7.31〉

7. 삭제 〈2014.7.31〉

8. 삭제 〈2014.7.31〉

9. 삭제 〈2014.7.31〉

10. 삭제 〈2014.7.31〉

11. 삭제 〈2014.7.31〉

12. 삭제 〈2014.7.31〉

② 제1항에 따른 신청을 받은 산업통상자원부장관 또는 시 · 도지사는 「전자정부법」 제36조제1항에 따른 행정정보의 공동이용을 통하여 법인 등기사항증명서(법인인 경우만 해당한다)를 확인하여야 한다. 〈개정 2012.10.5, 2013.3.23〉

제5조(변경허가사항 등)

① 법 제7조제1항 후단에서 "산업통상자원부령으로 정하는 중요 사항"이란 다음 각 호의 사항을 말한다. 〈개정 2013.3.23〉

1. 사업구역 또는 특정한 공급구역

2. 공급전압

3. 발전사업 또는 구역전기사업의 경우 발전용 전기설비에 관한 다음 각 목의 어느 하나에 해당하는 사항

가. 설치장소(동일한 읍 · 면 · 동에서 설치장소를 변경하는 경우는 제외한다)

나. 설비용량(변경 정도가 허가 또는 변경허가를 받은 설비용량의 100분의 10 이하인 경우는 제외한다)

다. 원동력의 종류(허가 또는 변경허가를 받은 설비용량이 30만킬로와트 이상인 발전용 전기설비에 「신에너지 및 재생에너지 개발 · 이용 · 보급 촉진법」 제2조에 따른 신 · 재생에너지를 이용하는 발전용 전기설비를 추가로 설치하는 경우는 제외한다)

② 법 제7조제1항 후단에 따라 변경허가를 받으려는 자는 별지 제3호서식의 사업허가변경신청서에 변경내용을 증명하는 서류를 첨부하여 산업통상자원부장관 또는 시 · 도지사에게 제출하여야 한다. 〈개정 2013.3.23〉

제7조(허가의 심사기준)

① 법 제7조제5항제1호에 따른 재무능력의 심사기준은 다음 각 호와 같다.

1. 별표 1 제1호차목의 소요금액 및 재원조달계획이 구체적이며 실현가능할 것

2. 별표 1의2 제1호가목에 따른 신용평가가 양호할 것

② 법 제7조제5항제1호에 따른 기술능력의 심사기준은 다음 각 호와 같다. 〈개정 2014.7.31〉

1. 별표 1 제1호라목 및 마목의 전기설비 건설 계획 및 운영 계획이 구체적이며 실현가능할 것
2. 제1호에 따른 전기설비를 건설하고 운영할 수 있는 기술인력 확보계획이 구체적으로 제시되어 있을 것

③ 법 제7조제5항제2호에 따른 전기사업이 계획대로 수행될 수 있는지에 대한 심사기준은 다음 각 호와 같다. 〈신설 2014.7.31〉

1. 전기설비 건설 예정지역의 수용(受用) 정도가 높을 것
2. 별표 1 제1호바목부터 자목까지의 계획이 구체적이며 실현 가능할 것
3. 발전소를 적기에 준공하고, 발전사업을 지속적 · 안정적으로 운영할 수 있을 것

④ 산업통상자원부장관은 제1항부터 제3항까지의 규정에 따른 세부심사기준을 정하여 고시한다. 〈신설 2014.7.31〉 [전문개정 2009.11.20]

(3) 허가기준

① 전기사업 수행에 필요한 재무능력 및 기술능력이 있을 것.

- 재무능력은 신용평가가 양호하고 소요재원 조달계획이 구체적 이어야 하며, 기술 능력은 발전설비 건설 및 운영계획, 기술인력 확보계획이 구체적으로 적시되어 있어야 한다.

② 전기사업이 계획대로 수행될 수 있을 것.

- 사업계획이 예측 가능하고, 부지확보 가능여부, 적정한 이윤확보 방안 등 건설이 차질 없이 진행될 수 있을지 여부 등을 검토한다.

③ 발전소가 특정지역에 편중되어 전력계통의 운영에 지장을 초래하여서는 아니 될 것.

- 발전소 건설로 인하여 송전계통의 보강이 필요하나, 사업개시 예정일까지 송전계통 보강이 곤란한지 여부를 검토한다.

(4) 허가의 변경

① 사업구역 또는 특정한 공급구역이 변경되는 경우

② 공급전압이 변경되는 경우

③ 설비용량이 변경되는 경우

(허가 또는 변경허가를 받은 설비용량의 10%미만인 경우는 제외)

(5) 허가의 취소

전기사업자가 사업 준비기간(발전사업 허가를 득한 후부터 사업개시 신고 전까지) 내에 전기설비의 설치 및 사업의 개시를 하지 아니한 경우, 전기위원회 심의를 거쳐 허가를 취소한다.

신 · 재생에너지 발전사업 준비기간의 상한은 3년이며, 발전사업 허가시 사업 준비기간을 지정한다.

(6) 허가절차 및 필요서류 목록

【 허가 절차 】

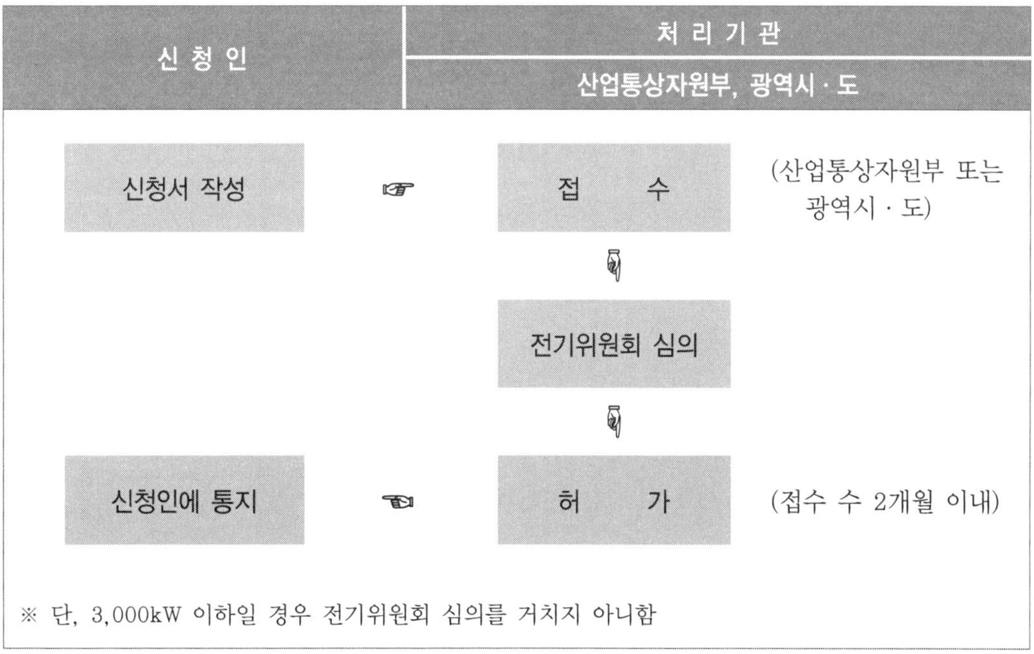

【 필요서류 목록 】

구 분	필 요 서 류 목 록
3,000kW 이하	• 전기사업허가신청서(전기사업법 시행규칙 별지 제1호 서식) 1부 • 전기사업법 시행규칙 별표1의 요령에 의한 사업계획서 1부 • 송전관계 일람도 1부 • 발전원가 명세서(200kW 이하는 생략) 1부 • 발전설비의 운영을 위한 기술 인력의 확보계획을 기재한 서류(200kW 이하는 생략) 1부
3,000kW 초과	• 전기사업허가신청서(전기사업법 시행규칙 별지 제1호 서식) 1부 • 전기사업법시행규칙 별표 제1의 작성요령에 의한 사업계획서 1부 • 사업개시 후 5년간의 기간에 대한 연도별 예상사업 손익산출서 1부 • 발전설비의 개요서 1부 • 송전관계 일람도 및 발전원가명세서 1부 • 신용평가 의견서 및 소요재원 조달계획서 1부 • 발전설비의 운영을 위한 기술 인력의 확보계획을 기재한 서류 1부 • 신청인이 법인인 경우에는 그 정관 등 재무현황 관련 자료 1부 • 신청인이 설립중인 법인인 경우에는 그 정관 1부

2) 개발행위 허가

개발행위허가는 국토의 계획 및 이용에 관한 법률에 따라 개발계획의 적정성, 기반시설의 확보여부, 주변 환경과의 조화 등을 고려하여 개발 행위에 대한 허가여부를 결정함으로서 난개발을 방지함을 목적으로 한다. 또한 18개 개발 관련 인 · 허가 사항을 동 개발행위 허가를 통해 의제 처리함으로서, 개발사업자에 행정편의를 도모한다.

태양광 발전기는 건축법상 공작물로 분류되어, 국토의 계획 및 이용에 관한 법률에 따라 개발행위의 대상이 된다. 다만, 동법 시행령 제53조의 경미한 행위는 동 허가대상에서 제외된다.

※ 법령 내용 : 국토의 계획 및 이용에 관한 법률 시행령 제53조

제53조(허가를 받지 아니하여도 되는 경미한 행위)

법 제56조제4항제3호에서 "대통령령으로 정하는 경미한 행위"란 다음 각 호의 행위를 말한다. 다만, 다음 각 호에 규정된 범위에서 특별시 · 광역시 · 특별자치시 · 특별자치도 · 시 또는 군의 도시 · 군계획조례로 따로 정하는 경우에는 그에 따른다. 〈개정 2005.9.8, 2006.8.17, 2008.9.25, 2009.7.7, 2009.7.27, 2010.4.29, 2012.4.10〉

1. 건축물의 건축 : 「건축법」 제11조제1항에 따른 건축허가 또는 같은 법 제14조제1항에 따른 건축신고 및 같은 법 제20조제1항에 따른 가설건축물 건축의 허가 또는 같은 조 제2항에 따른 가설건축물의 축조신고 대상에 해당하지 아니하는 건축물의 건축
2. 공작물의 설치
   가. 도시지역 또는 지구단위계획구역에서 무게가 50톤 이하, 부피가 50세제곱미터 이하, 수평투영면적이 25제곱미터 이하인 공작물의 설치. 다만, 「건축법 시행령」 제118조제1항 각 호의 어느 하나에 해당하는 공작물의 설치는 제외한다.
   나. 도시지역 · 자연환경보전지역 및 지구단위계획구역외의 지역에서 무게가 150톤 이하, 부피가 150세제곱미터 이하, 수평투영면적이 75제곱미터 이하인 공작물의 설치. 다만, 「건축법 시행령」 제118조제1항 각 호의 어느 하나에 해당하는 공작물의 설치는 제외한다.
   다. 녹지지역 · 관리지역 또는 농림지역안에서의 농림어업용 비닐하우스(비닐하우스안에 설치하는 육상어류양식장을 제외한다)의 설치
3. 토지의 형질변경
   가. 높이 50센티미터 이내 또는 깊이 50센티미터 이내의 절토 · 성토 · 정지 등(포장을 제외하며, 주거지역 · 상업지역 및 공업지역외의 지역에서는 지목변경을 수반하지 아니하는 경우에 한한다)
   나. 도시지역 · 자연환경보전지역 및 지구단위계획구역 외의 지역에서 면적이 660제곱미터 이하인 토지에 대한 지목변경을 수반하지 아니하는 절토 · 성토 · 정지 · 포장 등(토지의 형질변경 면적은 형질변경이 이루어지는 당해 필지의 총면적을 말한다. 이하 같다)
   다. 조성이 완료된 기존 대지에 건축물이나 그 밖의 공작물을 설치하기 위한 토지의 형질변경(절토 및 성토는 제외한다
   라. 국가 또는 지방자치단체가 공익상의 필요에 의하여 직접 시행하는 사업을 위한 토지의 형질변경
4. 토석채취
   가. 도시지역 또는 지구단위계획구역에서 채취면적이 25제곱미터 이하인 토지에서의 부피 50세제곱미터 이하의 토석채취

나. 도시지역 · 자연환경보전지역 및 지구단위계획구역외의 지역에서 채취면적이 250제곱미터 이하인 토지에서의 부피 500세제곱미터 이하의 토석채취

5. 토지분할

가. 「사도법」에 의한 사도개설허가를 받은 토지의 분할

나. 토지의 일부를 공공용지 또는 공용지로 하기 위한 토지의 분할

다. 행정재산중 용도폐지되는 부분의 분할 또는 일반재산을 매각 · 교환 또는 양여하기 위한 분할

라. 토지의 일부가 도시 · 군계획시설로 지형도면고시가 된 당해 토지의 분할

마. 너비 5미터 이하로 이미 분할된 토지의 「건축법」 제57조제1항에 따른 분할제한면적 이상으로의 분할

6. 물건을 쌓아놓는 행위

가. 녹지지역 또는 지구단위계획구역에서 물건을 쌓아놓는 면적이 25제곱미터 이하인 토지에 전체무게 50톤 이하, 전체부피 50세제곱미터 이하로 물건을 쌓아놓는 행위

나. 관리지역(지구단위계획구역으로 지정된 지역을 제외한다)에서 물건을 쌓아놓는 면적이 250제곱미터 이하인 토지에 전체무게 500톤 이하, 전체부피 500세제곱미터 이하로 물건을 쌓아놓는 행위 [시행일:2012.7.1] 특별자치시와 특별자치시장에 관한 개정규정

(1) 허가권자

시장, 군수, 구청장

(2) 관련 법령

① 국토의 계획 및 이용에 관한 법률 제56조(개발행위의 허가)~제65조(개발행위에 따른 공공시설 등의 귀속)

※ 법령 내용

제56조(개발행위의 허가)

① 다음 각 호의 어느 하나에 해당하는 행위로서 대통령령으로 정하는 행위(이하 "개발행위"라 한다)를 하려는 자는 특별시장 · 광역시장 · 특별자치시장 · 특별자치도지사 · 시장 또는 군수의 허가(이하 "개발행위허가"라 한다)를 받아야 한다.

다만, 도시 · 군계획사업에 의한 행위는 그러하지 아니하다. 〈개정 2011.4.14〉

1. 건축물의 건축 또는 공작물의 설치
2. 토지의 형질 변경(경작을 위한 경우로서 대통령령으로 정하는 토지의 형질 변경은 제외한다)
3. 토석의 채취
4. 토지 분할(건축물이 있는 대지의 분할은 제외한다)
5. 녹지지역 · 관리지역 또는 자연환경보전지역에 물건을 1개월 이상 쌓아놓는 행위

② 개발행위허가를 받은 사항을 변경하는 경우에는 제1항을 준용한다. 다만, 대통령령으로 정하는 경미한 사항을 변경하는 경우에는 그러하지 아니하다.

③ 제1항에도 불구하고 제1항제2호 및 제3호의 개발행위 중 도시지역과 계획관리지역의 산림에서의 임도(林道) 설치와 사방사업에 관하여는 「산림자원의 조성 및 관리에 관한 법률」과 「사방사업법」에 따르고, 보전관리지역 · 생산관리지역 · 농림지역 및 자연환경보전지역의 산림에서의 제1항제2호(농업 · 임업 · 어업을 목적으로 하는 토지의 형질 변경만 해당한다) 및 제3호의 개발행위에 관하여는 「산지관리법」에 따른다. 〈개정 2011.4.14〉

④ 다음 각 호의 어느 하나에 해당하는 행위는 제1항에도 불구하고 개발행위허가를 받지 아니하고 할 수 있다. 다만, 제1호의 응급조치를 한 경우에는 1개월 이내에 특별시장 · 광역시장 · 특별자치시장 · 특별자치도지사 · 시장 또는 군수에게 신고하여야 한다. 〈개정 2011.4.14〉

1. 재해복구나 재난수습을 위한 응급조치
2. 「건축법」에 따라 신고하고 설치할 수 있는 건축물의 개축 · 증축 또는 재축과 이에 필요한 범위에서의 토지의 형질 변경(도시 · 군계획시설사업이 시행되지 아니하고 있는 도시 · 군계획시 설의 부지인 경우만 가능하다)
3. 그 밖에 대통령령으로 정하는 경미한 행위

[전문개정 2009.2.6][시행일:2012.7.1] 제56조 중 특별자치시장에 관한 개정규정

제57조(개발행위허가의 절차)

① 개발행위를 하려는 자는 그 개발행위에 따른 기반시설의 설치나 그에 필요한 용지의 확보, 위해(危害) 방지, 환경오염 방지, 경관, 조경 등에 관한 계획서를

첨부한 신청서를 개발행위허가권자에게 제출하여야 한다. 이 경우 개발밀도관리구역 안에서는 기반시설의 설치나 그에 필요한 용지의 확보에 관한 계획서를 제출하지 아니한다. 다만, 제56조제1항제1호의 행위 중 「건축법」의 적용을 받는 건축물의 건축 또는공작물의 설치를 하려는 자는 「건축법」에서 정하는 절차에 따라 신청서류를 제출하여야 한다. 〈개정 2011.4.14〉

② 특별시장 · 광역시장 · 특별자치시장 · 특별자치도지사 · 시장 또는 군수는 제1항에 따른 개발행위허가의 신청에 대하여 특별한 사유가 없으면 대통령령으로 정하는 기간 이내에 허가 또는 불허가의 처분을 하여야 한다. 〈개정 2011.4.14〉

③ 특별시장 · 광역시장 · 특별자치시장 · 특별자치도지사 · 시장 또는 군수는 제2항에 따라 허가 또는 불허가의 처분을 할 때에는 지체 없이 그 신청인에게 허가증을 발급하거나 불허가처분의 사유를 또는 제128조에 따른 국토이용정보체계를 통하여 서면으로 알려야 한다. 〈개정 2011.4.14, 2013.7.16, 2015.8.11〉

④ 특별시장 · 광역시장 · 특별자치시장 · 특별자치도지사 · 시장 또는 군수는 개발행위허가를 하는 경우에는 대통령령으로 정하는 바에 따라 그 개발행위에 따른 기반시설의 설치 또는 그에 필요한 용지의 확보, 위해 방지, 환경오염 방지, 경관, 조경 등에 관한 조치를 할 것을 조건으로 개발행위허가를 할 수 있다. 〈개정 2011.4.14〉

[전문개정 2009.2.6.] [시행일 : 2012.7.1] 제57조 중 특별자치시장에 관한 개정규정

[시행일 : 2014.1.17] 제57조

제58조(개발행위허가의 기준 등)

① 특별시장 · 광역시장 · 특별자치시장 · 특별자치도지사 · 시장 또는 군수는 개발행위허가의 신청 내용이 다음 각 호의 기준에 맞는 경우에만 개발행위허가 또는 변경허가를 하여야 한다. 〈개정 2011.4.14, 2013.7.16〉

1. 용도지역별 특성을 고려하여 대통령령으로 정하는 개발행위의 규모에 적합할 것. 다만, 개발행위가 「농어촌정비법」 제2조제4호에 따른 농어촌정비사업으로 이루어지는 경우 등 대통령령으로 정하는 경우에는 개발행위 규모의 제한을 받지 아니한다.
2. 도시 · 군관리계획 및 제4항에 따른 성장관리방안의 내용에 어긋나지 아니할 것

3. 도시 · 군계획사업의 시행에 지장이 없을 것
4. 주변지역의 토지이용실태 또는 토지이용계획, 건축물의 높이, 토지의 경사도, 수목의 상태, 물의 배수, 하천 · 호소 · 습지의 배수 등 주변환경이나 경관과 조화를 이룰 것
5. 해당 개발행위에 따른 기반시설의 설치나 그에 필요한 용지의 확보계획이 적절할 것

② 특별시장 · 광역시장 · 특별자치시장 · 특별자치도지사 · 시장 또는 군수는 개발행위허가 또는 변경허가를 하려면 그 개발행위가 도시 · 군계획사업의 시행에 지장을 주는지에 관하여 해당 지역에서 시행되는 도시 · 군계획사업의 시행자의 의견을 들어야 한다. 〈개정 2011.4.14, 2013.7.16〉

③ 제1항에 따라 허가할 수 있는 경우 그 허가의 기준은 지역의 특성, 지역의 개발상황, 기반시설의 현황 등을 고려하여 다음 각 호의 구분에 따라 대통령령으로 정한다. 〈개정 2011.4.14〉

1. 시가화 용도 : 토지의 이용 및 건축물의 용도 · 건폐율 · 용적률 · 높이 등에 대한 용도지역의 제한에 따라 개발행위허가의 기준을 적용하는 주거지역 · 상업지역 및 공업지역
2. 유보 용도 : 제59조에 따른 도시계획위원회의 심의를 통하여 개발행위허가의 기준을 강화 또는 완화하여 적용할 수 있는 계획관리지역 · 생산관리지역 및 녹지지역 중 대통령령으로 정하는 지역
3. 보전 용도 : 제59조에 따른 도시계획위원회의 심의를 통하여 개발행위허가의 기준을 강화하여 적용할 수 있는 보전관리지역 · 농림지역 · 자연환경보전지역 및 녹지지역 중 대통령령으로 정하는 지역

④ 특별시장 · 광역시장 · 특별자치시장 · 특별자치도지사 · 시장 또는 군수는 난개발 방지와 지역특성을 고려한 계획적 개발을 유도하기 위하여 필요한 경우 대통령령으로 정하는 바에 따라 개발행위의 발생 가능성이 높은 지역을 대상지역으로 하여 기반시설의 설치 · 변경, 건축물의 용도 등에 관한 관리방안(이하 "성장관리방안"이라 한다)을 수립할 수 있다. 〈신설 2013.7.16〉

⑤ 특별시장 · 광역시장 · 특별자치시장 · 특별자치도지사 · 시장 또는 군수는 성장관리방안을 수립하거나 변경하려면 대통령령으로 정하는 바에 따라 주민과 해

당 지방의회의 의견을 들어야 하며, 관계 행정기관과의 협의 및 지방도시계획위원회의 심의를 거쳐야 한다. 다만, 대통령령으로 정하는 경미한 사항을 변경하는 경우에는 그러하지 아니하다. 〈신설 2013.7.16, 2017.4.18〉

⑥ 특별시장 · 광역시장 · 특별자치시장 · 특별자치도지사 · 시장 또는 군수는 성장관리방안을 수립하거나 변경한 경우에는 관계 행정기관의 장에게 관계 서류를 송부하여야 하며, 대통령령으로 정하는 바에 따라 이를 고시하고 일반인이 열람할 수 있도록 하여야 한다. 〈신설 2013.7.16〉

[전문개정 2009.2.6.]

[제목개정 2013.7.16.]

[시행일:2012.7.1.] 제58조 중 특별자치시장에 관한 개정규정

제59조(개발행위에 대한 도시계획위원회의 심의)

① 관계 행정기관의 장은 제56조제1항제1호부터 제3호까지의 행위 중 어느 하나에 해당하는 행위로서 대통령령으로 정하는 행위를 이 법에 따라 허가 또는 변경허가를 하거나 다른 법률에 따라 인가 · 허가 · 승인 또는 협의를 하려면 대통령령으로 정하는 바에 따라 중앙도시계획위원회나 지방도시계획위원회의 심의를 거쳐야 한다. 〈개정 2013.7.16〉

② 제1항에도 불구하고 다음 각 호의 어느 하나에 해당하는 개발행위는 중앙도시계획위원회와 지방도시계획위원회의 심의를 거치지 아니한다. 〈개정 2011.4.14, 2013.7.16, 2015.7.24〉

1. 제8조, 제9조 또는 다른 법률에 따라 도시계획위원회의 심의를 받는 구역에서 하는 개발행위
2. 지구단위계획 또는 성장관리방안을 수립한 지역에서 하는 개발행위
3. 주거지역 · 상업지역 · 공업지역에서 시행하는 개발행위 중 특별시 · 광역시 · 특별자치시 · 특별자치도 · 시 또는 군의 조례로 정하는 규모 · 위치 등에 해당하지 아니하는 개발행위
4. 「환경영향평가법」에 따라 환경영향평가를 받은 개발행위
5. 「도시교통정비 촉진법」에 따라 교통영향분석 · 개선대책에 대한 검토를 받은 개발행위
6. 「농어촌정비법」 제2조제4호에 따른 농어촌정비사업 중 대통령령으로 정하

는 사업을 위한 개발행위

7. 「산림자원의 조성 및 관리에 관한 법률」에 따른 산림사업 및 「사방사업법」에 따른 사방사업을 위한 개발행위

③ 국토교통부장관이나 지방자치단체의 장은 제2항에도 불구하고 같은 항 제4호 및 제5호에 해당하는 개발행위가 도시 · 군계획에 포함되지 아니한 경우에는 관계 행정기관의 장에게 대통령령으로 정하는 바에 따라 중앙도시계획위원회나 지방도시계획위원회의 심의를 받도록 요청할 수 있다. 이 경우 관계 행정기관의 장은 특별한 사유가 없으면 요청에 따라야 한다. 〈개정 2011.4.14, 2013.3.23〉

제60조(개발행위허가의 이행 보증 등)

① 특별시장 · 광역시장 · 특별자치시장 · 특별자치도지사 · 시장 또는 군수는 기반시설의 설치나 그에 필요한 용지의 확보, 위해 방지, 환경오염 방지, 경관, 조경 등을 위하여 필요하다고 인정되는 경우로서 대통령령으로 정하는 경우에는 이의 이행을 보증하기 위하여 개발행위허가(다른 법률에 따라 개발행위허가가 의제되는 협의를 거친 인가 · 허가 · 승인 등을 포함한다. 이하 이 조에서 같다)를 받는 자로 하여금 이행보증금을 예치하게 할 수 있다. 다만, 다음 각 호의 어느 하나에 해당하는 경우에는 그러하지 아니하다. 〈개정 2011.4.14, 2013.7.16〉

1. 국가나 지방자치단체가 시행하는 개발행위
2. 「공공기관의 운영에 관한 법률」에 따른 공공기관(이하 "공공기관"이라 한다) 중 대통령령으로 정하는 기관이 시행하는 개발행위
3. 그 밖에 해당 지방자치단체의 조례로 정하는 공공단체가 시행하는 개발행위

② 제1항에 따른 이행보증금의 산정 및 예치방법 등에 관하여 필요한 사항은 대통령령으로 정한다.

③ 특별시장 · 광역시장 · 특별자치시장 · 특별자치도지사 · 시장 또는 군수는 개발행위허가를 받지 아니하고 개발행위를 하거나 허가내용과 다르게 개발행위를 하는 자에게는 그 토지의 원상회복을 명할 수 있다. 〈개정 2011.4.14〉

④ 특별시장 · 광역시장 · 특별자치시장 · 특별자치도지사 · 시장 또는 군수는 제3항에 따른 원상회복의 명령을 받은 자가 원상회복을 하지 아니하면 「행정대집행법」에 따른 행정대집행에 따라 원상회복을 할 수 있다. 이 경우 행정대집행

에 필요한 비용은 제1항에 따라 개발행위허가를 받은 자가 예치한 이행보증금을 사용할 수 있다. 〈개정 2011.4.14〉

제61조(관련 인ㆍ허가등의 의제)

① 개발행위허가 또는 변경허가를 할 때에 특별시장ㆍ광역시장ㆍ특별자치시장ㆍ특별자치도지사ㆍ시장 또는 군수가 그 개발행위에 대한 다음 각 호의 인가ㆍ허가ㆍ승인ㆍ면허ㆍ협의ㆍ해제ㆍ신고 또는 심사 등(이하 "인ㆍ허가등"이라 한다)에 관하여 제3항에 따라 미리 관계 행정기관의 장과 협의한 사항에 대하여는 그 인ㆍ허가등을 받은 것으로 본다. 〈개정 2009.3.25, 2009.6.9, 2010.1.27, 2010.4.15, 2010.5.31, 2011.4.14, 2013.7.16, 2014.1.14, 2014.6.3, 2015.8.11, 2016.12.27〉

1. 「공유수면 관리 및 매립에 관한 법률」 제8조에 따른 공유수면의 점용ㆍ사용허가, 같은 법 제17조에 따른 점용ㆍ사용 실시계획의 승인 또는 신고, 같은 법 제28조에 따른 공유수면의 매립면허 및 같은 법 제38조에 따른 공유수면매립실시계획의 승인
2. 삭제 〈2010.4.15〉
3. 「광업법」 제42조에 따른 채굴계획의 인가
4. 「농어촌정비법」 제23조에 따른 농업생산기반시설의 사용허가
5. 「농지법」 제34조에 따른 농지전용의 허가 또는 협의, 같은 법 제35조에 따른 농지전용의 신고 및 같은법 제36조에 따른 농지의 타용도 일시사용의 허가 또는 협의
6. 「도로법」 제36조에 따른 도로공사 시행의 허가 및 같은 법 제38조에 따른 도로 점용의 허가
7. 「장사 등에 관한 법률」 제27조제1항에 따른 무연분묘(無緣墳墓)의 개장(改葬) 허가
8. 「사도법」 제4조에 따른 사도(私道) 개설(開設)의 허가
9. 「사방사업법」 제14조에 따른 토지의 형질 변경 등의 허가 및 같은 법 제20조에 따른 사방지 지정의 해제

9의2. 「산업집적활성화 및 공장설립에 관한 법률」 제13조에 따른 공장설립등의 승인

10. 「산지관리법」 제14조 · 제15조에 따른 산지전용허가 및 산지전용신고, 같은 법 제15조의2에 따른 산지일시사용허가 · 신고, 같은 법 제25조제1항에 따른 토석채취허가, 같은 법 제25조제2항에 따른 토사채취신고 및 「산림자원의 조성 및 관리에 관한 법률」 제36조제1항 · 제4항에 따른 입목벌채(立木伐採) 등의 허가 · 신고
11. 「소하천정비법」 제10조에 따른 소하천공사 시행의 허가 및 같은 법 제14조에 따른 소하천의 점용 허가
12. 「수도법」 제52조에 따른 전용상수도 설치 및 같은 법 제54조에 따른 전용공업용수도설치의 인가
13. 「연안관리법」 제25조에 따른 연안정비사업실시계획의 승인
14. 「체육시설의 설치 · 이용에 관한 법률」 제12조에 따른 사업계획의 승인
15. 「초지법」 제23조에 따른 초지전용의 허가, 신고 또는 협의
16. 「공간정보의 구축 및 관리 등에 관한 법률」 제15조제3항에 따른 지도등의 간행 심사
17. 「하수도법」 제16조에 따른 공공하수도에 관한 공사시행의 허가 및 같은 법 제24조에 따른 공공하수도의 점용허가
18. 「하천법」 제30조에 따른 하천공사 시행의 허가 및 같은 법 제33조에 따른 하천 점용의 허가
19. 「도시공원 및 녹지 등에 관한 법률」 제24조에 따른 도시공원의 점용허가 및 같은 법 제38조에 따른 녹지의 점용허가

② 제1항에 따른 인 · 허가등의 의제를 받으려는 자는 개발행위허가 또는 변경허가를 신청할 때에 해당 법률에서 정하는 관련 서류를 함께 제출하여야 한다.

③ 특별시장 · 광역시장 · 특별자치시장 · 특별자치도지사 · 시장 또는 군수는 개발행위허가 또는 변경허가를 할 때에 그 내용에 제1항 각 호의 어느 하나에 해당하는 사항이 있으면 미리 관계 행정기관의 장과 협의하여야 한다. 〈개정 2011.4.14, 2013.7.16〉

④ 제3항에 따라 협의 요청을 받은 관계 행정기관의 장은 요청을 받은 날부터 20일 이내에 의견을 제출하여야 하며, 그 기간 내에 의견을 제출하지 아니하면 협의가 이루어진 것으로 본다. 〈신설 2012.2.1〉

⑤ 국토교통부장관은 제1항에 따라 의제되는 인 · 허가등의 처리기준을 관계 중앙행정기관으로부터 제출받아 통합하여 고시하여야 한다. 〈개정 2012.2.1, 2013.3.23〉

제61조의2(개발행위복합민원 일괄협의회)

① 특별시장 · 광역시장 · 특별자치시장 · 특별자치도지사 · 시장 또는 군수는 제61조제3항에 따라 관계 행정기관의 장과 협의하기 위하여 대통령령으로 정하는 바에 따라 개발행위복합민원 일괄협의회를 개최하여야 한다.

② 제61조제3항에 따라 협의 요청을 받은 관계 행정기관의 장은 소속 공무원을 제1항에 따른 개발행위복합민원 일괄협의회에 참석하게 하여야 한다.

제62조(준공검사)

① 제56조제1항제1호부터 제3호까지의 행위에 대한 개발행위허가를 받은 자는 그 개발행위를 마치면 국토교통부령으로 정하는 바에 따라 특별시장 · 광역시장 · 특별자치시장 · 특별자치도지사 · 시장 또는 군수의 준공검사를 받아야 한다. 다만, 같은 항 제1호의 행위에 대하여 「건축법」 제22조에 따른 건축물의 사용승인을 받은 경우에는 그러하지 아니하다. 〈개정 2011.4.14, 2013.3.23〉

② 제1항에 따른 준공검사를 받은 경우에는 특별시장 · 광역시장 · 특별자치시장 · 특별자치도지사 · 시장 또는 군수가 제61조에 따라 의제되는 인 · 허가등에 따른 준공검사 · 준공인가 등에 관하여 제4항에 따라 관계 행정기관의 장과 협의한 사항에 대하여는 그 준공검사 · 준공인가 등을 받은 것으로 본다. 〈개정 2011.4.14〉

③ 제2항에 따른 준공검사 · 준공인가 등의 의제를 받으려는 자는 제1항에 따른 준공검사를 신청할 때에 해당 법률에서 정하는 관련 서류를 함께 제출하여야 한다.

④ 특별시장 · 광역시장 · 특별자치시장 · 특별자치도지사 · 시장 또는 군수는 제1항에 따른 준공검사를 할 때에 그 내용에 제61조에 따라 의제되는 인 · 허가등에 따른 준공검사 · 준공인가 등에 해당하는 사항이 있으면 미리 관계 행정기관의 장과 협의하여야 한다. 〈개정 2011.4.14〉

⑤ 국토교통부장관은 제2항에 따라 의제되는 준공검사 · 준공인가 등의 처리기준을 관계 중앙행정기관으로부터 제출받아 통합하여 고시하여야 한다. 〈개정

2013.3.23〉

제63조(개발행위허가의 제한)

① 국토교통부장관, 시·도지사, 시장 또는 군수는 다음 각 호의 어느 하나에 해당되는 지역으로서 도시·군관리계획상 특히 필요하다고 인정되는 지역에 대해서는 대통령령으로 정하는 바에 따라 중앙도시계획위원회나 지방도시계획위원회의 심의를 거쳐 한 차례만 3년 이내의 기간 동안 개발행위허가를 제한할 수 있다. 다만, 제3호부터 제5호까지에 해당하는 지역에 대해서는 중앙도시계획위원회나 지방도시계획위원회의 심의를 거치지 아니하고 한 차례만 2년 이내의 기간 동안 개발행위허가의 제한을 연장할 수 있다. 〈개정 2011.4.14, 2013.3.23, 2013.7.16〉

1. 녹지지역이나 계획관리지역으로서 수목이 집단적으로 자라고 있거나 조수류 등이 집단적으로 서식하고 있는 지역 또는 우량 농지 등으로 보전할 필요가 있는 지역
2. 개발행위로 인하여 주변의 환경·경관·미관·문화재 등이 크게 오염되거나 손상될 우려가 있는 지역
3. 도시·군기본계획이나 도시·군관리계획을 수립하고 있는 지역으로서 그 도시·군기본계획이나 도시·군관리계획이 결정될 경우 용도지역·용도지구 또는 용도구역의 변경이 예상되고 그에 따라 개발행위허가의 기준이 크게 달라질 것으로 예상되는 지역
4. 지구단위계획구역으로 지정된 지역
5. 기반시설부담구역으로 지정된 지역

② 국토교통부장관, 시·도지사, 시장 또는 군수는 제1항에 따라 개발행위허가를 제한하려면 대통령령으로 정하는 바에 따라 제한지역·제한사유·제한대상행위 및 제한기간을 미리 고시하여야 한다. 〈개정 2013.3.23〉

③ 개발행위허가를 제한하기 위하여 제2항에 따라 개발행위허가 제한지역 등을 고시한 국토교통부장관, 시·도지사, 시장 또는 군수는 해당 지역에서 개발행위를 제한할 사유가 없어진 경우에는 그 제한기간이 끝나기 전이라도 지체 없이 개발행위허가의 제한을 해제하여야 한다. 이 경우 국토교통부장관, 시·도지사, 시장 또는 군수는 대통령령으로 정하는 바에 따라 해제지역 및 해제시기

를 고시하여야 한다. 〈신설 2013.7.16〉

제64조(도시 · 군계획시설 부지에서의 개발행위)

① 특별시장 · 광역시장 · 특별자치시장 · 특별자치도지사 · 시장 또는 군수는 도시 · 군계획시설의 설치 장소로 결정된 지상 · 수상 · 공중 · 수중 또는 지하는 그 도시 · 군계획시설이 아닌 건축물의 건축이나 공작물의 설치를 허가하여서는 아니 된다. 다만, 대통령령으로 정하는 경우에는 그러하지 아니하다. 〈개정 2011.4.14〉

② 특별시장 · 광역시장 · 특별자치시장 · 특별자치도지사 · 시장 또는 군수는 도시 · 군계획시설결정의 고시일부터 2년이 지날 때까지 그 시설의 설치에 관한 사업이 시행되지 아니한 도시 · 군계획시설 중 제85조에 따라 단계별 집행계획이 수립되지 아니하거나 단계별 집행계획에서 제1단계 집행계획(단계별 집행계획을 변경한 경우에는 최초의 단계별 집행계획을 말한다)에 포함되지 아니한 도시 · 군계획시설의 부지에 대하여는 제1항에도 불구하고 다음 각 호의 개발행위를 허가할 수 있다. 〈개정 2011.4.14〉

1. 가설건축물의 건축과 이에 필요한 범위에서의 토지의 형질 변경
2. 도시 · 군계획시설의 설치에 지장이 없는 공작물의 설치와 이에 필요한 범위에서의 토지의 형질 변경
3. 건축물의 개축 또는 재축과 이에 필요한 범위에서의 토지의 형질 변경(제56조제4항제2호에 해당하는 경우는 제외한다)

③ 특별시장 · 광역시장 · 특별자치시장 · 특별자치도지사 · 시장 또는 군수는 제2항제1호 또는 제2호에 따라 가설건축물의 건축이나 공작물의 설치를 허가한 토지에서 도시 · 군계획시설사업이 시행되는 경우에는 그 시행예정일 3개월 전까지 가설건축물이나 공작물 소유자의 부담으로 그 가설건축물이나 공작물의 철거 등 원상회복에 필요한 조치를 명하여야 한다. 다만, 원상회복이 필요하지 아니하다고 인정되는 경우에는 그러하지 아니하다. 〈개정 2011.4.14〉

④ 특별시장 · 광역시장 · 특별자치시장 · 특별자치도지사 · 시장 또는 군수는 제3항에 따른 원상회복의 명령을 받은 자가 원상회복을 하지 아니하면 「행정대집행법」에 따른 행정대집행에 따라 원상회복을 할 수 있다. 〈개정 2011.4.14〉

제65조(개발행위에 따른 공공시설 등의 귀속)

① 개발행위허가(다른 법률에 따라 개발행위허가가 의제되는 협의를 거친 인가·허가·승인 등을 포함한다. 이하 이 조에서 같다)를 받은 자가 행정청인 경우 개발행위허가를 받은 자가 새로 공공시설을 설치하거나 기존의 공공시설에 대체되는 공공시설을 설치한 경우에는 「국유재산법」과 「공유재산 및 물품 관리법」에도 불구하고 새로 설치된 공공시설은 그 시설을 관리할 관리청에 무상으로 귀속되고, 종래의 공공시설은 개발행위허가를 받은 자에게 무상으로 귀속된다. 〈개정 2013.7.16〉

② 개발행위허가를 받은 자가 행정청이 아닌 경우 개발행위허가를 받은 자가 새로 설치한 공공시설은 그 시설을 관리할 관리청에 무상으로 귀속되고, 개발행위로 용도가 폐지되는 공공시설은 「국유재산법」과 「공유재산 및 물품 관리법」에도 불구하고 새로 설치한 공공시설의 설치비용에 상당하는 범위에서 개발행위허가를 받은 자에게 무상으로 양도할 수 있다.

③ 특별시장·광역시장·특별자치시장·특별자치도지사·시장 또는 군수는 제1항과 제2항에 따른 공공시설의 귀속에 관한 사항이 포함된 개발행위허가를 하려면 미리 해당 공공시설이 속한 관리청의 의견을 들어야 한다. 다만, 관리청이 지정되지 아니한 경우에는 관리청이 지정된 후 준공되기 전에 관리청의 의견을 들어야 하며, 관리청이 불분명한 경우에는 도로·하천 등에 대하여는 국토교통부장관을 관리청으로 보고, 그 외의 재산에 대하여는 기획재정부장관을 관리청으로 본다. 〈개정 2011.4.14, 2013.3.23〉

④ 특별시장·광역시장·특별자치시장·특별자치도지사·시장 또는 군수가 제3항에 따라 관리청의 의견을 듣고 개발행위허가를 한 경우 개발행위허가를 받은 자는 그 허가에 포함된 공공시설의 점용 및 사용에 관하여 관계 법률에 따른 승인·허가 등을 받은 것으로 보아 개발행위를 할 수 있다. 이 경우 해당 공공시설의 점용 또는 사용에 따른 점용료 또는 사용료는 면제된 것으로 본다. 〈개정 2011.4.14〉

⑤ 개발행위허가를 받은 자가 행정청인 경우 개발행위허가를 받은 자는 개발행위가 끝나 준공검사를 마친 때에는 해당 시설의 관리청에 공공시설의 종류와 토지의 세목(細目)을 통지하여야 한다. 이 경우 공공시설은 그 통지한 날에 해당 시설을

관리할 관리청과 개발행위허가를 받은 자에게 각각 귀속된 것으로 본다.

⑥ 개발행위허가를 받은 자가 행정청이 아닌 경우 개발행위허가를 받은 자는 제2항에 따라 관리청에 귀속되거나 그에게 양도될 공공시설에 관하여 개발행위가 끝나기 전에 그 시설의 관리청에 그 종류와 토지의 세목을 통지하여야 하고, 준공검사를 한 특별시장 · 광역시장 · 특별자치시장 · 특별자치도지사 · 시장 또는 군수는 그 내용을 해당 시설의 관리청에 통보하여야 한다. 이 경우 공공시설은 준공검사를 받음으로써 그 시설을 관리할 관리청과 개발행위허가를 받은 자에게 각각 귀속되거나 양도된 것으로 본다. 〈개정 2011.4.14〉

⑦ 제1항부터 제3항까지, 제5항 또는 제6항에 따른 공공시설을 등기할 때에 「부동산등기법」에 따른 등기원인을 증명하는 서면은 제62조제1항에 따른 준공검사를 받았음을 증명하는 서면으로 갈음한다. 〈개정 2011.4.12〉

⑧ 개발행위허가를 받은 자가 행정청인 경우 개발행위허가를 받은 자는 제1항에 따라 그에게 귀속된 공공시설의 처분으로 인한 수익금을 도시 · 군계획사업 외의 목적에 사용하여서는 아니 된다. 〈개정 2011.4.14〉

⑨ 공공시설의 귀속에 관하여 다른 법률에 특별한 규정이 있는 경우에는 이 법률의 규정에도 불구하고 그 법률에 따른다. 〈신설 2013.7.16〉

② 동법 시행령 제51조(개발행위허가의 대상)~제61조(도시 · 군계획시설부지에서의 개발행위)

※ 법령 내용

제51조(개발행위허가의 대상)

① 법 제56조제1항에 따라 개발행위허가를 받아야 하는 행위는 다음 각 호와 같다. 〈개정 2005.9.8,2006.3.23, 2008.9.25, 2012.4.10〉

1. 건축물의 건축 : 「건축법」 제2조제1항제2호에 따른 건축물의 건축
2. 공작물의 설치 : 인공을 가하여 제작한 시설물(「건축법」 제2조제1항제2호에 따른 건축물을 제외한다)의 설치
3. 토지의 형질변경 : 절토 · 성토 · 정지 · 포장 등의 방법으로 토지의 형상을 변경하는 행위와 공유수면의 매립(경작을 위한 토지의 형질변경을 제외한다)

4. 토석채취 : 흙 · 모래 · 자갈 · 바위 등의 토석을 채취하는 행위. 다만, 토지의 형질변경을 목적으로 하는 것을 제외한다.
5. 토지분할 : 다음 각 목의 어느 하나에 해당하는 토지의 분할(「건축법」 제57조에 따른 건축물이 있는 대지는 제외한다)
   가. 녹지지역 · 관리지역 · 농림지역 및 자연환경보전지역 안에서 관계법령에 따른 허가 · 인가 등을 받지 아니하고 행하는 토지의 분할
   나. 「건축법」 제57조제1항에 따른 분할제한면적 미만으로의 토지의 분할
   다. 관계 법령에 의한 허가 · 인가 등을 받지 아니하고 행하는 너비 5미터 이하로의 토지의 분할
6. 물건을 쌓아놓는 행위 : 녹지지역 · 관리지역 또는 자연환경보전지역안에서 건축물의 울타리 안(적법한 절차에 의하여 조성된 대지에 한한다)에 위치하지 아니한 토지에 물건을 1월 이상 쌓아놓는 행위

② 법 제56조제1항제2호에서 "대통령령으로 정하는 토지의 형질변경"이란 조성이 끝난 농지에서 농작물재배, 농지의 지력 증진 및 생산성 향상을 위한 객토나 정지작업, 양수 · 배수시설 설치를 위한 토지의 형질변경으로서 다음 각 호의 어느 하나에 해당하지 아니하는 경우의 형질변경을 말한다. 〈신설 2012.4.10〉
1. 인접토지의 관개 · 배수 및 농작업에 영향을 미치는 경우
2. 재활용 골재, 사업장 폐토양, 무기성 오니 등 수질오염 또는 토질오염의 우려가 있는 토사 등을 사용하여 성토하는 경우
3. 지목의 변경을 수반하는 경우(전 · 답 사이의 변경은 제외한다)

제52조(개발행위허가의 경미한 변경)

① 법 제56조제2항 단서에서 "대통령령이 정하는 경미한 사항을 변경하는 경우"라 함은 다음 각호의 1에 해당하는 경우를 말한다. 〈개정 2012.4.10〉
1. 사업기간을 단축하는 경우
2. 사업면적을 5퍼센트 범위안에서 축소하는 경우
3. 관계 법령의 개정 또는 도시 · 군관리계획의 변경에 따라 허가받은 사항을 불가피하게 변경하는 경우
4. 「측량 · 수로조사 및 지적에 관한 법률」 제26조제2항 및 「건축법」 제26조에 따라 허용되는 오차를 반영하기 위한 변경

② 개발행위허가를 받은 자는 제1항 각호의 1에 해당하는 경미한 사항을 변경한

때에는 지체없이 그 사실을 특별시장 · 광역시장 · 특별자치시장 · 특별자치도지사 · 시장 또는 군수에게 통지하여야 한다. 〈개정 2012.4.10〉

[시행일:2012.7.1] 특별자치시와 특별자치시장에 관한 개정규정

제53조(허가를 받지 아니하여도 되는 경미한 행위)

법 제56조제4항제3호에서 "대통령령으로 정하는 경미한 행위"란 다음 각 호의 행위를 말한다. 다만, 다음 각 호에 규정된 범위에서 특별시 · 광역시 · 특별자치시 · 특별자치도 · 시 또는 군의 도시 · 군계획조례로 따로 정하는 경우에는 그에 따른다. 〈개정 2005.9.8, 2006.8.17, 2008.9.25, 2009.7.7, 2009.7.27, 2010.4.29, 2012.4.10, 2014.10.14, 2014.11.11〉

1. 건축물의 건축 : 「건축법」 제11조제1항에 따른 건축허가 또는 같은 법 제14조제1항에 따른 건축신고및 같은 법 제20조제1항에 따른 가설건축물 건축의 허가 또는 같은 조 제2항에 따른 가설건축물의 축조신고 대상에 해당하지 아니하는 건축물의 건축
2. 공작물의 설치
   가. 도시지역 또는 지구단위계획구역에서 무게가 50톤 이하, 부피가 50세제곱미터 이하, 수평투영면적이 25제곱미터 이하인 공작물의 설치. 다만, 「건축법 시행령」 제118조제1항 각 호의 어느 하나에 해당하는 공작물의 설치는 제외한다.
   나. 도시지역 · 자연환경보전지역 및 지구단위계획구역외의 지역에서 무게가 150톤 이하, 부피가 150세제곱미터 이하, 수평투영면적이 75제곱미터 이하인 공작물의 설치. 다만, 「건축법 시행령」 제118조제1항 각 호의 어느 하나에 해당하는 공작물의 설치는 제외한다.
   다. 녹지지역 · 관리지역 또는 농림지역안에서의 농림어업용 비닐하우스(비닐하우스안에 설치하는 육상어류 양식장을 제외한다)의 설치
3. 토지의 형질변경
   가. 높이 50센티미터 이내 또는 깊이 50센티미터 이내의 절토 · 성토 · 정지 등(포장을 제외하며, 주거지역 · 상업지역 및 공업지역외의 지역에서는 지목변경을 수반하지 아니하는 경우에 한한다)
   나. 도시지역 · 자연환경보전지역 및 지구단위계획구역 외의 지역에서 면적이 660제곱미터 이하인 토지에 대한 지목변경을 수반하지 아니하는 절토 · 성

토 · 정지 · 포장 등(토지의 형질변경 면적은 형질변경이 이루어지는 당해 필지의 총면적을 말한다. 이하 같다)

다. 조성이 완료된 기존 대지에 건축물이나 그 밖의 공작물을 설치하기 위한 토지의 형질변경(절토 및 성토는 제외한다)

라. 국가 또는 지방자치단체가 공익상의 필요에 의하여 직접 시행하는 사업을 위한 토지의 형질변경

4. 토석채취

가. 도시지역 또는 지구단위계획구역에서 채취면적이 25제곱미터 이하인 토지에서의 부피 50세제곱미터 이하의 토석채취

나. 도시지역 · 자연환경보전지역 및 지구단위계획구역외의 지역에서 채취면적이 250제곱미터 이하인 토지에서의 부피 500세제곱미터 이하의 토석채취

5. 토지분할

가. 「사도법」에 의한 사도개설허가를 받은 토지의 분할

나. 토지의 일부를 공공용지 또는 공용지로 하기 위한 토지의 분할

다. 행정재산중 용도폐지되는 부분의 분할 또는 일반재산을 매각 · 교환 또는 양여하기 위한 분할

라. 토지의 일부가 도시 · 군계획시설로 지형도면고시가 된 당해 토지의 분할

마. 너비 5미터 이하로 이미 분할된 토지의 「건축법」 제57조제1항에 따른 분할제한면적 이상으로의 분할

6. 물건을 쌓아놓는 행위

가. 녹지지역 또는 지구단위계획구역에서 물건을 쌓아놓는 면적이 25제곱미터 이하인 토지에 전체무게 50톤 이하, 전체부피 50세제곱미터 이하로 물건을 쌓아놓는 행위

나. 관리지역(지구단위계획구역으로 지정된 지역을 제외한다)에서 물건을 쌓아놓는 면적이 250제곱미터 이하인 토지에 전체무게 500톤 이하, 전체부피 500세제곱미터 이하로 물건을 쌓아놓는 행위

제54조(개발행위허가의 절차 등)

① 법 제57조제2항에서 "대통령령이 정하는 기간"이라 함은 15일(도시계획위원회의 심의를 거쳐야 하거나 관계 행정기관의 장과 협의를 하여야 하는 경우에는 심의 또는 협의기간을 제외한다)을 말한다.

② 특별시장 · 광역시장 · 특별자치시장 · 특별자치도지사 · 시장 또는 군수는 법 제57조제4항에 따라 개발행위허가에 조건을 붙이려는 때에는 미리 개발행위허가를 신청한 자의 의견을 들어야 한다. 〈개정 2006.8.17, 2012.4.10〉[시행일:2012.7.1] 특별자치시와 특별자치시장에 관한 개정규정

제55조(개발행위허가의 규모)

① 법 제58조제1항제1호에서 "대통령령이 정하는 개발행위의 규모"라 함은 다음 각호에 해당하는 토지의 형질변경면적을 말한다. 다만, 관리지역 및 농림지역에 대하여는 제2호 및 제3호의 규정에 의한 면적의 범위안에서 당해 특별시 · 광역시 · 특별자치시 · 특별자치도 · 시 또는 군의 도시 · 군계획조례로 따로 정할 수 있다. 〈개정 2012.4.10, 2014.1.14〉

1. 도시지역

가. 주거지역 · 상업지역 · 자연녹지지역 · 생산녹지지역 : 1만제곱미터 미만

나. 공업지역 : 3만제곱미터 미만

다. 보전녹지지역 : 5천제곱미터 미만

2. 관리지역 : 3만제곱미터 미만

3. 농림지역 : 3만제곱미터 미만

4. 자연환경보전지역 : 5천제곱미터 미만

② 제1항의 규정을 적용함에 있어서 개발행위허가의 대상인 토지가 2 이상의 용도지역에 걸치는 경우에는 각각의 용도지역에 위치하는 토지부분에 대하여 각각의 용도지역의 개발행위의 규모에 관한 규정을 적용한다. 다만, 개발행위허가의 대상인 토지의 총면적이 당해 토지가 걸쳐 있는 용도지역중 개발행위의 규모가 가장 큰 용도지역의 개발행위의 규모를 초과하여서는 아니된다.

③ 법 제58조제1항제1호 단서에서 "개발행위가 「농어촌정비법」 제2조제4호에 따른 농어촌정비사업으로 이루어지는 경우 등 대통령령으로 정하는 경우"란 다음 각 호의 어느 하나에 해당하는 경우를 말한다. 〈개정 2005.1.15, 2005.9.8, 2006.3.23, 2008.2.29, 2009.7.7, 2009.8.5, 2010.4.29, 2012.1.25, 2012.4.10, 2013.3.23, 2014.1.14〉

1. 지구단위계획으로 정한 가구 및 획지의 범위안에서 이루어지는 토지의 형질변경으로서 당해 형질변경과 관련된 기반시설이 이미 설치되었거나 형질변경과 기반시설의 설치가 동시에 이루어지는 경우

2. 해당 개발행위가 「농어촌정비법」 제2조제4호에 따른 농어촌정비사업으로 이루어지는 경우

2의2. 해당 개발행위가 「국방 · 군사시설 사업에 관한 법률」 제2조제2호에 따른 국방 · 군사시설사업으로 이루어지는 경우

3. 초지조성, 농지조성, 영림 또는 토석채취를 위한 경우

3의2. 해당 개발행위가 다음 각 목의 어느 하나에 해당하는 경우. 이 경우 특별시장 · 광역시장 · 특별자치시장 · 특별자치도지사 · 시장 또는 군수는 그 개발행위에 대한 허가를 하려면 시 · 도도시계획위원회 또는 법 제113조제2항에 따른 시 · 군 · 구도시계획위원회(이하 "시 · 군 · 구도시계획위원회"라 한다) 중 대도시에 두는 도시계획위원회의 심의를 거쳐야 하고, 시장(대도시 시장은 제외한다) 또는 군수(특별시장 · 광역시장의 개발행위허가 권한이 법 제139조제2항에 따라 조례로 군수 또는 자치구의 구청장에게 위임된 경우에는 그 군수 또는 자치구의 구청장을 포함한다)는 시 · 도 도시계획위원회에 심의를 요청하기 전에 해당 지방자치단체에 설치된 지방도시계획위원회에 자문할 수 있다.

가. 하나의 필지(법 제62조에 따른 준공검사를 신청할 때 둘 이상의 필지를 하나의 필지로 합칠 것을 조건으로 하여 허가하는 경우를 포함하되, 개발행위허가를 받은 후에 매각을 목적으로 하나의 필지를 둘 이상의 필지로 분할하는 경우는 제외한다)에 건축물을 건축하거나 공작물을 설치하기 위한 토지의 형질변경

나. 하나 이상의 필지에 하나의 용도에 사용되는 건축물을 건축하거나 공작물을 설치하기 위한 토지의 형질변경

4. 건축물의 건축, 공작물의 설치 또는 지목의 변경을 수반하지 아니하고 시행하는 토지복원사업

5. 그 밖에 국토교통부령이 정하는 경우

제56조(개발행위허가의 기준)

① 법 제58조제3항에 따른 개발행위허가의 기준은 별표 1의2와 같다. 〈개정 2009.8.5〉

② 법 제58조제3항제2호에서 "대통령령으로 정하는 지역"이란 자연녹지지역을 말한다. 〈신설 2012.4.10〉

③ 법 제58조제3항제3호에서 "대통령령으로 정하는 지역"이란 생산녹지지역 및 보전녹지지역을 말한다. 〈신설 2012.4.10〉

④ 국토교통부장관은 제1항의 개발행위허가기준에 대한 세부적인 검토기준을 정할 수 있다. 〈개정 2008.2.29, 2012.4.10, 2013.3.23〉

제57조(개발행위에 대한 도시계획위원회의 심의 등)

① 법 제59조제1항에서 "대통령령으로 정하는 행위"란 다음 각 호의 행위를 말한다. 다만, 도시·군계획사업(「택지개발촉진법」 등 다른 법률에서 도시·군계획사업을 의제하는 사업을 제외한다)에 의하는 경우를 제외한다. 〈개정 2005.9.8, 2007.4.19, 2008.1.8, 2010.4.29, 2011.3.9, 2012.1.6, 2012.4.10, 2012.10.29, 2014.3.24, 2016.5.17, 2016.6.30, 2016.8.11, 2017.12.29〉

1. 건축물의 건축 또는 공작물의 설치를 목적으로 하는 토지의 형질변경으로서 그 면적이 제55조제1항 각 호의 어느 하나에 해당하는 규모(같은 항 각 호 외의 부분 단서에 따라 도시·군계획조례로 규모를 따로 정하는 경우에는 그 규모를 말한다. 이하 이 조에서 같다) 이상인 경우. 다만, 제55조제3항제3호의2에 따라 시·도도시계획위원회 또는 시·군·구도시계획위원회 중 대도시에 두는 도시계획위원회의 심의를 거치는 토지의 형질변경의 경우는 제외한다.

1의2. 녹지지역, 관리지역, 농림지역 또는 자연환경보전지역에서 건축물의 건축 또는 공작물의 설치를 목적으로 하는 토지의 형질변경으로서 그 면적이 제55조제1항 각 호의 어느 하나에 해당하는 규모 미만인 경우. 다만, 다음 각 목의 어느 하나에 해당하는 경우(법 제37조제1항제5호에 따른 방재지구 및 도시·군계획조례로 정하는 지역에서 건축물의 건축 또는 공작물의 설치를 목적으로 하는 토지의 형질변경에 해당하지 아니하는 경우로 한정한다)는 제외한다.

가. 해당 토지가 자연취락지구, 개발진흥지구, 기반시설부담구역, 「산업입지 및 개발에 관한 법률」 제8조의3에 따른 준산업단지 또는 같은 법 제40조의2에 따른 공장입지유도지구에 위치한 경우

나. 해당 토지가 특별시장·광역시장·특별자치시장·특별자치도지사·시장 또는 군수가 도로 등 기반시설이 이미 설치되어 있거나 설치에 관한 도시·군관리계획이 수립된 지역으로 인정하여 지방도시계획위원회의

심의를 거쳐 해당 지방자치단체의 공보에 고시한 지역에 위치한 경우

다. 해당 토지에 특별시 · 광역시 · 특별자치시 · 특별자치도 · 시 또는 군의 도시 · 군계획조례로 정하는 용도지역별 건축물의 용도 · 규모(대지의 규모를 포함한다) · 층수 또는 주택호수 등의 범위에서 다음의 어느 하나에 해당하는 건축물을 건축하려는 경우

1) 「건축법 시행령」 별표 1 제1호의 단독주택(「주택법」 제15조에 따른 사업계획승인을 받아야 하는 주택은 제외한다)

2) 「건축법 시행령」 별표 1 제2호의 공동주택(「주택법」 제15조에 따른 사업계획승인을 받아야 하는 주택은 제외한다)

3) 「건축법 시행령」 별표 1 제3호의 제1종 근린생활시설

4) 「건축법 시행령」 별표 1 제4호의 제2종 근린생활시설(같은 호 거목, 더목 및 러목의 시설은 제외한다)

5) 「건축법 시행령」 별표 1 제10호가목의 학교 중 유치원(부지면적이 1,500제곱미터 미만인 시설로 한정하며, 보전녹지지역 및 보전관리지역에 설치하는 경우는 제외한다)

6) 「건축법 시행령」 별표 1 제11호가목의 아동 관련 시설(부지면적이 1,500제곱미터 미만인 시설로 한정하며, 보전녹지지역 및 보전관리지역에 설치하는 경우는 제외한다)

7) 「건축법 시행령」 별표 1 제11호나목의 노인복지시설(「노인복지법」 제36조에 따른 노인여가복지시설로서 부지면적이 1,500제곱미터 미만인 시설로 한정하며, 보전녹지지역 및 보전관리지역에 설치하는 경우는 제외한다)

8) 「건축법 시행령」 별표 1 제18호가목의 창고(농업 · 임업 · 어업을 목적으로 하는 건축물로 한정한다)와 같은 표 제21호의 동물 및 식물 관련 시설(다목 및 라목은 제외한다) 중에서 도시 · 군계획조례로 정하는 시설(660제곱미터 이내의 토지의 형질변경으로 한정하며, 자연환경보전지역에 있는 시설은 제외한다)

9) 기존 부지면적의 100분의 5 이하의 범위에서 증축하려는 건축물

라. 해당 토지에 다음의 요건을 모두 갖춘 건축물을 건축하려는 경우

1) 건축물의 집단화를 유도하기 위하여 특별시 · 광역시 · 특별자치

시 · 특별자치도 · 시 또는 군의 도시 · 군계획조례로 정하는 용도지역 안에 건축할 것

2) 특별시 · 광역시 · 특별자치시 · 특별자치도 · 시 또는 군의 도시 · 군계획조례로 정하는 용도의 건축물을 건축할 것

3) 2)의 용도로 개발행위가 완료되었거나 개발행위허가 등에 따라 개발행위가 진행 중이거나 예정된 토지로부터 특별시 · 광역시 · 특별자치시 · 특별자치도 · 시 또는 군의 도시 · 군계획조례로 정하는 거리(50미터 이내로 하되, 도로의 너비는 제외한다) 이내에 건축할 것

4) 1)의 용도지역에서 2) 및 3)의 요건을 모두 갖춘 건축물을 건축하기 위한 기존 개발행위의 전체 면적(개발행위허가 등에 의하여 개발행위가 진행 중이거나 예정된 토지면적을 포함한다)이 특별시 · 광역시 · 특별자치시 · 특별자치도 · 시 또는 군의 도시 · 군계획조례로 정하는 규모(제55조제1항에 따른 용도지역별 개발행위허가 규모 이상으로 정하되, 난개발이 되지 아니하도록 충분히 넓게 정하여야 한다) 이상일 것

5) 기반시설 또는 경관, 그 밖에 필요한 사항에 관하여 특별시 · 광역시 · 특별자치시 · 특별자치도 · 시 또는 군의 도시 · 군계획조례로 정하는 기준을 갖출 것

마. 계획관리지역(관리지역이 세분되지 아니한 경우에는 관리지역을 말한다) 안에서 다음의 공장 중 부지가 1만제곱미터 미만인 공장의 부지를 종전 부지면적의 50퍼센트 범위 안에서 확장하려는 경우. 이 경우 확장하려는 부지가 종전 부지와 너비 8미터 미만의 도로를 사이에 두고 접한 경우를 포함한다.

1) 2002년 12월 31일 이전에 준공된 공장

2) 법률 제6655호 국토의계획및이용에관한법률 부칙 제19조에 따라 종전의 「국토이용관리법」, 「도시계획법」 또는 「건축법」의 규정을 적용받는 공장

3) 2002년 12월 31일 이전에 종전의 「공업배치 및 공장설립에 관한 법률」(법률 제6842호 공업배치및공장설립에관한법률중개정법률에 따라 개정되기 전의 것을 말한다) 제13조에 따라 공장설립 승인을 받

은 경우 또는 같은 조에 따라 공장설립 승인을 신청한 경우(별표 27 제2호타목에 따른 면적제한 요건에 적합하지 아니하여 2003년 1월 1일 이후 그 신청이 반려된 경우를 포함한다)로서 2005년 1월 20일까지 「건축법」 제21조에 따른 착공신고를 한 공장

2. 부피 3만세제곱미터 이상의 토석채취

② 제1항제1호의2다목부터 마목까지의 규정에 따라 도시계획위원회의 심의를 거치지 아니하고 개발행위허가를 하는 경우에는 해당 건축물의 용도를 변경(제1항제1호의2다목부터 마목까지의 규정에 따라 건축할 수 있는 건축물 간의 변경은 제외한다)하지 아니하도록 조건을 붙여야 한다. 〈신설 2011.3.9〉

③ 특별시장 · 광역시장 · 특별자치시장 · 특별자치도지사 · 시장 또는 군수는 제1항제1호의2라목에 따라 건축물의 집단화를 유도하는 지역에 대해서는 도로 및 상수도 · 하수도 등 기반시설의 설치를 우선적으로 지원할 수 있다. 〈신설 2011.3.9, 2012.4.10〉

④ 관계 행정기관의 장은 제1항 각 호의 행위를 법에 따라 허가하거나 다른 법률에 따라 허가 · 인가 · 승인 또는 협의를 하고자 하는 경우에는 법 제59조제1항에 따라 다음 각 호의 구분에 따라 중앙도시계획위원회 또는 지방도시계획위원회의 심의를 거쳐야 한다. 〈개정 2005.9.8, 2008.9.25, 2009.8.5, 2010.4.29, 2011.3.9〉

1. 중앙도시계획위원회의 심의를 거쳐야 하는 사항
   가. 면적이 1제곱킬로미터 이상인 토지의 형질변경
   나. 부피 1백만세제곱미터 이상의 토석채취
2. 시 · 도 도시계획위원회 또는 시 · 군 · 구도시계획위원회 중 대도시에 두는 도시계획위원회의 심의를 거쳐야 하는 사항
   가. 면적이 30만제곱미터 이상 1제곱킬로미터 미만인 토지의 형질변경
   나. 부피 50만세제곱미터 이상 1백만세제곱미터 미만의 토석채취
3. 시 · 군 · 구도시계획위원회의 심의를 거쳐야 하는 사항
   가. 면적이 30만제곱미터 미만인 토지의 형질변경
   나. 부피 3만세제곱미터 이상 50만세제곱미터 미만의 토석채취

⑤ 제4항에도 불구하고 중앙행정기관의 장이 같은 항 제2호 각 목의 어느 하나 또는 제3호 각 목의 어느 하나에 해당하는 사항을 법에 따라 허가하거나 다른

법률에 따라 허가 · 인가 · 승인 또는 협의를 하려는 경우에는 중앙도시계획위원회의 심의를 거쳐야 하며, 시 · 도지사가 같은 항 제3호 각 목의 어느 하나에 해당하는 사항을 법에 따라 허가하거나 다른 법률에 따라 허가 · 인가 · 승인 또는 협의를 하려는 경우에는 시 · 도도시계획위원회의 심의를 거쳐야 한다. 〈개정 2011.3.9〉

⑥ 관계 행정기관의 장이 제4항 및 제5항에 따라 중앙도시계획위원회 또는 지방도시계획위원회의 심의를 받는 때에는 다음 각호의 서류를 국토교통부장관 또는 해당 지방도시계획위원회가 설치된 지방자치단체의 장에게 제출하여야 한다. 〈개정 2008.2.29, 2011.3.9, 2013.3.23〉

1. 개발행위의 목적 · 필요성 · 배경 · 내용 · 추진절차 등을 포함한 개발행위의 내용(관계 법령의 규정에 의하여 당해 개발행위를 허가 · 인가 · 승인 또는 협의할 때에 포함되어야 하는 내용을 포함한다)
2. 대상지역과 주변지역의 용도지역 · 기반시설 등을 표시한 축척 2만5천분의 1의 토지이용현황도
3. 배치도 · 입면도(건축물의 건축 및 공작물의 설치의 경우에 한한다) 및 공사계획서
4. 그 밖에 국토교통부령이 정하는 서류

⑦ 법 제59조제2항제6호에서 "대통령령으로 정하는 사업"이란 「농어촌정비법」 제2조제4호에 규정된 사업 전부를 말한다. 〈개정 2005.9.8, 2009.8.5, 2011.3.9〉

제58조(도시 · 군계획에 포함되지 아니한 개발행위의 심의)

① 법 제59조제3항의 규정에 의하여 국토교통부장관 또는 지방자치단체의 장이 관계 행정기관의 장에게 중앙도시계획위원회 또는 지방도시계획위원회의 심의를 받도록 요청하는 때에는 심의가 필요한 사유를 명시하여야 한다. 〈개정 2008.2.29, 2013.3.23〉

② 법 제59조제3항의 규정에 의하여 중앙도시계획위원회 또는 지방도시계획위원회의 심의를 받도록 요청받은 관계 행정기관의 장이 중앙행정기관의 장인 경우에는 중앙도시계획위원회의 심의를 받아야 하며, 지방자치단체의 장인 경우에는 당해 지방자치단체에 설치된 지방도시계획 위원회의 심의를 받아야 한다. [제목개정 2012.4.10]

제59조(개발행위허가의 이행담보 등)

① 법 제60조제1항 각호외의 부분 본문에서 "대통령령이 정하는 경우"라 함은 다음 각호의 1에 해당하는 경우를 말한다.

1. 법 제56조제1항제1호 내지 제3호의 1에 해당하는 개발행위로서 당해 개발행위로 인하여 도로 · 수도공급설비 · 하수도 등 기반시설의 설치가 필요한 경우
2. 토지의 굴착으로 인하여 인근의 토지가 붕괴될 우려가 있거나 인근의 건축물 또는 공작물이 손괴될 우려가 있는 경우
3. 토석의 발파로 인한 낙석 · 먼지 등에 의하여 인근지역에 피해가 발생할 우려가 있는 경우
4. 토석을 운반하는 차량의 통행으로 인하여 통행로 주변의 환경이 오염될 우려가 있는 경우
5. 토지의 형질변경이나 토석의 채취가 완료된 후 비탈면에 조경을 할 필요가 있는 경우

② 법 제60조제1항에 따른 이행보증금(이하 "이행보증금"이라 한다)의 예치금액은 기반시설의 설치, 위해의 방지, 환경오염의 방지, 경관 및 조경에 필요한 비용의 범위안에서 산정하되 총공사비의 20퍼센트 이내가 되도록 하고, 그 산정에 관한 구체적인 사항 및 예치방법은 특별시 · 광역시 · 특별자치시 · 특별자치도 · 시 또는 군의 도시 · 군계획조례로 정한다. 이 경우 산지에서의 개발행위에 대한 이행보증금의 예치금액은 「산지관리법」 제38조에 따른 복구비를 포함하여 정하되, 복구비가 이행보증금에 중복하여 계상되지 아니하도록 하여야 한다. 〈개정 2003.9.29, 2005.9.8, 2006.3.23, 2012.4.10, 2014.11.11〉

③ 이행보증금은 현금으로 납입하되, 「국가를 당사자로 하는 계약에 관한 법률 시행령」 제37조제2항 각 호 및 「지방자치단체를 당사자로 하는 계약에 관한 법률 시행령」 제37조제2항 각 호의 보증서 등 또는 「광산피해의 방지 및 복구에 관한 법률」 제39조제1항제5호에 따라 한국광해관리공단이 발행하는 이행보증서 등으로 이를 갈음할 수 있다. 〈개정 2005.9.8, 2005.12.30, 2006.8.17, 2008.9.30〉

④ 이행보증금은 개발행위허가를 받은 자가 법 제62조제1항의 규정에 의한 준공검사를 받은 때에는 즉시 이를 반환하여야 한다.

⑤ 법 제60조제1항제2호에서 "대통령령으로 정하는 기관"이란 「공공기관의 운영

에 관한 법률」 제5조제3항제1호 또는 제2호나목에 해당하는 기관을 말한다. 〈신설 2009.8.5〉

⑥ 특별시장 · 광역시장 · 특별자치시장 · 특별자치도지사 · 시장 또는 군수는 개발행위허가를 받은 자가 법 제60조제3항의 규정에 의한 원상회복명령을 이행하지 아니하는 때에는 이행보증금을 사용하여 동조제4항의 규정에 의한 대집행에 의하여 원상회복을 할 수 있다. 이 경우 잔액이 있는 때에는 즉시 이를 이행보증금의 예치자에게 반환하여야 한다.〈개정 2009.8.5., 2012.4.10〉

제59조의2(개발행위복합민원 일괄협의회)

① 특별시장 · 광역시장 · 특별자치시장 · 특별자치도지사 · 시장 또는 군수는 법 제61조의2에 따라 법 제61조제3항에 따른 인가 · 허가 · 승인 · 면허 · 협의 · 해제 · 신고 또는 심사 등(이하 이 조에서 "인 · 허가등"이라 한다)의 의제의 협의를 위한 개발행위복합민원 일괄협의회(이하 "협의회"라 한다)를 법 제57조제1항에 따른 개발행위허가 신청일부터 10일 이내에 개최하여야 한다.

② 특별시장 · 광역시장 · 특별자치시장 · 특별자치도지사 · 시장 또는 군수는 협의회를 개최하기 3일 전까지 협의회 개최 사실을 법 제61조제3항에 따른 관계 행정기관의 장에게 알려야 한다.

③ 법 제61조제3항에 따른 관계 행정기관의 장은 협의회에서 인 · 허가등의 의제에 대한 의견을 제출하여야 한다. 다만, 법 제61조제3항에 따른 관계 행정기관의 장은 법령 검토 및 사실 확인 등을 위한 추가 검토가 필요하여 해당 인 · 허가등에 대한 의견을 협의회에서 제출하기 곤란한 경우에는 법 제61조제4항에서 정한 기간 내에 그 의견을 제출할 수 있다.

④ 제1항부터 제3항까지에서 규정한 사항 외에 협의회의 운영 등에 필요한 사항은 특별시 · 광역시 · 특별자치시 · 특별자치도 · 시 또는 군의 도시 · 군계획 조례로 정한다. [본조신설 2012.7.31]

제60조(개발행위허가의 제한)

① 법 제63조제1항의 규정에 의하여 개발행위허가를 제한하고자 하는 자가 국토교통부장관인 경우에는 중앙도시계획위원회의 심의를 거쳐야 하며, 시 · 도지사 또는 시장 · 군수인 경우에는 당해 지방자치단체에 설치된 지방도시계획위원회의 심의를 거쳐야 한다. 〈개정 2008.2.29, 2013.3.23〉

② 법 제63조제1항의 규정에 의하여 개발행위허가를 제한하고자 하는 자가 국토

교통부장관 또는 시 · 도지사인 경우에는 제1항의 규정에 의한 중앙도시계획위원회 또는 시 · 도도시계획위원회의 심의전에 미리 제한하고자 하는 지역을 관할하는 시장 또는 군수의 의견을 들어야 한다. 〈개정 2008.2.29, 2013.3.23〉

③ 법 제63조제2항의 규정에 의한 개발행위허가의 제한에 관한 고시는 국토교통부장관이 하는 경우에는 관보에, 시 · 도지사 또는 시장 · 군수가 하는 경우에는 당해 지방자치단체의 공보에 게재하는 방법에 의한다. 〈개정 2008.2.29, 2013.3.23〉

제61조(도시 · 군계획시설부지에서의 개발행위)

법 제64조제1항 단서에서 "대통령령으로 정하는 경우"란 다음 각 호의 어느 하나에 해당하는 경우를 말한다. 〈개정 2009.7.7, 2012.4.10., 2013.6.11., 2015.6.15.〉

1. 지상 · 수상 · 공중 · 수중 또는 지하에 일정한 공간적 범위를 정하여 도시 · 군계획시설이 결정되어 있고, 그도시 · 군계획시설의 설치 · 이용 및 장래의 확장 가능성에 지장이 없는 범위에서 도시 · 군계획시설이 아닌 건축물 또는 공작물을 그 도시 · 군계획시설인 건축물 또는 공작물의 부지에 설치하는 경우
2. 도시 · 군계획시설과 도시 · 군계획시설이 아닌 시설을 같은 건축물안에 설치한 경우(법률 제6243호 도시계획법 개정법률에 의하여 개정되기 전에 설치한 경우를 말한다)로서 법 제88조의 규정에 의한 실시계획인가를 받아 다음 각목의 어느 하나에 해당하는 경우
   가. 건폐율이 증가하지 아니하는 범위 안에서 당해 건축물을 증축 또는 대수선하여 도시 · 군계획시설이 아닌 시설을 설치하는 경우
   나. 도시 · 군계획시설의 설치 · 이용 및 장래의 확장 가능성에 지장이 없는 범위 안에서 도시 · 군계획시설을 도시 · 군계획시설이 아닌 시설로 변경하는 경우
3. 「도로법」 등 도시 · 군계획시설의 설치 및 관리에 관하여 규정하고 있는 다른 법률에 의하여 점용허가를 받아 건축물 또는 공작물을 설치하는 경우
4. 도시 · 군계획시설의 설치 · 이용 및 장래의 확장 가능성에 지장이 없는 범위에서 「신에너지 및 재생에너지 개발 · 이용 · 보급 촉진법」 제2조제2호에 따른 신 · 재생에너지 설비 중 태양에너지 설비 또는 연료전지 설비를 설치하는 경우.

③ 동법 시행규칙 제9조(개발행위허가신청서)~제10조(개발행위허가의 규모제한의 적용배제)

※ 법령 내용

제9조(개발행위허가신청서)

법 제57조제1항의 규정에 의하여 개발행위를 하고자 하는 자는 별지 제5호서식의 개발행위허가신청서에 다음 각 호의 서류를 첨부하여 개발행위허가권자에게 제출하여야 한다. 〈개정 2005.2.19, 2005.9.8, 2016.5.26〉

1. 토지의 소유권 또는 사용권 등 신청인이 당해 토지에 개발행위를 할 수 있음을 증명하는 서류. 다만, 다른 법령에서 개발행위허가가 의제되어 개발행위허가에 관한 신청서류를 제출하는 경우에 다른 법령에 의한 인가 · 허가 등의 과정에서 본문의 제출서류의 내용을 확인할 수 있는 경우에는 그 확인으로 제출서류에 갈음할 수 있다.
2. 배치도 등 공사 또는 사업관련 도서(토지의 형질변경 및 토석채취인 경우에 한한다)
3. 설계도서(공작물의 설치인 경우에 한한다)
4. 당해 건축물의 용도 및 규모를 기재한 서류(건축물의 건축을 목적으로 하는 토지의 형질변경인 경우에 한한다)
5. 개발행위의 시행으로 폐지되거나 대체 또는 새로이 설치할 공공시설의 종류 · 세목 · 소유자 등의 조서 및 도면과 예산내역서(토지의 형질변경 및 토석채취인 경우에 한한다)
6. 법 제57조제1항의 규정에 의한 위해방지 · 환경오염방지 · 경관 · 조경 등을 위한 설계도서 및 그 예산내역서(토지분할인 경우를 제외한다). 다만, 「건설산업기본법 시행령」 제8조 제1항의 규정에 의한 경미한 건설공사를 시행하거나 옹벽 등 구조물의 설치 등을 수반하지 아니하는 단순한 토지형질변경의 경우에는 개략설계서로 설계도서에, 견적서 등 개략적인 내역서로 예산내역서에 갈음할 수 있다.
7. 법 제61조제3항의 규정에 의한 관계 행정기관의 장과의 협의에 필요한 서류

② 제1항의 개발행위허가신청서 및 첨부서류는 법 제128조제2항에 따른 국토이용정보체계(이하 "국토이용정보체계"라 한다)를 통하여 제출할 수 있다. 〈신설 2016.5.26〉

제10조(개발행위허가의 규모제한의 적용배제)

영 제55조제3항제5호에서 "그 밖에 국토교통부령이 정하는 경우"란 다음 각 호의 경우를 말한다. 〈개정 2013.3.23〉

1. 폐염전을 「어업허가 및 신고 등에 관한 규칙」 별표 4에 따른 수조식양식어업 및 축제식양식어업을 위한 양식시설로 변경하는 경우
2. 관리지역에서 1993년 12월 31일 이전에 설치된 공장(「대기환경보전법」 제2조제9호에 따른 특정대기유해물질 또는 「수질환경보전법」 제2조제8호에 따른 특정수질유해물질을 배출하는 공장을 제외한다)의 증설로서 다음 각 목의 요건을 갖춘 경우
   가. 시설자동화 또는 공정개선을 위한 증설일 것
   나. 1993년 12월 31일 당시의 공장부지면적의 50퍼센트 이하의 범위안에서의 증설로서 증가되는 총면적이 3만제곱미터 이하일 것(영 별표 20 제2호 카목(1)부터 (5)까지에 해당하는 공장과 부지면적이 3만제곱미터를 초과하거나 증설로 인하여 부지면적이 3만제곱미터를 초과하게 되는 공장의 증설은 1회에 한한다)
   다. 증설로 인하여 증가되는 오염물질배출량이 1995년 6월 30일 이전의 오염물질배출량의 50퍼센트를 넘지 아니할 것
   라. 증설로 인하여 인근지역의 농업생산에 지장을 줄 우려가 없을 것

④ 개발제한구역의 지정 및 관리에 관한 특별조치법 시행령(제13조제1항 관련)

※ 법령 내용

제13조(허가 대상 건축물 또는 공작물의 종류 등)

① 법 제12조제1항제1호에 따른 건축물 또는 공작물의 종류, 건축 또는 설치의 범위는 별표 1과 같다.

② 개발제한구역의 토지가 다음 각 호의 어느 하나에 해당하는 경우에는 인접한 용도지역에서 허용되는 건축물 또는 공작물을 건축하거나 설치할 수 있다. 〈개정 2013.10.30, 2016.3.29〉

1. 개발제한구역 지정 당시부터 개발제한구역의 경계선이 건축물 또는 공작물(법 제12조제6항에 따라 개발제한구역 지정 당시 이미 관계 법령에 따라 허가 등을 받아 공사 또는 사업에 착수한 건축물 또는 공작물을 포함한다)을

관통하는 경우 그 건축물 또는 공작물의 부지(개발제한구역 지정 당시부터 담장 등으로 구획되어 있어 기능상 일체가 되는 토지를 말한다)

2. 개발제한구역 지정 당시부터 해당 필지의 2분의 1 미만이 개발제한구역에 편입된 토지로서 지목(地目)이 대(垈)인 토지로서 지목(地目)이 대(垈)인 토지(개발제한구역 지정 후에 개발제한구역 경계선을 기준으로 분할된 토지를 포함한다)

③ 법 제12조제1항제1호의2에서 "대통령령으로 정하는 시설"이란 다음 각 호의 시설을 말한다. 〈신설 2016.3.29, 2018.2.9〉

1. 「도시공원 및 녹지 등에 관한 법률」 제2조에 따른 도시공원 또는 녹지
2. 다음 각 목의 요건을 모두 갖춘 물류창고(「물류시설의 개발 및 운영에 관한 법률」 제2조제5호의2에 따른 물류창고를 말한다)
   가. 저장물질이 「고압가스 안전관리법」에 따른 고압가스, 「위험물안전관리법」 제2조제1호에 따른 위험물 또는 「화학물질관리법」 제2조제2호에 따른 유독물질이 아닐 것
   나. 높이가 10미터 이하일 것
   다. 용적률이 120퍼센트 이하일 것
3. 정비사업 구역 내의 법 제13조에 따른 건축물을 철거하고 종전과 같은 용도로 신축하는 건축물

(3) 허가기준

용도 지역별 특성을 감안한 개발행위의 규모의 적합성

① 도시지역

- 주거지역, 상업지역, 자연녹지지역, 생산녹지지역 : 1만㎡ 미만
- 공업지역 : 3만㎡ 미만
- 보전녹지지역 : 5천㎡ 미만
- 관리지역 : 3만㎡ 미만
- 농림지역 : 3만㎡ 미만
- 자연환경보전지역 : 5천㎡ 미만

※ 하수처리장등의 기존 시설물위에 태양광 발전설비를 건설하는 경우 전력시설물에 해당되므로, 개발행위허가는 생략되고 해당 지자체에 공작물 축조신고

로 대체할 수 있음.

② 도시 관리계획과의 내용에 배치되지 않고, 도시계획사업 시행에 지장이 없을 것

③ 주변지역 토지이용 실태 또는 토지이용계획, 건축물의 높이, 토지의 경사도, 수목의 상태, 물의 배수, 하천, 습지의 배수 등 주변 환경 또는 경관과의 조화 여부

④ 당해 개발행위에 따른 기반시설의 설치 또는 필요 용지 확보계획의 적정성

나. 인허가의 법률적 제약조건

– 법률적 검토

신 · 재생에너지 관련 발전 사업을 추진하기 위해서 국토의 계획 및 이용에 관한 법률 시행령 제56조 별표1에 의거하여 제약을 받고 있으며, 이 제약을 검토하여 시행하여야 한다. 검토 대상은 크게 분야별 검토사항과 개발행위별 검토사항이다.

제 2 절 주요 사항

〈별표 1〉 개발행위 세부허가기준

(국토의 계획 및 이용에 관한 법률 시행령 제56조)

가. 분야별 검토사항

검토분야	허 가 기 준
공통분야	(1) 조류 · 수목 등의 집단서식지가 아니고, 우량농지 등에 해당하지 아니하여 보전의 필요가 없을 것 (2) 역사적 · 문화적 · 향토적 가치, 국방상 목적 등에 따른 원형보전의 필요가 없을 것 (3) 토지의 형질변경 또는 토석채취의 경우에는 표고 · 경사도 · 임상 및 인근 도로의 높이, 배수 등을 참작하여 도시계획조례(특별시 · 광역시 · 시 또는 군의 도시계획조례를 말한다. 이하 이 표에서 같다)가 정하는 기준에 적합할 것
도시관리 계획	(1) 용도지역별 개발행위의 규모 및 건축제한 기준에 적합할 것 (2) 개발행위허가 제한지역에 해당하지 아니할 것
도시계획 사업	(1) 도시계획사업부지에 해당하지 아니할 것 (제61조의 규정에 의하여 허용되는 개발행위를 제외한다) (2) 개발시기와 가설시설의 설치 등이 도시계획사업에 지장을 초래하지 아니할 것

주변지역과의 관계	(1) 개발행위로 건축 또는 설치하는 건축물 또는 공작물이 주변의 자연경관 및 미관을 훼손하지 아니하고, 그 높이 · 형태 및 색채가 주변 건축물과 조화를 이루어야 하며, 도시계획으로 경관계획이 수립되어 있는 경우에는 그에 적합할 것 (2) 개발행위로 인하여 당해 지역 및 그 주변지역에 대기오염 · 수질오염 · 토질오염 · 소음 · 진동 · 분진 등에 의한 환경오염 · 생태계파괴 · 위해발생 등의 방지가 가능하여 환경오염의 방지, 위해의 방지, 조경, 녹지의 조성, 완충지대의 설치 등을 허가의 조건으로 붙이는 경우에는 그러하지 아니하다. (3) 개발행위로 인하여 녹지축이 절단되지 아니하고, 개발행위로 배수가 변경되어 하천 · 호소 · 습지로의 유수를 막지 아니할 것
기반시설	(1) 주변의 교통소통에 지장을 초래하지 아니할 것 (2) 대지와 도로의 관계는 『건축법』에 적합할 것
그 밖의 사항	(1) 공유수면매립목적의 경우 매립목적이 도시계획에 적합할 것 (2) 토지의 분할 및 물건을 쌓아놓는 행위에 입목의 벌채가 수반되지 아니할 것

나. 개발행위별 검토사항

검토분야	허 가 기 준
건축물 또는 공작물의 종류, 건축 또는 설치의 범위	(1) 『건축법』의 적용을 받는 건축물의 건축 또는 공작물의 설치에 해당하는 경우 그 건축 또는 설치의 기준에 관하여는 『건축법』의 규정과 법 및 이 영이 정하는 바에 의하고, 그 건축 또는 설치의 절차에 관하여는 『건축법』의 규정에 의할 것, 이 경우 건축물의 건축 또는 공작물의 설치를 목적으로 하는 토지의 형질변경 또는 토석의 채취에 관한 개발행위허가는 『건축법』에 의한 건축 또는 설치의 절차와 동시에 할 수 있다. (2) 도로 · 수도 및 하수도가 설치되지 아니한 지역에 대하여는 건축물의 건축(건축을 목적으로 하는 토지의 형질변경을 포함한다)을 허가하지 아니할 것, 다만, 무질서한 개발을 초래하지 아니하는 범위 안에서 도시계획조례가 정하는 경우에는 그러하지 아니하다. (3) 『신에너지 및 재생에너지 개발 · 이용 · 보급 촉진법』 제2조제1호 가목에 따른 태양에너지 설비를 포함하되, 건축물에 설치하는 경우에는 도시 · 군계획시설로 설치하지 아니할 수 있다. [시행 2012.5.14, 대통령령 제23787호, 일부개정] (4) 옥내에 설치하는 변전시설의 경우 도시계획시설로 설치하지 아니할 수 있다.
토지의 형질변경	(1) 토지의 지반이 연약한 때에는 그 두께 · 넓이 · 지하수위 등의 조사와 지반의 지지력 · 내려앉음 · 솟아오름에 관한 시험을 실시하여 흙바꾸기 · 다지기 · 배수 등의 방법으로 이를 개량할 것 (2) 토지의 형질변경에 수반되는 성토 및 절토에 의한 비탈면 또는 절개면에 대하여는 옹벽 또는 석축의 설치 등 도시계획조례가 정하는 안전조치를 할 것
물건을 쌓아 놓는 행위	당해 행위로 인하여 위해발생, 주변 환경오염 및 경관훼손 등의 우려가 없고, 당해 물건을 쉽게 옮길 수 있는 경우로서 도시계획조례가 정하는 기준에 적합할 것

1) 사전환경성 검토 · 협의

개발사업의 허가 · 인가 등을 함에 있어 환경측면의 적정성 및 입지의 타당성 등을 검토하여 환경오염과 환경훼손을 예방하고 환경을 적정하고 지속가능하게 관리 · 보전하기 위함이다.

(1) 관련 행정청 : 개발행위 허가권자인 시장 · 군수와 지방환경관서의 장

(2) 관련법령

- 환경정책기본법 제5조(사업자의 책무), 제7조(오염원인자 책임원칙), 제10조(환경기준의 설정), 제25조(사전환경성검토)~제25조의3(사전환경성검토협의 요청), 제27조(개발사업의 사전허가 등의 금지)
- 동법시행령 제7조(사전환경성검토대상 및 협의 요청시기 등)~제8조(검토서의 작성내용 · 방법 등)

(3) 개발사업의 사전허가 금지

- 관계행정기관의 장은 협의의견을 통보받기 전에 개발 사업에 대한 허가 등을 하여서는 아니 된다.
- 협의기관의 장은 협의절차가 완료되기 전에 시행한 개발 사업에 대하여는 관계행정기관의 장에게 공사중지, 원상복구, 개발사업의 허가 등의 취소 등 필요한 조치를 할 것을 요청할 수 있다. 이 경우 관계행정기관의 장은 특별한 사유가 없는 한 이에 응하여야 한다.

(4) 허가기준

개발행위 허가 시 허가권자는 시행령 규정에 적합한지를 검토하여야 한다.
이때 특별시 · 광역시 · 도는 지역 환경의 특수성을 고려하여 필요하다고 인정하는 때에는 당해 시 · 도의 조례에 의한 환경 기준보다 확대 · 강화된 별도의 환경기준을 설정할 수 있다. 특별시장 · 광역시장 · 도지사는 지역 환경기준이 설정되거나 변경된 때에는 이를 지체 없이 환경부장관에게 보고하여야 한다.

(5) 검토대상

태양광발전의 경우 발전용량이 100,000kW미만일 경우에 한하며, 이상인 경우 환경영향평가의 대상이 된다. 개발행위 허가 시 허가권자인 지자체장은 해당부지가 사전환경성검토협의 대상 행정계획 및 개발 사업에 해당하는 경우, 허가 전에 지방환경관서의 장과 사전협의해야 한다.

【용도 및 면적별 사전환경성 검토 대상 요약표】

구 분	5,000㎡	7,500㎡이상	10,000㎡이상	50,000㎡이상
국토의 계획 및 이용 에 관한 법률	자연환경보전지역 보전관리지역	농림지역 생산관리지역	계획 관리지역	
자연환경 보전법	생태계보전지역 임시생태계 보전지역 시 · 도생태계 보전지역 자연유보지역	완충지역		
조수보호 및 수렵에 관한 법률	조수보호구			
자연공원법	자연보존지구	자연환경지구		
습지보전법	습지보호지역	습지주변관리지역	습지개선지역	
수질환경 보전법	호소수질보전지역 (공동주택의 건설)	호소수질보전구역 (공동주택의 경우 제외)		
그 밖의 개발사업	사업계획 면적이 최소 사전환경성검토 협의 대상 면적의 60% 이상인 개발 사업 중 사전환경성검토가 필요하다고 관계기관의 장이 결정한 사업			
협의시기	사업의 인 · 허가, 승인, 면허 결정 또는 지정 전			

제 3 절 인·허가에 따른 유관기관 업무 흐름도(flow-chart)

NO	발전사업 관련 협의절차	행정기관	비 고
1	발전사업허가	산업통상자원부(3MW초과), 광역시장 및 도지사(3MW이하)	전기 위원회 총괄 정책팀
2	배전용 전기설비 이용신청서, 전력수급계약(PPA) 신청서	한국전력공사	한전해당지점

3	전력거래소 회원가입	한국전력거래소	
4	개발행위 허가 취득 및 환경영향평가	시장, 구청장, 군수, 지방환경관리청장	
5	공작물 축조신고	해당 시,도청	
6	건축물 신고, 허가	해당 시,도청	
7	공사계획 인가 및 신고	해당 시,도청	
8	발전 사업을 위한 업무협의	한국전력거래소, 한전지점, 해당전력관리처	
9	공사 관련 사항 신고	해당 시,도청	
10	발전소 시운전(준공)	특별목적 법인회사(SPC)	
11	정밀안전진단, 사용전 검사	한국전기안전공사	
12	사업개시 신고	해당 시,도청	
13	RPS를 위한 설치확인	에너지관리공단 신재생에너지센터	
14	상업 운전 실시	한국전력거래소, 한전, 지자체	
15	검침 및 요금지급	한국전력거래소, 한전 해당지점	
기타 항목	해당 시,도청과 환경사업소등 관련 유관부서를 통해 사전협의 필요함		

출제 기준에 따른 실기 필답형 예상문제

문제 Ⅰ

신재생에너지 발전설비 설계시 검토해야할 관련 법령종류 및 지침등을 열거하시오!

풀이

- 국토의 계획 및 이용에 관한 법률(제56조)
- 도시개발법 종합개발계획
- 하천법(제33조, 제40조)
- 도시개발법(제9조)
- 수도법(제5조)
- 도로법(제50조)
- 사도법(제4조)
- 산림법(제62조, 제75조, 제90조)
- 산지관리법(제14조, 제15조)
- 사방사업법(제14조)
- 농지법(제36조)
- 자연공원법(제23조)
- 문화재보호법(제10조)
- 광업법(제84조)
- 환경, 교통, 재해 등에 관한 영향 평가법
- 장사 등에 관한 법률
- 건축법

문제 Ⅱ

신재생발전 시스템의 설계순서 결정에 대하여 기술하시오!

풀이

전력수요의 산정 ➲ 필요태양전지 용량의 결정 ➲ 태양전지 설치면적의 결정 ➲ 태양전지설치 가능성 판단 순으로 결정한다.

문제 Ⅲ

신재생발전설비에 관한 개요를 기술하시오!

풀이

태양광발전설비의 개요란 태양전지(Solar Cell)를 이용하여 무한정, 무공해의 태양광에너지를 전기에너지로 직접 변환하는 장치로서 햇빛이 있는 곳이면 어느 곳에서나 간편하게 설치하여 전기를 생산할 수 있는 발전시스템이다.

문제 Ⅳ

태양광발전시스템 설계 설명서의 개요를 서술하시오!

풀이

설계설명서에는 개요, 사전조사사항, 공사비계산서, 세부공정계획, 세부설비 및 자재사용계획 등의 필요한 사항을 작성한다.

문제 Ⅴ

태양광발전시스템 설계시 법적요구 도면에 대하여 기술하시오!

풀이

법적 요구 도면은 발전소/변전소(단선결선도, 주요설비 배치 평면도, 발전소 위치도, 송전계통도), 변환기(배치평면도, 단선결선도 및 배선도, 보호계전기 시스템도), 배전선로(배전선로 계통도, 배전선로 배치평면도, 케이블구조도, 지중전 선로 부설도), 부대설비(조명/전열/동력설비 평면도, 배치도, 단선결선도) 등을 포함한다.

문제 VI

태양광발전시스템 공사계획용 승인 신청용 도면에 대하여 기술 하시오!

풀이

종합제어실 수 · 배전반 관련도, 태양광발전 시스템 관련도, 태양광 발전시스템 지지대 관련도, 종합제어실 등을 포함한다.

문제 VII

태양광발전시스템 설계도에 포함된 도면에 대하여 기술 하시오!

- 평면도 :
- 계통도 :
- 결선도 :

풀이

- 평면도는 토목, 건축, 전기평면도를 포함한다.
- 계통도는 태양광발전설비 및 전기설비계통도를 포함한다.
- 결선도는 송 · 변전설비, 인버터, 접속반, 모듈 직 · 병렬 결선도를 포함한다.

문제 VIII

태양광발전시스템 설계 기준단가는 어디 기준인가?

풀이

기준단가는 에너지관리공단의 기준단가를 적용한다.

문제 Ⅸ

태양광발전시스템 설계 도서중 아래내용은 어떤 도면에 대한 설명인가?
(모든 내부 기기의 결선 관계가 표시되도록 하고 사용된 콘트롤 및 셀렉터 스위치의 동작관계, 접점전개도 등도 포함시킨다.)

풀이

제어회로도(Control Schematic Diagram)

문제 Ⅹ

태양광발전시스템 설계 도서중 아래내용은 어떤 도면에 대한 설명인가?
(내부기기, 내부 보조판넬, 배선위치 등이 표시되도록 해야 한다.)

풀이

기기배치도

문제 Ⅺ

비용/편익분석(BCA)에 대하여 설명하시오?

풀이

내부수익률 분석(Internal Rate of Return), 투자회수기간분석(Pay-Back Period), 투자수익률 분석(Return on Investment), 순현가 분석(Net Present Value)을 말한다.

제 2 장

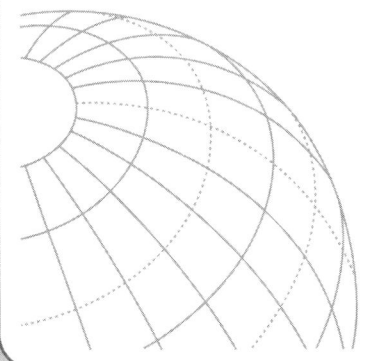

구조물 및 부속설비 설치하기

제2장

구조물 및 부속설비 설치하기

제 1 절 선정부지의 경계 측량 및 정지작업에 관한 세부 내용

가. 현지답사

1) 계약상대자는 현지를 답사하여 계획한 시설물이 현지조건에 적합한지의 여부를 확인하여야 한다.
2) 계약상대자는 지형, 지질, 하천 등의 자연 상황, 주변도로, 용지조건 등을 상세히 파악하여 공사부지 내 작업장 등의 확보가능 여부를 판단하여야 한다.
3) 현지답사시에는 반드시 주변조각물, 주변건물, 도로, 담장 등 시설물의 균열 등을 사진(또는 비디오)을 찍어 사진첩에 정리하고 민원발생시 또는 구조물 계획시에 참조하도록 한다.

나. 부지정지 설계

- 기존지형을 최대로 활용하고 주변지역 연결 등을 고려하여 정지계획을 수립한다.
- 토량 발생을 최소화하되 지구내에서 절.성토 균형을 유지하도록 설계
- 토량의 운반거리가 최소화 되도록하여 경제적인 설계가 되도록 한다.
- 절토시 발생되는 양호한 표토는 잔디 및 수목 식재시 활용방안을 강구.
- 법면 발생을 최소화하고 부득이한 경우를 제외하고 가급적 구조물 설치를 배제 제하도록 정지계획을 수립한다.

다. 측 량

1) 측량은 측량법과 공공측량의 작업규정 세부기준에 의거 시행하여야 한다.
2) 계약상대자는 측량을 실시하기 전에 작업계획서를 작성하여 제출하여야 한다.

3) 작업계획서에는 다음사항이 포함되어야 한다.
   가) 조사물량
   나) 작업계획표(외업, 내업)
   다) 인원편성
   라) 주요기기
   마) 특기사항(안전관리, 사진촬영)
   바) 위치도 등
4) 하도급으로 측량을 시행하는 경우에 계약상대자는 발주기관에 하도급 내용을 제출하여 승인을 받아야 한다.
5) 계약상대자는 작업진행 사항을 작업일지에 기록하여 필요시 발주기관이 확인할 수 있도록 하여야 한다.
6) 측량기구는 각 조사에 적정한 것을 사용하여야 하며 수시로 점검 및 보정을 받은 것이어야 한다.
7) 계약상대자는 측량작업시 안전사고방지에 유의하여야 한다.
8) 측량작업시 필요한 관계기관의 제수속은 계약상대자 부담으로 신속히 처리한다.
9) 측량을 위해 교통 혹은 보행의 금지 또는 제한이 필요한 경우 해당경찰서 및 발주기관과 협의하여 허가를 득한 후 시행한다.
10) 대지경계측량 및 실측은 정밀측량을 실시하고 부지면적과 정확한 현황을 도면으로 작성하여야 한다.
11) 주요 측량원점에는 필히 지반고를 기입하고 삼각점 및 주요 수준점 조서를 작성하며 감독관이 필요하다고 인정되는 지점에는 표석을 매설하여 영구보존할 수 있도록 하여야 한다.
12) 경계 측량 내용 등
   가) 정확한 대지경계를 알아보려면, LX대한지적공사에 지적측량을 의뢰를 해야 한다.
      ㉮ 지적측량이란?
      지적측량은 대지의 경계 또는 좌표와 면적을 결정하는 측량을 말하고, 측량결과를 지표상에 복원을 하거나, 지적공부*에 등록하는 행위로 표현이 된다. 지적측량의 종류에는 경계측량, 분할측량, 현황측량 등이 있다.
      (지적공부 : 지적공부란 토지대장, 지적도, 임야대장, 임야도, 수치지적부, 지

적화일을 말한다)

㉯ 경계복원측량(경계감정측량)이란?

지적공부상에 등록된 경계를 지표상에 복원하는 측량을 말하며, 토지에 대한 정확한 경계를 알고자 할 때나, 건물을 짓고자 하여 정확한 토지경계가 필요할 때, 이웃끼리 토지분쟁이 생겨 정확한 경계를 알고자 할 때 경계복원측량을 한다.

㉰ 분할측량이란?

한 필지의 땅을 두 필지 이상으로 나누고자 할 때 실시하는 측량을 말한다.

13) 현황측량이란?

지상 구조물 또는 지형, 지물이 점유하는 위치현황을 지적도나 임야도에 등록된 경계와 대비하여 그 관계 위치를 표시하기 위한 측량을 말하여, 건축물을 신축하고 준공검사를 신청할 때 주로 하는 측량이다.

라. 지적측량시 확인 사항

1) 경계측량(경계복원측량)점 확인

대지 위에 경계점을 확인함으로써, 인접 대지와의 경계선 확인이 가능하게 된다. 인접한 경계점끼리 연결하여 대지위에 그어진 대지경계선을 보면서, 설계도면에 주어진 대지경계선과의 관계를 확인.

2) 미리 '현황측량' 해보기

경계측량이 완료되면 우리는 대지경계점을 알 수 있다. 이제 준비된 도화지(=대지경계선) 위에 태양광 시설물에 대한 개략도를 도면의 중심도를 실제 대지위에 그려보는 것이다.

3) 지적측량 과 도면과 실제 대지경계선 확인.

① 도면과 상이여부.

② 가(假)도면 표시

③ 현실적인 시공계획

4) 지장물 조사

① 계획구간내 각종 지하 매설물 및 지상 시설물을 정확히 현장 및 자료를 조사하여 설계에 반영한다.

② 지장물 중 이설이 필요한 시설(전신주, 가로등, 신호등, 맨홀, 상수도관, 하수관, 가스관, 통신케이블, 고압케이블, 송유관 등)은 해당 기관과 협의한 후 이설비를 산출하여 사업비에 반영한다.

③ 공사시 터파기 등으로 인해 보호공이 필요한 시설들에 대하여는 해당 기관과 상의하여 적절한 보호 방안을 수립하여 공사중에 손상이 없도록 한다.

④ 조사된 지장물은 지장물 현황도에 정확히 표기되어 있어야 한다.

5) 지반조사

① 본 과업내용서에 의거 조사하며, 명시되지 않은 사항은 토질 및 암석시험규정, 한국산업규격 및 기타 관련규정에 따라 시행하여야 한다.

② 계약상대자는 지반조사를 시행하기 전에 조사계획서를 제출하여 발주기관의 승인을 받도록 한다.

③ 지반조사계획서에 포함되어야 할 사항은 다음과 같다.

- 조사 개요
- 조사 위치도
- 조사 계획표(조사, 시험, 보고서)
- 조사 조직표
- 주요 장비 및 기기
- 특기 사항
- 기타

④ 계약상대자는 작업진행 사항을 작업일지에 기록하여 필요시 발주기관이 확인할 수 있도록 하여야 한다.

⑤ 조사와 관련한 실적수량이 계약서상의 설계수량과 상이한 경우 계약단가를 기준으로 과업수행 실적에 부합되게 정산한다.

⑥ 발주기관이 서면지시 또는 승인한 추가조사 및 시험에 대한 추가경비는 실비정산한다.

⑦ 계약상대자는 본 과업을 수행함에 있어 계획지역의 지질도, 지형도 등과 기 시행된 기존 조사 자료들을 수집하여 지형 및 지질특성을 파악하여 적정한 조사계획을 수집하고 본 조사의 성과분석에 참고한다.

⑧ 시추 및 현장시험 광경은 공번과 시험종목을 표시한 후 천연색 사진으로 촬영하

여 앨범에 정리하여 제출한다.

마. 표토 및 지장수목조사

1) 식재지반조성을 위한 표토를 미리 조경기술자와 협의하여 표토의 수집과 보관을 위한 계획을 한다.
2) 사업부지내의 기존수목의 현황을 조사하여 활용계획을 수립한다.
3) 기존수목을 현 상태로의 보전이 불가능한 경우 기준에 따라 이식을 계획한다.
4) 지장수목은 가급적 이식을 원칙으로 하되, 조경적 가치와 경제성 등을 종합 고려하여 이식이 적합하지 않을 경우 벌채 처리한다.

사. 교통량 및 교통 시설 조사

1) 계획 지역 주변 가로망 현황과 교통 관련 시설(입체 교차로, 지하차도, 고가차도, 보도 육교, 지하철 관련시설, 주차장, 버스정류장, 택시정류장, 교통 신호등, 기타)을 조사한다.
2) 계획 지역 주변 교차로의 교통신호 운영현황과 교통량을 조사한다.
3) 계획 지역 주변의 교통 유발시설(대형빌딩, 대형백화점, 학교, 공공시설, 교통운송터미널, 기타)을 조사한다.
4) 기 조사된 교통 현황 자료를 비롯하여 각종 교통 관련 자료를 수집한다.

아. 배수시설 조사

계획 대지 주위의 하수 처리 시설을 조사한다.

1) 암거 및 배수구조물의 위치를 선정, 홍수량과 홍수위를 추정하고 구조물의 규격을 결정하며 노면배수와 횡단배수 처리를 원활하게 하여야 한다.
2) 현지조사 항목
   ① 과거최고 홍수위
   ② 부근 기존구조물의 규격 및 부근 수리시설 용량
   ③ 하천의 현황
3) 자료수집 항목
   - 강우강도, 강우시간(지속시간) 및 강우빈도.

자. 소음·진동조사 (환경영향조사)

1) 계획 대지 주변 도로에서의 소음을 측정 조사한다.
2) 소음 측정은 오전, 오후, 저녁 각각 3회 이상을 실시하여 최대 및 최소상태를 조사한다.
3) 사업시행으로 인한 환경영향을 예측하여 저감대책을 수립하고 공사진행 중 환경저감시설(가림막, 소음방지시설, 분진방지시설 등)을 시공계획서 및 공사시방서에 반영한다.

차. 구조물 조사

1) 계획 대지 부근의 기존 건물을 비롯한 각종 구조물 현황과 문화재 현황을 조사한다.
2) 각종 구조물 및 문화재가 계획 대지에 인접하여 있을 경우 문화재의 위치 등에 대한 상세한 사항을 현장 조사 및 관련자료를 확보하여 조치계획을 발주청과 협의한다.

카. 토취장 골재원 및 사토장 조사

1) 공사 수행 시기를 고려하여 토취장 및 사토장을 조사 설계에 반영한다.
2) 골재원의 위치, 종류, 생산량 등을 조사하여 설계에 반영한다.
3) 본 건축물 부근에 토취가능지역, 하상골재원지역, 석산골재원지역 및 주변시도에서 수행하고 있는 또는 추진 예정 지역의 각종 공사장을 대상으로 지형도에 위치 및 매장량, 여유 사토량 등을 조사한다.

타. 용지 조사

1) 계획 대지 및 주변의 지장물별로 지번과 가옥의 소유자를 조사하여 용지도를 작성해야 한다.
2) 발주청의 요구시 지장물현황조서를 용지도와 함께 제출하여야 한다.
3) 지자체 각종 인·허가 사항을 조사하여 과업수행에 차질이 없도록 한다.
4) 민원 발생 예정 지역 및 협의 사항을 조사·검토한다.

파. 관련계획 자료조사

1) 본 과업과 관련된 제반 사업계획을 조사하여 연관성을 상세히 검토 후 반영한다.
2) 계획 대지와 관련한 도시계획의 현황과 토지이용계획 등을 상세히 조사·검토하여 사

업계획에 반영한다.

하. 기타 조사사항

본 건축물 건립에 따라 주변시설에 미치는 경관상의 문제, 민원 문제 등을 조사, 검토한다.

제 2 절 구조물 기초공사 시행 등

1. 일반사항

구조물의 기초는 다음 사항을 만족해야 한다.

(1) 기초지반이 전단파괴에 대하여 인정해야 한다.

(2) 과도한 침하나 부등침하가 일어나지 않아야 한다.

2. 기초 선정을 위한 조사 항목

(1) 상부구조의 특성

(2) 지반의 조건

(3) 시공조건

(4) 주변구조물의 기초

(5) 지하매설물

(6) 부지의 상황 및 장래계획

3. 기초의 종류

가. 기초의 분류

1) 얕은기초(직접기초)

Df / B 〈1-4 의 경우(일반적 기준)

상부구조물 하중을 지반으로 직접전달

사질토 N〉30, 점성토 N〉20 인 토층이 지표면 부근에 있는 경우

(1) FOOTING 기초 종류

독립푸팅기초, 복합푸팅기초, 캔틸레버식푸팅기초, 연속푸팅기초

(2) 전면기초

2) 깊은기초

Df/B 〉1-4 의 경우

(1) 말뚝기초 (거동에 따른 분류) : 기성파일

선단지지말뚝	강관
마찰말뚝	PC
다짐말뚝	PSC

(2) Pier기초 (현장타설말뚝기초)

- 지반에 직경 1m(0.75m) 이상직경/ 현장콘크리트타설/ 소음진동小/ 도심지공
  - BENOTO 공법
  - EARTH DRILL 공법
  - REVERSE CIRCULATION DRILL 공법(RCD 공법)
  - 전선회식 공법

(3) CAISSION 기초

케이슨자중 또는 적재하중에 의하여 소정깊이까지 침하/ 상부하중 지지.

대형구조물 기초에 적당/ 깊은기초중 지지력과 수평저항력이 가장 큼

- 우물통기초
- 공기케이슨기초
- BOX 케이슨기초

나. 얕은 기초 (기본사항)

1) 얕은기초 설계 주요검토사항 (기본 사항)

① 전단파괴

기초지반의 전단파괴에 대해 안전

② 과도한 침하, 부등침하 발생되지 않아야 됨

고한 토층에 지지시킴

③ 경지지반에 설치될 경우 기초하중에 의한 비탈면 활동이 발생하지 않도록 해

야 함

2) 기초의 안정성 평가를 위한 검토 항목(선정시 고려사항)

① 지반의 전단파괴

② 침하

③ 전도

④ 활동

⑤ 비탈면활동

⑥ 기초본체

3) 지지력산정

① 지지력산정을 위한 지반특성파악 설계시 조사 시험

- 현장조사 (지시보물)
- 현장시험
- 실내시험
- 상재하중 작은 구조물 또는 가설구조물의 기초는 인근구조물의 경험값, 기초설계, 시공성과 현장시험자료를 통하여 지지력을 추정할 수 있음

② 얕은기초의 허용지지력

$$q_{all} = \frac{q_u}{FS}$$

∴ q_{all} = 허용지지력, q_u = 극한지지력, FS=안전율

- 순 극한지지력

$$q_{all(net)} = \frac{q_u - q}{FS}$$

∴ q= 상재하중

사하중과 최대활하중 : 3.0

활하중의 일부가 일시적으로 작용시(지진, 눈, 바람 등) : 2.0

사하중 : 푸팅유효하중 + 푸팅 위 흙의 무게

푸팅유효하중 : 푸팅의 무게 - 치환된 흙(r con'c - r soil) × 푸팅체적

3. 극한지지력 고려사항 (sidbg)+ 지하수, 하중

기초형상, 지반경사, 근입깊이, 지반조건, 하중조건(경사하중, 편심하중), 지하수영향

4. 깊은기초 얕은기초의 두가지 핵심요소

가. 지지력확보

나. 침하량이 허용침하량 이내일 것

5. 기초의 구비사항

① 얕은기초

- 기초의 안정성 = 침하에 대한안정성, 연직지지력에 대한 안정성
- 기초형식선정시 검토항목 = 기초저면에서의 연직지반반력은 허용연직지지력 이내일 것
- 하중의 합력 작용점은 평상시는 저면의 중심에서 B/6이내
  지진시는 B/3이내일 것
- 기초저면에서의 전단지반반력은 저면지반의 허용전단저항력 이내일것
- 기초의 변위량은 허용변위랑 이내일것

② 깊은 기초

1. 지반조건
   말뚝기초는 항타를 기본으로 함
   소음, 진동우려지역, 자갈. 전석의 관통이 어려운 구간 매입공법검토
2. 하중규모
   하중大, 심도가 최대 50m 경우 현장타설 말뚝적용이 적합
3. 안정성확보구비조건
   연직방향 : 지지력, 침하량
   수평방향 안정성
   단면의 적정성
   내진해석
4. 시공구비조건
   하중의 규모
   심도
   경사와 요철상태
   중간층 상태 특히 전석, 호박돌

피압지하수 존재 유무

지표면상태

환경조건

5. 지반조사보고서 검토내용 착안사항

(1) 원지반 확인

(2) 토층의 구성 및 변화

(3) 지하수상태 점검

(4) 수로 및 하천

(5) 폐기물 및 연약지반 존재 여부

6. 기초터파기

구조물 기초 터파기는 사면개착공법을 원칙으로 하나, 현장여건상 부득이한 다음의 경우에는 경제성과 안정성을 검토하여 흙막이공법을 적용할 수 있다.

가. 지반이 불량하여 사면개착시 사유지 경계를 침범할 경우 또는 인접구조물의 기초에 영향을 미칠 우려가 있을 때

나. 터파기시 지하수 유출로 인근구조물 (가옥 등)의 지반침하가 예상되는 경우

다. 기타 부득이한 장소

7. 관로 기초공사

가. 흙깍기 및 흙쌓기 일반구간 : 현장타설 콘크리트 기초를 적용하되, 원지형이 흙깍기 지반으로 단단한 지반은 모래 또는 스크리닝스 기초로 한다.

- D450㎜이하 : 관 하부로부터 10㎝
- D500 ~ 700㎜ : 관 하부로부터 25㎝
- D800 ~ 1,000㎜ : 관 하부로부터 20㎝
- D1,100 ~ 1,200㎜ : 관 하부로부터 25㎝

나. 연약지반 : 전구간 현장타설 콘크리트기초

다. 지하수 용출지반 : 잡석+현장타설 콘크리트기초

라. 암노출 지반 : 모래 또는 스크리닝스(부순 돌가루)기초

제 3 절 구조물 조립 공사

1. 현장시공

1.1 현장시공 일반

현장시공은 공사현장에 반입된 부재의 구분, 지상조립, 설치 및 부재상호의 접합에 따라 철골공사가 완료할 때까지의 필요한 작업 및 이에 관계되는 가설공사, 그리고 철골 골조의 품질, 정밀도, 후속 부대공사를 대상으로 한다.

1.2 시공계획과 관리

가. 공사관리조직

공사현장의 시공자는 필요에 따라 철골공사 담당기술자(이하 담당기술자라 한다)를 별도로 정하여 담당업무와 그 책임을 명확히 해야 한다.

나. 공사계획

계획 수립시 담당기술자는 설계도서를 비롯하여 현장 상황과 제약조건을 조사, 확인하여 각종 검사의 계획을 수립한 후 시공계획서를 작성하고, 담당원의 승인을 받는다.

다. 관리

담당기술자는 계획에 따라 철골공사의 각 공정에 대한 검사 및 확인을 하고 설계도서에 지정한 품질을 확보한다.

1.3 정착

1.3.1 적용범위

가. 이 항은 철골부재와 철근 콘크리트 부재의 접합(정착)의 대표적인 부분인 주각의 현장시공 중, 앵커볼트, 베이스 모르터 및 너트 의 조임을 대상으로 한다.

나. 주각 이외의 정착부도 이를 따라 시공한다.

다. 정착은 철근 콘크리트 공사에 따른다.

1.3.2 주각의 형식

주각에는 철골 기둥재와 철근 콘크리트 기초와의 접합방법에 따라 다음의 형식이 있다.

가. 노출주각

나. 보강주각

다. 매립주각

1.3.3 앵커볼트

앵커볼트는 구조내력을 부담하는 구조용 앵커볼트와 구조내력을 부담하지 않는 설치용 앵커볼트는 공사사항에 따른다.

1.3.4 앵커볼트 형상, 치수 및 품질

앵커볼트의 형상, 치수 및 품질은 공사시사방서에 따른다. 설치용 앵커볼트에서 형상, 치수 등에 대해 공사시방서에 정한 바가 없는 경우 4-M20, 정착길이 25d, 선단 180° 훅을 둔다.

1.3.5 앵커볼트의 유지 및 매립

앵커볼트의 유지 및 매립방법은 공사시방서에 따른다. 다만, 공사시방서에 정한 바가 없는 경우, 구조용 앵커볼트는 강재 프레임 등에 의하여 고정하는 방식으로 하고, 설치용 앵커볼트는 형틀 등으로 고정하는 방식으로 한다.

1.3.6 앵커볼트 양생

앵커볼트는 설치에서부터 철골설치까지의 기간에 녹, 휨, 나사부의 타격 등에 의한 유해한 손상이 발생하지 않도록 비닐테이프, 염화비닐 파이프, 천 등으로 보호 양생을 한다.

1.3.7 베이스 플레이트의 지지

베이스 플레이트의 지지공법은 공사시방서에 따른다. 공사시방서에 없는 경우는 이동식 매립공법으로 한다.

1.3.8 베이스 모르터의 형상, 치수 및 품질

가. 모르터의 강도는 공사시방서에 따른다.

나. 이동식 공법에 사용하는 모르터는 무수축 모르터로 한다.

다. 모르터의 두께는 30mm 이상 50mm 이내로 한다.

라. 모르터의 크기는 200mm 각 또는 직경 200mm 이상으로 한다.

1.3.9 베이스 모르터의 바르기와 양생

가. 모르터에 접하는 콘크리트면은 레이턴스를 제거하고 매우 거칠게 마감하여 모르터와 콘크리트가 일체가 되도록 시공한다.

나. 베이스 모르터는 철골 설치 전 3일 이상 양생하여야 한다.

1.3.10 시공의 정밀도

가. 앵커볼트 위치

콘크리트 경화 후 앵커볼트의 위치를 계측하여 공사시방서에 정한 바가 없는 경우 철골정밀도 검사기준에 따른다.

나. 앵커볼트의 노출길이

볼트의 노출길이는 공사시방서에 따른다. 공사시방서에 정한 바가 없는 경우, 나사가 이중 너트조임을 완료한 후, 3개 이상 나사산 이 나오는 것을 표준으로 한다.

다. 베이스 모르터의 높이

모르터 마감면은 기둥 세우기 전에 레벨검사를 한다. 마감면의 정밀도는 공사시방서에 정한 바가 없는 경우 부칙 5(철골정밀도 검사 기준)에 따른다.

1.3.11 앵커볼트의 조임

가. 너트조임은 바로 세우기 완료 후, 앵커볼트의 장력이 균일하게 되도록 한다. 너트의 풀림 방지는 공사시방서에 따른다. 공사시방서에 정한바가 없는 경우는 콘크리트에 너트가 매립된 경우가 아니면 2중 너트를 사용하여 풀림을 방지한다.

나. 앵커볼트의 조임력 및 조임방법은 공사시방서에 따른다. 공사시방서에 정한 바가 없는 경우의 조임방법은 너트회전법을 사용하고, 너트의 밀착을 확인한 후에 30° 회전시킨다.

1.4 설치

1.4.1 설치계획

건물의 규모, 형상, 대지 및 공정 등의 조건을 근거로 하여 반입방법, 설치순서, 설치기계, 양중방법 등의 설치계획을 결정한다. 이때, 설치 도중의 부분가구와 설치 후의 전체 가구가 고정하중, 적재하중, 풍하중, 지진하중, 적설하중, 설치기계의 충격하중 등에 대하여 안전한 가를 확인한다. 또한, 이러한 하중들이 구조체의 품질을 저하시키지 않도록 확인한다.

1.4.2 설치장비

최대하중, 작업반경, 작업능률 등에 따라서 설치장비를 선정한다. 이때 설치장비 및 설치 장비를 설치하는 구조체, 가설대, 노반(路盤) 등이 풍하중, 지진하중, 크레인 운반시 충격하중 등에 대하여 안전한가를 확인한다.

1.4.3 반입 및 구분

가. 제품의 반입

제품의 반입시에는 철골제작업자의 발송대장을 조회하고, 제품의 수량 및 변경, 손상의 유무 등을 확인한다.

나. 제품의 취급

제품의 취급시에는 부재를 적절한 받침대 위에 올려놓아 변형, 손상을 방지한다. 부재가 변형, 손상이 생긴 경우는 설치 전에 수정한다.

1.4.4 지상 조립

지상 조립을 할 때에는 적절한 가설대, 지그 등을 사용하여 지상 조립부재의 치수 정밀도를 확인토록 한다. 접합은 현장 접합에 따른다.

1.4.5 설치용 설비 및 기구

설치에 사용되는 와이어 로프, 샤클, 달철물 등은 허용범위 이내에서 사용한다. 또한, 정기적으로 점검하여 손상이 된 것은 폐기한다.

1.4.6 바로세우기

가. 바로세우기를 하기 위하여 가력할 때는 부재의 손상을 방지한다.

나. 턴버클이 붙은 가새가 있는 구조물은 그 가새를 사용하여 바로세우기를 해서는 안 된다.

다. 바로세우기는 설치정밀도의 규정을 만족하도록 한다.

라. 설치부재의 도괴방지용 와이어로프를 사용한 경우는 이 와이어로프를 바로세우기용으로 겸용하여도 된다.

1.4.7 가볼트조임

설치작업에 있어서 부재 조립에 사용하고, 본조임 또는 현장용접시까지의 예상된 외력에 대하여 설치가구의 변형 및 도괴를 방지하기 위하여 사용한 볼트를 가볼트라 한다.

가. 고력볼트 이음에서 가볼트는 중볼트 등을 사용하고, 소요 볼트의 1/3 정도 또한 2개 이상을 웨브와 프랜지에 균형있게 배치한다.

나. 혼용접합 및 병용접합에서는 가볼트는 중볼트 등을 사용하고 볼트 하나의 군에 대하여 1/2 정도 또한 2개 이상을 플린지에 균형있게 배치한다. 웨브의

볼트가 2열 이상인 경우, 안전성을 검토하여 1/2 이하로 하여도 된다.

다. 용접접합에서 일렉션피스 등에 사용하는 가볼트는 고력볼트를 사용하여 모두 조인다.

라. 각 항을 적용하지 않을 경우에는 풍하중, 지진하중 및 적설하중 등에 대하여 접합부의 안정성을 검토하고 적절한 조치를 한다.

1.5 설치정밀도

가. 계측(計測)

1) 설치정밀도의 계측에 있어서는 온도의 영향을 고려한다.

골조전체, 강제 줄자, 기구가 온도에 따른 변동이 적게 되는 시각에 측정한다.

2) 공사현장에서 사용하는 강제 줄자는 기준강제 줄자에 규정한 것을 기준하여 사용한다. 이 줄자의 사용에 있어서는 지정된 장력으로 측정하고 온도보정을 한다.

나. 접합부 정밀도

접합부 정밀도는 공사시방서에 정한 바가 없는 경우, 철골정밀도 검사기준에 따른다.

다. 설치정밀도

설치정밀도는 공사시방서에 정한 바가 없는 경우, 철골정밀도 검사기준에 따른다.

1.6 현장접합

1.6.1 고력볼트접합

고력볼트 현장조임은 고력볼트접합에 따라서 볼트의 종류, 축력관리방법, 시공순서 등을 명시한 고력볼트조임 시공요령서를 작성하고 계획에 따른 시공, 관리를 한다.

1.6.2 현장용접

현장용접은 용접에 따라 관리조직, 용접방법, 용접기능자, 용접기기 및 용접보수 등을 명시한 용접시공요령서를 작성하고, 계획에 따른 시공, 관리를 한다. 설계도서에 지시된 이외의 용접방법을 채택하는 경우는 담당원의 승인을 받아야 한다.

가. 관리조직

먼저 용접기술자 중 책임자를 정하고 작업분담과 책임을 명확히 하여 계획에 따른 조직적인 관리를 한다.

나. 용접방법

현장용접은 공사시방서에 정한 바가 없는 경우, 아크 수동용접, 가스실드 아크

반자동용접 또는 플럭스 코어드 아크 반자동용접 및 스터드용접을 사용한다.

다. 용접기능자

현장용접에 종사하는 용접기능자는 용접기능자에 따르며, 현장용접에 관하여 충분한 지식과 기량이 있는 사람으로 한다. 그리고 기량 부가시험을 치르는 경우는 공사시방서에 따른다.

라. 용접기기 및 용접재료

용접기기는 현장용접에 적합한 것으로서 용접공이 충분하게 취급할 수 있도록 숙련시켜야 한다. 재료의 선정 및 관리에 대해서는 용접재료에 따른다.

마. 용접시공

현장용접의 시공에 관해서는 공사시방서에 정한 바가 없는 경우, 개선의 확인 및 모재 청소, 용접시공 일반, 맞댐용접, 모살용접에 따른다. 현장용접은 용접변형이 설치정밀도에 미치는 영향을 고려하여 시공순서를 정한다.

바. 검사 및 보수

현장용접에 있어서 검사 및 보수는 공사시방서에 정한 바가 없는 경우 용접부의 반입 검사, 용접부의 보수에 따른다.

1.6.3 볼트접합

공사시방서에 없는 경우 볼트 접합에 따라 시공한다.

1.6.4 혼용접합

웨브를 고력볼트로 접합하고 플랜지를 현장용접으로 접합하는 등의 혼용접합은 원칙적으로 고력볼트를 먼저 조인 후 용접을 한다.

혼용접합에서 특히 보충과 보플랜지 두께가 두꺼운 경우, 고력볼트를 먼저 조인 후 용 접하면 용접부에 균열 등의 결합이 생긴다. 이 경우에는 고력볼트를 1차 조임한 단계에서 용접한 후에 본조임을 하는 방법을 검토한다.

1.6.5 병용접합

고력볼트와 용접의 병용접합은 원칙적으로 고력볼트를 먼저 조인 후 용접을 한다.

1.7 데크 플레이트와 스터드

1.7.1 데크 플레이트의 용접

데크 플레이트를 철골부재에 용접하는 경우, 데크 플레이트의 사용목적에 맞는 용접방법을 사용해야 한다.

– 데크 플레이트 바닥구법에는 다음 3가지가 있다.

가. 데크 플레이트와 콘크리트의 합성슬래브 구조

나. 데크 플레이트를 거푸집으로 사용한 슬래브 구조

다. 데크 플레이트 자체를 구조체로 하는 슬래브 구조

1.7.2 용접기능자

용접기능자는 원칙적으로 용접기능자에 규정하는 용접기능자의 기본 등급 이상의 자격자로 한다. 다만, 스터드용접에 종사하는 용접기능자는 스터드용접기능자 기술승인시험에 합격한 유자격자로 한다.

1.7.3 데크 플레이트의 시공

가. 설치도

시공하기 전에 데크 플레이트의 설치도를 작성하여 올바른 시공법과 데크 플레이트의 길이, 수량을 확인한다.

나. 운반 및 보관

데크 플레이트가 변형되지 않도록 하고, 비와 이슬 등에 주의하여 보관한다.

다. 깔기 및 가용접

1) 데크 플레이트를 깔기 전에 보 윗면에 있는 기름, 녹 등 깔기작업에 해로운 오물 등을 제거하고 데크 플레이트지지 부재를 확인한다. 기둥 주변, 보 이음부 등은 필요시 데크 플레이트를 잘라내어 데크 플레이트 지지 부재에 맞춘다.

2) 데크 플레이트는 보에 걸쳐지도록 하고, 설치 표시에 근거하여 엇갈림이 없도록 깔아서 낙하와 비산에 주의한다. 깔기를 마친 후 에는 신속하게 가용접한다.

1.7.4 데크 플레이트와 보와의 접합

가. 합성슬래브 구조의 경우

1) 스터드로 면내 전단력을 보에 전달시키는 경우는 데크 플레이트를 보에 밀착시켜서 바람에 비산되지 않도록 하고, 또 콘크리트 타설시에 이동, 변형되지 않도록 아크점용접 또는 모살용접을 한다.

2) 스터드를 사용하지 않는 경우에는 공사시방서에 없으면 데크 플레이트를 보에 밀착시켜서 보에 충분히 용입되도록 온둘레 용접을 한다. 온둘레 용접위

치는 특기시방에 따른다.

나. 기타 구조의 경우

데크 플레이트를 보에 밀착시켜서 강풍과 돌풍에 비산하지 않도록 하고 또 콘크리트 타설시에 이동, 변형되지 않도록 아크 점용접 또는 모살용접을 한다.

1.7.5 스터드용접

강봉이나 황동봉 같은 것을 볼트 대신에 모재에 심는 방법. 아크 용접의 일종이다. 스터드를 모재에 접촉시켜 놓고, 전류를 통하게 한 다음 스터드를 모재에서 약간 떼고 아크를 발생시켜서, 알맞게 녹았을 때에 스터드를 용융지에 눌러서 용착시킨다.

* 아크 스터드 용접의 4가지 특징

1) 대체로 급열, 급냉을 받는 이유로 저탄소강에 용이.

2) 용재를 채워 탈산 또는 아크의 안정.

3) 스터트 주변사용 시 페룰 사용

4) 철골, 건축, 자동차의 볼트 용접에 많이 이용.

1.7.6 데크 플레이트 관통 스터드용접

가. 용접하기 전에 용접조건의 적정값을 정한다. 용접조건의 사전확인은 공사시방서에 따른다.

나. 데크 플레이트를 관통하여 스터드를 용접하는 경우에는 직경∮16 이상의 스터드를 사용하고 데크 플레이트를 보에 밀착시켜서 용접한다.

다. 판두께가 두꺼운 이유 등으로 충분한 용접을 할 수 없는 경우에는 미리 데크 플레이트에 적절한 직경의 구멍을 뚫어서 직접 용접 한다.

1.8 기타 공사와의 관련용접

가. 부대공사의 용접

부대공사에 따른 철물 등을 철골부재에 용접할 때는 강재의 종류, 용접방법, 용접기능자 등에 관하여 계획하여 사전에 담당원의 승인을 받는다.

나. 용접기능자

용접기능자는 원칙적으로 용접기능자에 규정하는 용접기능자 중에서 기본등급 이상의 자격자로 한다.

제 4 절 울타리(가설)공사 시공 등

1. 일반사항

1.1 공사 착수전 준비작업

(1) 지자체 착공신고를 소홀히 할 경우 누락되는 경우가 있으므로 반드시 확인.

(2) T.B.M 좌표를 인수하여 보존조치 한 후 경계측량을 실시하여 경계확정

(3) 현장내 지형 지물, 지중 매설물 등을 파악하여 원지형도와 배치도의 합성도면을 작성하여 기초 시공자료로 활용

(4) 현장 주변 민원예상 건축물 및 상황 파악

(4.1) 해당지역 지적도에 민원예상 건물 표시

(4.2) 지상건축물 및 지하구조체의 균열, 기울기등을 조사하여 관리대장 작성

(4.3) 공사용 도로 사용, 터파기, 항타중 소음 및 분진 발생으로 인한 민원 발생 가능성 파악

(4.4) 민원 관리대장 및 회의록 작성 비치

(5) 경계 확정 후 배치도와 비교하여 건물배치 조정

(6) 건물배치 확정 후 가설건물, 작업장등의 배치와 작업동선, 가설도로 계획, 안전관리계획 등을 검토하여 확정

(7) 가설전기. 공사용수 공급계획 검토

(8) 우기시 안전, 배수, 토사유출 방지계획 검토

(9) 현장 진입로 안내판, 홍보판 설치 검토

1.2 협의 사항

1.2.1 타공종과 협의할 사항

(1) 모든 가설 건물(사무실, 창고, 화장실등) 및 자재 보관장소 등의 설치위치는 연관 공사와의 중복여부 및 후속공사 착수시기를 고려하여 위치를 선정하여야 한다.

(1.1) 사용기간, 철거예정일 등에 관해 공종간 사전협의후 승인하여야 공사중이 로 인한 공사지연 및 분쟁을 막을 수 있다.

(2) 지하수 개발 예정 위치를 토목과 사전 협의하여 심정호가 아파트 지하실이나 지하주차장에 위치되는 일이 없도록 한다.

(3) 사토장 선정은 터파기 공사와 밀접한 관련이 있으므로 토목과 긴밀히 협의

(4) 세륜시설은 토목공사에 포함되었으나 설치후에는 주로 건축공사에서 사용하게 되며, 세륜시설이 미비하면 민원 발생등으로 공사추진에 상당한 영향을 받게 되므로 설치 단계에서부터 충분한 세륜이 될 수 있도록 검토?협의하 고, 필요시 설계변경도 고려한다.

(5) 단지외곽 가설 울타리는 설치전에 토목과 협의하여 공사 도중 철거하고 재설치되는 일이 없도록 한다.

(6) 토목 등 타공정과 작업순서를 사전 협의하고 공사를 진행하여야 공종간 마찰을 방지할 수 있다.

1.2.2 수급업체 협의(지시) 사항

(1) 공사용 도로의 동선과 구조(잡석깔기, 콘크리트 포장 등), 보수 유지 및 동별 착수시기를 협의 조정한다.

(2) 양중 장비 선정 및 배치는 작업 동선, 가설도로와 자재 적치장, 작업장등의 관계를 고려하여 종합적으로 검토,협의한다.

(3) 쓰레기 배출량을 줄일 수 있는 방안을 검토,협의

(3.1) 주문치수의 납품이 가능한 자재는 사전에 Shop-Drawing을 작성하여 필요한 규격을 납품회사에 통보, 주문치수가 현장에 반입토록 함(석고보드 등)

(3.2) 쓰레기 소각로 설치 등

(4) 현장 주변 민원 발생 가능성 파악 및 대처 방안 수립

1.3 주요 검사항목

(1) 공사용 도로 개설 및 우기시 배수 계획 검토

(2) 건물배치를 위한 토목으로부터 경계점 및 B.M 확인 인수

(3) 건물 배치시 건물 길이, 폭, 배치각, 인동간격 확인

(4) 각 공구별 가설사무소, 식당, 가설도로등 위치 검토승인

(5) 분진방지조치 계획 : 울타리, 세륜시설, 안내표시판, 분진방지망, 소각장 설치등

2. 시 공

2.1 건물 배치

2.1.1 대지경계선 확인

(1) 단지배치도상에서 B.M 위치 및 지반고 확인 기재

(2) 토목감독 및 토목담당과 협의, 입회하여 MAIN 및 보조 B.M 보존설치 확인

(3) 경계명시 측량에 의한 경계점 확인

2.1.2 지반계획고 확인

(1) 터파기전 지반고 현황 측량실시 확인

(2) 기초설계도, 대지평면도, 단지배치도상 계획고를 상호 체크

2.1.3 단지배치도에 의한 건물배치 확인

(1) 단지배치도의 건물길이, 폭(외벽기준), 계단, 램프를 상세도면에 의하여 확정

(2) 건물을 중심으로 전후좌우로 인동거리, 건물길이, 대지 및 도로 경계선과의 이격거리 등을 감안한 전체단지의 크기를 검토

(3) 현장에 가서 실제거리를 측량(전체 단지의 종, 횡 칫수등)

(4) 실제 측량한 단지크기와 단지배치도 도면의 크기(거리 의미)를 비교 검토하여 실측거리가 단지배치도면보다 여유가 있거나 같을 경우 인동 간격등을 고려하며 단지배치도를 기준으로 시공

(5) 실측거리가 단지배치도면보다 작을 경우

(5.1) 건축법에 의한 인동거리 확보 및 기타 제반여건 고려

(5.2) 건물주변 녹지공간을 최대한 이용하여 배치변경하고 지사 및 본사통보

(5.2.1) 주택건설기준에 관한 규칙 제14조 6항에서는 공동주택 외벽에서 2M이상을 식수 및 조경에 필요한 조치를 하여야 하며,

(5.2.2) 단지내 녹지공간이 여유가 없는 곳이 많으므로 녹지공간을 줄이는 것은 관련 부서와 사전 협의등 신중을 기하여야 함

2.1.4 건물배치 유의 사항

(1) B.M 점에서 측량을 시작하여 가장 중심이 되는 도로 중심선을 따라 건물 배치가 용이하도록 기준점을 설치한다.

(2) 건물배치 측량은 수급자 및 토목감독 입회하에 건축감독이 직접 확인할 것

(3) 건물배치와 동시 건물배치의 기준점 위치를 확정하여 배치가 완료된 후에도

훼손이 되지 않도록 기준점을 설치하여 보존하고 또한 단지배치도에 표기

(4) 부속건물(상가 등) 출입구 FL 결정시 도로 FL과 연계성을 면밀히 검토 (계단유무 판단 및 계단높이, 폭, 길이 등을 포함 종횡단도 작성)

(5) 건물배치와 연관하여 공동구 위치, 높이 등을 토목, 기계, 전기와 사전 검토하여 문서화 할 것(협조공문 또는 내부결재)

(6) 지하 주차장 배치시 RAMP 이동을 고려하여 노상 주차대수를 도상에 표기 (법적 주차 대수 확인 용이)

(7) 경사지면에 설치되는 지하주차장은 토목도면과 함께 검토하여 토목옹벽을 지하주차장 외부옹벽으로 대체 될수 있도록 배치이동 검토

(8) 아파트 출입구 FL, 도로 FL 및 구배, 지하주차장 마감높이, 환기구 위치 등을 표시한 단면도를 작성, 면밀히 검토하여 동선이 끊어지거나 가파른 구배 가 발생하지 않토록 조정

(9) 택지개발지구에서 완충녹지 또는 지자체 기부체납되는 토지에 대하여 우선적으로 법적인 거리를 확보할 수 있도록 배치하고, 어린이 공원등에는 절대로 우리공사의 구조물이 들어가지 않도록 배치

2.2 가설건물 배치

(1) 착공 즉시 가설물 배치계획도를 제출받아 검토, 승인

(2) 가설건물 배치 및 면적 확인

(2.1) 본건물, 도로및 대지경계선 등과 적정 이격거리 확인

(2.2) 대지조성 FL보다 다소높게(30-100cm) 지반 정리

(2.3) 가설건물은 신재 사용이 원칙이나 고재 사용시는 도장시공

(2.4) 가설건물 평면도는 각 가설건물 사진과 함께 준공시까지보관

2.3 가설울타리 및 안내판 설치

2.3.1 가설 울타리 설치

(1) 건물배치후 해체하는 경우가 없도록 사전 토목과 협의, 위치 및 측량을 정확히 하여 준공시까지 가급적 이동이 없도록 고려한다.

단, 터파기 및 기타 현장주변 여건상 부득이 해체하여야 할 부위는 구간별로 사전측량에 의해 부분 설치를 유도하여 중복 설치되는 일이 없도록 주의

(2) 자재결정시 다수의 민간인이 왕래하는 부분(대로변, 주택가)은 외부시선이

차단되고 미관을 고려한 자재 선택(사전 승인 품목중 택일)

(3) 조립식(철제)가설 울타리

(3.1) 도로변 및 주택에 접한 경계구간에는 조립식(철제) 울타리 적용

(3.2) 발주전 지역본부및 지사에서 현장여건 자료조사 송부시 조립식(철제) 울타리 적용 요청 지구에만 내역 반영(배치도상 위치 및 수량 명기 요청)

2.3.2 홍보물 및 안내판 설치

(1) 홍보문자 및 그래픽 설치

(1.1) 도로변에 접한구간의 조립식(철제) 울타리에 홍보문자 및 그래픽 설치

(1.2) 주공기본형 홍보문자 및 그래픽을 공구별로 1개소를 내역에 반영하고, 수량변경 등 필요시 현장여건에 맞게 설계변경

(2) 현장 유도 사인 설치

(2.1) 주요 간선도로에서 현장 접근이 용이한 장소에 설치

(2.2) 디자인 상세 참조

(3) 공사 안내판 설치

(3.1) 현장 입구에 설치

(3.2) 공급 형태, 공사기간 및 규모(세대수, 평형)등 기재

(4) 공사 이미지 홍보

(4.1) 조립식 가설 울타리등에 설치

(4.2) 기업 홍보 효과가 큰 장소에 그래픽 및 홍보문자 설치

(4.3) 차량 및 사람 통행이 많은 대로변, 철로변등에 설치

(4.4) 필요시 추가 설치 후 설계변경 검토

(4.5) 누구나 주공 현장임을 인식 할 수 있도록 고려

(5) 지역여건에 따라 적용여부, 기준, 수량 및 적용가격 등의 격차가 심하여 발주시 내역에서 제외하는 사항(지역본부, 지사및 건축설계처등 관련부서에서 별도조치)

(5.1) 공사사무소 주위 : 조경식재 비용

(5.2) 도로변 및 주택에 접한 경계구간 : 조립식 철제 울타리문

(5.3) 도로변 및 감독사무실앞 : 전시용 투시도 또는 조감도 설치

2.4 가설사무실

(1) 가설사무실 배치

(1.1) 수급업체로 하여금 배치도를 제출받아 토목과 협의하여 본공사에 지장을 받지 않고 준공시까지 사용할 수 있는 위치를 선정하고 부득이한 경우 현장 외곽부지의 임차를 고려

(1.2) 가설사무소 위치는 가능한 절토지역을 선정하고, 단지 여건상 부득이 성토지역에 선정시 필히 지내력 검토 확인후 축조

(2) 수급업체 사무실 설치시 감리자와 시공자 상호간의 기술검토 및 시공도를 작성할 수 있는 기술 검토실을 설치하고 가설사무소 간판 및 마크는 주공 디자인 상세에 의하여 도안

2.5 공사용 도로 계획

(1) 각 공구 공사용 차량 진입등의 동선을 고려한 적정 위치 선정

(2) 사용빈도, 기간, 지반상태 등을 감안 기층구조 검토

(3) 필요시 각 공구 입구까지 부설하고 설계변경

2.6 세륜시설 구조 및 위치검토

(1) 단지여건에 따라 통행이 원할한 위치나 단지입구에 분진 및 비산 방지를 위한 자동식 세륜시설을 설치하고 도로에는 살수차량 운행

(2) 세륜시설 설치

(2.1) 세륜시설 설치는 토목시공 부분이나 현재 건축공사 수급업체가 설치, 운영하고 있으므로 토목 수급업체와 협의, 설계변경도 고려한다

(2.2) 자동식 세륜시설만으로는 완전한 토사세륜 방지가 어려울 경우, 민원 예방 차원에서 간이 세륜시설을 추가 설치하고 설계변경 등을 고려한다.

(2.2.1) 자동 세륜기 1대이상 설치

(2.2.2) 간이 세륜시설 설치(재래식 slope) : 자동 세륜기에 인접 설치하여 1차 세륜가능하도록 조치

(3) 토목 포장공사전에 세륜시설을 철거하여야 하며, 철거후 분진 방지대책등을 지자체에서 요구하므로 위치선정에 신중을 기한다.

2.7 작업장 및 자재 적치장

(1) 작업장 위치는 작업 동선을 우선 고려

(2) 자재 적치장은 작업장 인근에 설치하되 차량, 인부의 통행, 운반 용이성등을 고려

(3) 자재 적치장 바닥은 가급적 버림 콘크리트로 타설하고 별도의 울타리를 설치하여 구획할 수 있도록 계획한다.

2.8 짚크레인 및 리프트

(1) 차량 및 기능공 출입, 자재 운반의 용이성 등을 고려하여 작업장과 자재적치장 인근에 위치 선정

(2) 작업동선의 혼잡을 피할 수 있도록 동별로 적절히 분산 배치

2.9 타워크레인

(1) 위치선정 : 단지배치상 공사의 작업환경 및 타워크레인의 회전반경을 고려하여 설치 대수 결정

(1.1) 여러 공구가 있을시 동시에 제출받아 회전 반경등을 고려 결정

(1.2) 공구별 타워 크레인의 회전 반경이 중첩되는 경우 안전 사고를 고려 JIB 높이를 차등 시킬 것

(2) 타워크레인 기초공사시 지반 여건에 따른 보강방법 검토(지내력 또는 파일)

(3) 시공 : 철근배근도와 콘크리트 타워크레인 및 양중능력에 따른 제작회사의 사양서 참조

(4) 타워크레인 기초철근 배근은 구조기술사가 확인한 도면에 의해 배근 확인

(4.1) 노동부 완성검사필 후 사용여부 확인

(4.2) 설치후 매 6개월마다 검사필 후 사용여부 확인

(5) 타워 크레인을 지하주차장 중앙에 설치시(단지여건상 불가피한 경우) 지하주 차장 기초 및 스라브의 Open부위 콘크리트 이어치기 계획서를 제출받아 검토 후 시행한다.

2.10 리프트

(1) 위치선정 : 지하구조물, 외부돌출물(램프등)을 피하고 중차량의 출입이 용이하며 자재 야적 공간을 고려

(2) 운용 : 리프트 개소마다 운전자 배치

(3) 설치개소 : 각 동별로 인하물겸용 리프트 1개소 설치를 원칙으로 하되 현장 여건에 따라 설계변경

(4) 노동부 완성 검사필후 사용여부 확인

(5) 설치후 매 6개월마다 검사필 후 사용여부 확인

2.11 규준틀 설치

(1) 인접동과의 인동거리 확보

(2) 터파기 휴식각 고려, 설치후 변형 방지 (변형에 대비하여 보조점 설치)

(3) 설치시기는 건물배치후 가규준틀 설치하고, 터파기 완료후 본규준틀 설치

(4) 설계상의 FL 확인

2.12 비계

(1) 비계 시공계획을 제출받아 비계 구조방식, 설치 및 해체 시기 검토. 승인

(2) 비계 해체시까지 변형되지 않도록 설치시 점검, 확인

(3) 비계 적용부위

(3.1) 외줄비계 : 건축물 전후면 발코니, 복도

(3.2) 쌍줄비계 : 그외 부분 및 측벽

(4) 비계시공

(4.1) 콘크리트 압송관 설치부위는 시공성을 고려(콘크리트 타설순서등)하여 선택하고, 압송관 고정용 강관 쌍줄비계를 별도 설치하여 구조체에 충격을 주지 않도록 한다.

(4.2) 비계간격, 수직 및 수평을 정확히 유지관리

(4.3) 건물코너 부위는 45도 각도로 수평가새를 사용(2 - 3단)하여 비틀림방지

(4.4) 외줄비계 기둥간격 (아파트 전후면 돌출부분 복도, 발코니) : 1.5-1.8M

(4.5) 쌍줄비계 기둥간격(기타부분) : 건물길이방향 1.5-1.8M, 건물폭방향 0.91.5M

(4.6) 띠장 간격 : 1.5M 이하

(4.7) 비계 장선 간격 : 1.5M 이하

(4.8) 가새는 기둥간격 10M 마다 45도로 비계기둥 및 띠장에 결속

(4.9) 구조체와의 연결은 수직. 수평 방향 5M이내마다 견고하게 연결

(5) 외부 비계용 브라켓의 재질, 구조기술사 안전확인, 설치간격등 검토확인

(5.1) 브라켓 설치간격

(5.1.1) 15층이하 : 수직방향 2층, 9층(2개소), 수평방향 1.5-1.8M

(5.1.2) 25층이하 : 수직방향 2층,10층,18층(3개소), 수평방향 1.5-1.8M

(5.2) 브라켓 재질은 표면이 부식되지 않도록 조치된 철재 사용 확인

(5.3) 브라켓 설치부위의 콘크리트 및 볼트구멍 파손 우려에 따른 구조기술사 안전확인

(5.4) 구조체와 비계의 지지는 수직. 수평 5M이내로 설치

2.13 낙하물 방지망

2.13.1 수평낙하물 방지망

(1) 수평낙하물 설치위치 확인(산업안전보건기준에 의거 10M 이내마다 설치)

(1.1) 5층이하(1개소) : 2층

(1.2) 11층이하(3개소) : 2층, 6층, 10층

(1.3) 16층이하(4개소) : 2층, 6층, 10층, 14층

(1.4) 21층이하(5개소) : 2층, 6층, 10층, 14층, 18층

(1.5) 25층이하(6개소) : 2층, 6층, 10층, 14층, 18층, 22층

(2) 감독원 지시에 의해 위치변경 가능

(3) 수평낙하물 방지망은 안전 및 미관을 고려하여 수시로 보수 및 청소를 실시

2.13.2 수직낙하물 방지망

(1) 민원예방, 안전관리 및 미관을 고려하여 주요 도로변, 인접 주택지역, 분진, 소음발생 등이 예상되는 지역에는 수직낙하물 방지망을 설치하고 설계변경

(2) 작업자의 왕래가 많은 주출입구의 상부는 출입구 등으로부터 2-3M 정도까지 합판(9㎜ 이상)등을 사용하여 낙하물을 완전 방지

(3) 리프트, 주현관 입구는 철망등을 사용한 울타리 설치

(4) 폐자재 및 낙하물 청소등의 관리는 안전 담당자가 전담케 하고 손상된 부분은 즉시 보수

(5) 비계와 건물사이의 틈새가 생기지 않도록 시공할 것

(6) 안전작업을 위해

안전한 작업을 위해서는 헬멧·보안경·안전대·고소용(高所用) 안전화 또는 지하용 작업화·허리 주머니(공구나 공사 부재를 넣는다)를 반드시 착용 또한, 금속 부재를 절단하는 작업이 있을 경우는 보안경과 방진마스크가 필요. 태양전지 모듈 1매는 수십 V이지만, 스트링을 구성하면 200~400V 가 되므로 감전사고 방지에 충분히 주의를 기울일 필요. 이를 위해서는 작업 전 태양전지 모듈 표면에 차광실(Seal)을 붙여서 태양광을 차폐하고, 절연 장갑을

착용, 절연 처리한 공구를 사용하는 등의 배려가 필요.

비가 오는 날은 발전량이 적다고는 하지만 제로는 아니기 때문에 감전사고가 일어나기 쉬운 상태가 되고, 지붕면이 미끄러지기 쉽기 때문에 비오는 날에 설치작업 금지.

(7) 발판 설치공사

높이 2m 이상의 장소에서 작업할 때는 발판을 설치하도록 의무화되어 있습니다.

지붕에는 경사가 있을 뿐만 아니라 지붕재에 따라 미끄러워지기 쉬운 것도 있기 때문에 전도하면 그대로 지면에 떨어질 위험있으며, 감전에 의한 쇼크로(태양전지 모듈의 경우 200~400V의 직류전압) 기절해서 그대로 떨어질 위험. 이러한 관점에서 볼 때 추락 방지를 위해서는 반드시 안전대착용과 발판 설치완료.

태양광 발전 시스템 설치공사는 고소작업이기 때문에 추락사고와 떼어놓을 수 없으며, 착공 전에 튼튼한 발판을 설치해서 안전한 작업이 이루어지도록 하고, 시공 품질 향상에 전념.

2.14 기타

(1) 승강기 : 출입구에는 추락방지 난간대 및 샤프트에는 수평보호망 설치

(2) 분전반 : 동당 1개소씩 설치

(3) 옥외보안등 : 공구당 5개소이상 설치

(4) 공사용수 : 공구당 1개소이상 설치

(5) 오폐수처리 : 건물배치를 참조하여 선정하며 건물기초 및 단지내 도로부분으로 유입되지 않도록 한다.

(6) 공사용 더스트슈트

(6.1) 동별 1개소씩(T, L형 및 절곡형은 2개소) PE관, P.P천막지 사용

(6.2) 슈트 하부 단말구에 먼지확산 방지용 마대 또는 천막지로 덮개를 설치하고 많은 먼지 발생시는 살수처리로 먼지발생을 억제한다.

(6.3) 소음발생 민원예상지역은 PE관 둘레를 부직포로 감싼다.

(6.4) 설치위치는 공사중 차량 또는 운반기구가 자유로이 왕래할 수 있는 곳으로 선정하고, 기초바닥은 리어카 운반이 용이토록 깊이를 결정

(6.5) 쓰레기 집하장의 유형

(6.5.1) 벽돌 또는 블럭으로 구체를 만들어 쓰레기 낙하시 비산 방지

(6.5.2) 기계화(지게차 등)가 가능토록 철제 BOX 등의 사용을 유도

(6.6) 산업폐기물 처리업체 선정 및 계약여부 확인

(6.6.1) 산업폐기물 처리업체 선정시 허가, 실적, 처리과정등 확인

(7) 소각로 설치

(7.1) 소각로 설치가 필요할 경우 지방자치단체에 설치 승인을 득한 후 설치하고 설계변경 처리

(7.2) 소각로 설치시 고려사항

(7.2.1) 용량검토

(7.2.2) 소각할 수 있는 폐기물의 종류

2.15 사토장 관리

(1) 건축 터파기용 토량이 단지내 적치가 불가능하다고 판단될 경우 사전에 토목 감독과 협의, 조기에 사토장을 선정하여 공정지연을 방지하여야 한다.

(2) 기초 터파기 흙의 공구내에 적치가 어려워 단지내 가까운 학교부지 및 여유공간에 적치할 경우

(2.1) 토목과 협의하여 토량 및 이동싯점, 제거싯점 등을 업체로부터 각서 징구

(2.2) 적치전 레벨확인 및 전경사진 촬영

(2.3) 적치중 정지작업 사진 촬영

(2.4) 적치후 레벨 확인 및 경계표시 사진 촬영

(2.5) 적치토량 제거 사진 촬영

제 5 절 관제실(방범/방재, 태양광 모니터링)공사 등 관리

1. 방범/방제 공사 : 전기소방설비공사 – 접지설비공사의 해당사항에 따른다

1.1.3 소방설비는 최신 법령, 기준에 따른다.

1.2 참조규격

1.2.1 한국산업규격

KS C IEC 60364 건축전기설비

KS C IEC 60478 직류안정화 전원장치

KS C IEC 60614-1 전기설비용 전선관

KS C IEC 60849 비상용 사운드 시스템

KS C IEC 62060 2차 셀과 전지 - 고정형 납전지

KS C 3328 600V 2종 비닐 절연 전선 (HIV)

KS C 8305 배선용 꽂음 접속기

KS C 8321 배선용 차단기

1.2.2 국제규격

NEC 250 Grounding

NEC 500 Hazardous (Classified) Locations

NEC 501 Class Ⅰ Locations

NEC 502 Class Ⅱ Locations

NEC 503 Class Ⅲ Locations

NEC 504 Intrinsically Safe Systems

NEC 505 Class Ⅰ, Zone 0, 1, and 2 Locations

NEC 510 Hazardous (Classified) Locations – Specific

NEC 760 Fire Alarm Systems

NFC 전반

2. 자 재

2.1 자동화재탐지설비

2.1.1 수신기

(1) 음향기구는 음량 및 음색이 다른 기기의 음향과 구분되도록 한다.

(2) 감지기·중계기 및 발신기의 경계구역을 표시하고, 화재·가스·전기 등에 대한 종합방재반 설치시는 수신기의 작동과 연동으로 감지기·중계기 및 발신기의 작동 경계구역을표시할 수 있어야 한다.

(3) 하나의 경계구역은 하나의 표시등 또는 하나의 문자로 표시한다.

2.1.2 중계기

(1) 수신기에서 전원을 공급받지 않는 경우, 전원 입력측 배선에는 과전류차단기(MCCB)를 설치하고, 전원의 정전시 즉시 수신기에 표시할 수 있어야 한다.

(2) 상용전원, 예비전원 시험을 할 수 있어야 한다.

2.1.3 감지기

(1) 열감지기는 정온식 스폿형, 정온식 감지선형, 차동식 스폿형, 차동식 분포형(공 기관식, 열전대식, 열반도체식), 보상식 스폿형 등을 사용한다.

(2) 연기 감지기는 광전식, 이온화식을 사용한다.

(3) 복합형 감지기는 열복합형, 연기복합형, 열연기복합형 감지기를 사용한다.

(4) 특수 감지기는 불꽃 감지기, 아날로그 감지기, 다신호식 감지기, 광전식 분리형 감지기를 사용한다.

2.1.4 발신기

(1) 배선은 충분한 전류용량을 갖고 접속이 정확해야 하며, 부품의 부착은 견고하게 한다.

(2) 이송도중 충격에 장애를 받지 않고 사람에게 위해를 줄 우려가 없도록 한다.

(3) 내구성이 있어야 하며 부식에 대비한 내식가공 또는 방청처리를 한다.

2.1.5 배선

(1) 내화배선에 사용되는 재료는 적합한 공사방법으로 가능한 전선인 HIV 전선, CV 케이블, 클로로프렌 외장 케이블, 강대 외장 케이블, 버스덕트 등과 케이블 공법으로 가능한 전선인 내화전선(FR), MI케이블 등이 있다.

(2) 내열배선에 사용되는 재료는 적합한 공사방법으로 가능한 전선인 HIV 전선, CV 케이블, 클로로프렌 외장 케이블, 강대 외장 케이블, 버스덕트 등과 케이블 공법으로 가능한 전선인 내화전선(FR), 내열전선(HIV), MI케이블 등이 있다.

(3) 디지털감지기 등에 사용되는 데이터 배선은 배관을 구분 설치하는 것을 원칙으로 한다.

2.2 누전경보기

2.2.1 누전경보기의 음색은 다른 기기나 소음과 명확히 구분되는 것으로 한다.

2.2.2 전원은 분전반에서 전용회로로 하고, 각극에 개폐기와 15A 이하의 과전류 차단기(MCCB의 경우는 20A)를 설치한다.

2.2.3 전원 개폐기는 누전경보기용을 표시한다.

2.3 전기화재 아크·스파크 경보기

2.3.1 절연물질을 통과하여 연속적인 불꽃을 일으키는 방전현상(아크)과 순간적 또는 비연속적 불꽃을 발생시키는 방전현상(스파크)을 검출하여 이를 통보하는 것으로 한다.

2.3.2 검출장치는 신호처리 판정 알고리즘과 유사현상 구분 알고리즘을 갖고 있어야 하며, 이에 따라 경보를 발생해야 한다.

2.3.3 검출장치의 경보음색은 다른 기기와 명확히 구분되어야 한다.

2.3.4 통신선을 통하여 중앙감시가 가능한 기능으로 한다.

2.4 자동화재속보설비

자동화재탐지설비와 연동으로 소방관서에 전달되는 기능으로 한다.

2.5 비상경보설비 및 비상방송설비

2.5.1 확성기의 음성입력은 3W(실내는 1W) 이상으로 한다.

2.5.2 확성기용 음량조절기의 배선은 3선식으로 한다.

2.5.3 방송조작부는 기동장치와 연동하여 동작층과 구역을 표시할 수 있어야 한다.

2.5.4 방송설비가 다른 방송설비와 공용하는 경우는 화재시 다른 신호를 차단할 수 있는 구조로 한다.

2.6 유도등 및 유도표지설비

2.6.1 유도등의 종류는 피난구 유도등(대형, 중형, 소형), 통로 유도등 및 객석 유도등을 사용한다.

2.6.2 유도표지의 종류는 피난구 축광 유도표지(대형, 중형, 소형), 통로 축광 유도표지를 사용한다.

2.6.3 통로 유도등은 백색 바탕에 녹색으로 피난방향을 표시한 등으로 한다. 단, 계단 설치시 방향표시를 하지 않을 수 있다.

2.6.4 바닥 설치함 통로 유도등은 통행에 의해 파괴되지 않는 강도로 한다.

2.6.5 방사성 물질사용 유도표지는 쉽게 파괴되지 않는 재질로 해야 한다.

2.6.6 유도등 전원 배선은 전용으로 하고 전원은 축전지와 교류 옥내배선으로 한다.

또한 비상전원(축전지)은 유도등을 규정시간 이상 동작할 수 있어야 한다.

2.7 비상콘센트설비

2.7.1 비상콘센트설비의 구조 및 기능은 다음의 사항에 적합하여야 한다.

(1) 동작이 확실하고 취급점검이 쉬워야 한다.

(2) 보수 및 부속품의 교체가 쉬워야 한다.

(3) 부식에 의하여 기계적 기능에 영향을 초래할 우려가 있는 부분은 칠, 도금등으로 유효하게 내식가공을 하거나 방청가공을 하여야 하며, 전기적 기능에 영향이 있는 단자, 나사 및 와셔등은 동합금이나 이와 동등이상의 내식성능에 있는 재질을 사용한다.

(4) 기기내의 비상전원 공급용 배선은 KS에 의한 600V 2종 비닐절연전선 또는 이와 동등 이상의 내열성을 가진 전선을 사용하며, 배선의 접속이 정확하고 확실해야 한다.

(5) 부품의 부착은 기능에 이상을 일으키지 아니하고 쉽게 풀리지 않도록 한다.

(6) 전선 이외의 전류가 흐르는 부분과 가동축 부분의 접촉력이 충분하지 않은 곳에는 접촉부의 접촉불량을 방지하기 위한 적당한 조치를 한다.

(7) 충전부는 노출되지 않도록 한다.

(8) 비상콘센트설비의 각 접속기(콘센트를 말한다)마다 배선용 차단기를 설치한다.

(9) 비상콘센트설비의 콘센트, 배선용 차단기등을 보호하기 위하여 보호함(외함을 말한다)을 설치한다.

(10) 보호함에는 쉽게 개폐할 수 있도록 문을 설치한다.

(11) 보호함은 방청도장을 한 것으로서 두께 1.6mm이상(단, 스테인리스강판의 경우 1.0mm이상)의 강판을 사용한다.

(12) 보호함에는 그 상부에 주전원을 감시하는 적색의 표시등을 설치한다.

(13) 보호함에는 접지단자를 설치한다.

(14) 보호함에는 그 표면에 “비상콘센트”라는 표기를 한다.

2.7.2 비상콘센트설비에 다음 각호의 부품을 사용하는 경우 다음 사항에 적합하거나 이와 동등 이상의 성능이 있는 것으로 한다.

(1) 표시등의 구조 및 기능에서 전구는 사용전압의 130%인 교류전압을 20시간 연속하여 가하는 경우 단선, 현저한 광속변화, 흑화, 전류의 저하등이 발생

하지 않아야 하고, 소켓은 접속이 확실하여야 하며 쉽게 전구를 교체할 수 있도록 부착하며, 전구에는 적당한 보호커버를 설치한다. 다만, 발광다이오드의 경우에는 예외로 한다.

(2) 단자는 충분한 전류용량을 갖는 것으로 하여야 하며 단자의 접속이 정확하고 확실하게 한다.

2.7.3 비상콘센트설비의 기능은 다음사항에 적합하여야 한다.

(1) 전원회로는 3상교류 220V 또는 380V인 것과 단상교류 110V 또는 220V인 것으로 한다.

(2) 비상콘센트설비의 접속기 용량은 3상교류 220V 또는 3상교류 380V의 것에 있어서는 접지형 3극 접속기로서 30A 이상, 단상교류 110V 또는 단상교류 220V 의 것에 있어서는 접지형 2극 접속기로서 15A 이상으로 한다.

(3) 비상콘센트설비에 배선용 차단기 용량은 접속기 용량과 같아야 한다.

2.8 무선통신보조설비

2.8.1 무선통신보조설비는 누설동축케이블, 무선기기 접속단자, 분배기, 증폭기 등으로 구성된다.

2.8.2 누설동축케이블의 임피던스는 50Ω 으로 하고 접속도는 공중선, 분배기, 기타 장치는 50Ω 에 적합한 것으로 한다.

2.9 소방용 펌프 조작 장치

2.9.1 감시제어반의 구조와 기능은 다음의 각호에 적합하여야 한다.

(1) 각 펌프의 작동여부를 확인할 수 있는 표시등 및 음향경보기능이 있어야 한다.

(2) 각 펌프를 자동 및 수동으로 동작시키거나 동작을 중단시킬 수 있어야 한다.

(3) 비상전원을 설치한 경우에는 상용전원 및 비상전원의 공급여부를 확인할 수 있어야 하고 자동 및 수동으로 상용전원 또는 비상전원으로의 전환이 가능하여야 한다.

(4) 수조 또는 물올림탱크가 저수위로 될 때 표시등 및 음향으로 경보되어야 한다.

(5) 확인회로(기동용 수압개폐장치의 압력스위치회로·수조 또는 물올림탱크의 감시회로를 말한다)마다 도통시험 및 작동시험을 할 수 있도록 한다.

(6) 예비전원이 확보되고 예비전원의 적합여부를 시험할 수 있도록 한다.

2.9.2 감시제어반 설치장소(방재센터)는 다음사항에 적합하여야 한다.

(1) 화재 및 침수 등의 재해로 인한 피해를 받을 우려가 없는 곳에 설치한다.

(2) 감시제어반은 해당 소화설비의 전용으로 한다. 다만, 해당 소화설비의 제어에 지장이 없는 경우에는 다른 설비와 겸용할 수 있다.

(3) 감시제어반은 다음 각호의 기준에 의한 전용실안에 설치한다.

① 다른 부분과 방화구획을 한다. 이 경우 전용실의 벽에는 기계실 또는 전기실 등의 감시를 위하여 두께 7mm이상의 망입유리로 된 $4m^2$ 미만의 붙박이창 을 설치할 수 있다.

② 피난층 또는 지하 1층에 설치한다. 단, 건축법령에 의한 특별피난계단이 설치 되고, 그 계단 출입구로부터 보행거리 5m이내에 전용실의 출입구가 있는 경우에는 지상 2층에 설치하거나 지하 1층 외의 지하층에 설치할 수 있다.

③ 비상조명등 및 급·배기설비를 설치한다.

④ 무선통신보조설비가 설치된 경우에는 무선기기 접속단자를 설치한다.

⑤ 바닥면적은 감시제어반의 설치에 필요한 면적외에 화재시 소방대원이 그 감시제어반의 조작에 필요한 면적을 확보한다.

2.9.3 동력제어반의 구조는 다음에 적합하여야 한다.

(1) 앞면은 적색으로 하고 '해당 소화설비용 동력제어반' 이라고 표시한 표지를 설치한다.

(2) 외함은 두께 1.6mm이상의 강판 또는 이와 동등이상의 강도 및 내열성능이 있는 것으로 한다.

(3) 그밖의 동력제어반의 설치에 관하여는 다음의 각호에 적합한다.

① 화재 및 침수등의 재해로 인한 피해를 받을 우려가 없는 곳에 설치한다.

② 동력제어반은 해당 소화설비의 전용으로 한다. 단, 해당 소화설비의 제어에 지장이 없는 경우에는 다른 설비와 겸용할 수 있다.

2.9.4 소화설비의 배선은 전기설비기술기준에서 정한 것 외에 다음의 각호에 적합하게 설치한다.

(1) 비상전원으로부터 동력제어반 및 가압송수장치에 이르는 전원회로배선은 내화 배선으로 한다. 단, 자가발전설비와 동력제어반이 동일한 실에 설치된 경우에는 자가발전기로부터 그 제어반에 이르는 전원회로배선은 예외로 한다.

(2) 상용전원으로부터 동력제어반에 이르는 배선, 그밖의 소화설비의 감시·조작 또는 표시등회로의 배선은 예외로 한다.

(3) 소화설비의 과전류차단기 및 개폐기에는 '해당 화설비용' 이라고 표시한 표지를 한다.

(4) 소화설비용 전기배선의 양단 및 접속단자에는 표시를 한다.

2.10 제연(배연)설비의 전원 및 기동장치

2.10.1 제연(배연)설비의 비상전원은 자가발전설비 또는 축전지설비로서 다음 사항을 고려하여 설치한다.

(1) 점검에 편리하고 화재 및 침수등의 재해로 인하여 피해를 받을 우려가 없는 곳에 설치한다.

(2) 제연(배연)설비를 유효하게 20분 이상 작동할 수 있어야 한다.

(3) 상용전원으로부터 전력의 공급이 중단된 때에는 자동으로 비상전원으로부터 전력을 공급받을 수 있도록 한다.

(4) 비상전원의 설치장소는 다른 장소와 방화구획하여야 하며, 그 장소에는 비상전원의 공급에 필요한 기구나 설비외의 것을 두지 않는다.

(5) 비상전원을 실내에 설치하는 때에는 그 실내에 비상조명등을 설치한다.

2.10.2 가동식의 벽·제연경계벽·댐퍼 및 배출기의 동작은 자동화재감지기와 연동되어야 하며, 예상제연구역(또는 인접장소)및 제어반에서 수동으로 기동이 가능하도록 한다.

2.11 비상용 승강기

2.11.1 비상용 승강기 및 그 승강장의 구조에 대해서는 건축법령에서 정한(비상용 승강기 및 그 승강장의 구조) 규정에 따른다.

2.11.2 비상용 승강기 조작장치는 다음 사항을 고려하여 설치한다.

(1) 비상시 되돌아 오는 장치가 있는 것으로 한다.

(2) 외부(중앙감시실 또는 방재실)와 항상 연락할 수 있는 전화를 설치한다.

(3) 정전시에는 비상전원에 의하여 승강기를 운전할 수 있도록 하고, 수동으로 전원을 바꿀 수 있도록 한다.

2.12 비상전원

2.12.1 상용전원으로부터 전력의 공급이 중단된 때에는 자동으로 비상전원으로부터

전력을 공급받을 수 있도록 한다.

2.12.2 비상전원은 그 사용 용도에 따라 수신기용, 비상경보설비의 축전지용, 가스누설경보기용, 중계기용, 자동화재속보설비의 속보기용, 유도등용, 비상조명등용, 자동소화설비의 제어반용 등으로 구분한다.

2.12.3 비상전원의 구조 및 성능은 소방용기계·기구등의 성능시험에 관한 규정에 준하며, 다음의 각호에 적합하여야 한다.

(1) 취급 및 보수점검이 쉽고 내구성이 있어야 한다.

(2) 먼지, 습기등에 의하여 기능에 이상이 생기지 않는다.

(3) 배선은 충분한 전류용량을 갖는 것으로서 배선의 접속이 적합하여야 한다.

(4) 부착방향에 따라 누액이 없고 기능에 이상이 없어야 한다.

(5) 외부에서 쉽게 접촉할 우려가 있는 충전부는 충분히 보호되도록 하고 외함(축 전지의 보호커버를 말한다)과 단자사이는 절연물로 보호한다.

(6) 비상전원에 연결되는 배선의 경우 양극은 적색, 음극은 청색 또는 흑색으로 하고 오접속 방지조치를 한다.

(7) 충전장치의 이상등에 의하여 내부가스압이 이상 상승할 우려가 있는 것은 안전조치를 강구한다.

(8) 축전지에 배선등을 직접 납땜하지 아니하여야 하며 축전지 개개의 연결부분은 스폿용접등으로 확실하고 견고하게 접속한다.

(9) 비상전원을 병렬로 접속하는 경우는 역충전방지 등의 조치를 강구한다.

(10) 겉모양은 현저한 오염, 변형 등이 없어야 한다.

(11) 축전지를 직렬 또는 병렬로 사용하는 경우에는 용량(전압, 전류)이 균일한 축 전지를 사용한다.

2.12.4 비상전원의 용량은 비상전원의 구분에 따라 충분한 용량을 확보한다.

2.12.5 기타사항은 예비전원설비공사의 규정에 따른다.

3. 시 공

3.1 자동화재탐지설비

3.1.1 수신기

(1) 사람이 상시 근무하는 장소에 설치하고, 그 장소에는 경계구역 일람도를 비

치한다.

(2) 수신기 조작스위치 높이는 바닥으로부터 0.8m 이상 1.5m 이하로 한다.

(3) 한 개의 소방대상물에 수신기가 2개 이상 설치된 경우 수신기 설치장소 상호간 통신 설비를 설치한다.

3.1.2 중계기

(1) 수신기와 감지기 사이에 수신기에서 직접 감지기의 도통시험을 실시하지 않는 경우 설치한다.

(2) 조작 및 점검이 편리하고 불연구역내에 설치한다.

3.1.3 감지기

(1) 자동화재탐지설비 감지기는 부착높이에 적당한 종류를 설치한다.

(2) 지하층, 무창층과 같이 환기가 잘 되지 않는 곳, 실내 용적이 적은 곳 또는 높이가 낮은 장소에서 화재 이외의 열, 연기 및 먼지로 인해 비화재보를 발생할 우려가 있는 장소에는 복합형 또는 축적형 감지기 등을 시설한다.

(3) 계단, 경사로, 복도, 엘리베이터 권상기실, 린넨슈트, 파이프덕트, 고천정(15m 이상 20m 미만) 장소에는 연기식 감지기를 설치한다.

(4) 높이 20m 이상의 장소에는 아날로그 감지기, 불꽃 감지기, 광전식 분리형 감지기를 설치한다.

3.1.4 발신기

(1) 조작이 쉬운 장소이어야 하고, 높이는 바닥으로부터 0.8m 이상 1.5m 이하로 한다.

(2) 각 부분으로부터 수평거리 25m 이내에 설치한다.

3.1.5 배선

(1) 내화배선의 경우 공사방법은 금속관, 2종 금속제 가요전선관, 합성수지관을 사용하여 내화구조의 벽, 바닥에 25mm 이상 깊이로 매설한다. 단, 내화성능의 배선전용실 배선용 샤프트, 피트, 덕트에 설치하거나 이와 같은 곳에서 다른 설비 배관과 공용되는 경우 15cm 이상 이격하거나 최대 배선 외경의 1.5배 이상 불연성 격벽을 설치하면 노출 시공할 수 있다.

(2) 내열배선인 경우 공사방법은 금속관, 금속제 가요전선관, 금속덕트 또는 케이블 공법(불연덕트 사용시)을 사용한다. 단, 내화성능의 배선전용실, 배선

용 샤프트, 피트, 덕트 등에 시설하거나, 이와 같은 곳에서 다른 설비 배선과 공용되는 경우 1.5cm 이상 이격하거나 최대배선 외격의 1.5배 이상 불연성 격벽을 설치하면 노출 시공할 수 있다.

(3) 내화전선(FR), MI케이블, 내열전선(HIV)은 케이블 공사방법에 의할 수 있다.

3.2 누전경보기

3.2.1 변류기는 옥외 인입선 1지점 부하측 또는 접지선측의 점검이 쉬운 위치에 설치하고, 옥외 설치시 옥외형을 사용한다.

3.2.2 수신기는 점검이 편리한 장소에 설치하고 가연성 증기, 먼지 등이 체류할 우려 가 있는 장소의 전기회로는 전기회로 차단 가능한 수신기를 설치한다.

3.2.3 전원분기는 전용으로 하고 다른 차단기에 의해 전원이 차단되지 않도록 한다.

3.3 전기화재 아크·스파크 경보기

3.3.1 변류기는 대상 배전반 또는 분전반의 1차측에 설치하여 검출장치에 연결하고 검출장치는 점검이 쉽고 경보의 수신이 가능한 장소에 설치한다.

3.3.2 검출장치용 전원은 대상 분전반에서 인출하는 것을 원칙으로 한다.

3.4 자동화재속보설비

스위치 높이는 바닥으로부터 0.8m 이상 1.5m 이하로 하고 보기 쉬운 곳에 표지를 설치한다.

3.5 비상경보설비 및 비상방송설비

3.5.1 비상벨, 자동식 사이렌은 부식의 우려가 없는 장소에 설치하고 높이는 바닥으로부터 0.8m 이상 1.5m 이하로 한다.

3.5.2 단독형 화재경보기는 최상층 계단실 천장에 설치한다.

3.5.3 확성기용 음량조절기 높이는 0.8m 이상 1.5m 이하로 한다.

3.5.4 방송용 증폭기와 조작부는 상시 사람이 근무하는 장소로 한다.

3.5.5 방송용 배선은 화재로 인해 배선이 단락되어도 다른층의 방송에 지장이 없도록 한다.

3.6 유도등 및 유도표지 설비

3.6.1 피난구 유도등은 피난구 바닥으로부터 1.5m 이상의 높이에 설치하고 30m 거리에서 문자와 색채를 쉽게 식별 가능해야 한다.

3.6.2 통로유도등은 통행에 지장이 없도록 하고 바닥으로부터 1m 이하의 높이에 설

치하며, 통로유도등은 직하에서 0.5m 떨어진 지점에서 1룩스 이상으로 한다.

3.6.3 객석유도등은 객석의 통로, 바닥 또는 벽에 설치하고, 통로 바닥의 중심에서 조도는 0.2룩스 이상으로 한다.

3.6.4 유도표지는 쉽게 떨어지지 않는 방법으로 부착한다.

3.7 비상콘센트설비

3.7.1 각 층에 있어서 전압별 전원회로는 전용회로로 한다.

3.7.2 전원회로는 각층에서 전압별로 2개 이상이 되도록 한다. 다만, 비상콘센트가 1개일 때는 하나의 회로로 가능하다.

3.7.3 한 개의 전용회로에 연결되는 비상콘센트는 10개 이하로 한다.

3.7.4 비상콘센트 플러그 접속기의 칼받이 접지극에는 접지공사를 한다.

3.7.5 절연저항은 전원부와 외함 사이에 500V 절연저항계로 측정시 20MΩ 이상일 것.

3.7.6 절연내력은 전원부와 외함 사이에 정격전압 150V 이하인 경우는 1,000V 실효전압 150V 이상인 경우는 정격전압에 제곱을 하여 1,000을 더한 실효전압을 가하여 1분 이상 견디도록 한다.

3.8 무선통신보조설비

3.8.1 누설동축케이블은 화재에 의해 피복이 소실되는 경우 케이블 본체가 떨어지지 않도록 4m 마다 금속제, 자기제 등 지지급구로 견고히 고정할 것.

3.8.2 누설동축케이블은 금속판 등에 의해 전파의 복사 또는 특성이 저하되지 않아야 한다.

3.8.3 누설동축케이블의 끝부분에는 무반사 종단저항을 견고히 설치한다.

3.8.4 무선기 접속단자는 지상의 유효한 소화활동장소 또는 상시 사람이 근무하는 장소에 설치한다.

3.8.5 무선기 접속단자 설치높이는 바닥으로부터 0.8m 이상 1.5m 이하에 설치한다.

3.8.6 분배기 등은 먼지, 습기 및 부식에 의해 기능에 이상이 있어서는 안되며, 점검이 편리하고 재해의 우려가 없는 장소에 설치한다.

3.8.7 증폭기의 배선은 전용으로 하고, 비상전원의 용량은 무선통신보조설비를 30분 이상 동작시킬 수 있도록 한다.

3.9 현장품질관리

3.9.1 제품시험 및 검사는 다음 사항을 고려한다.

(1) 시험 및 검사항목은 소방법, 소방용기계·기구 등의 검정기술기준 및 그밖의 준용기준에 따른다.

(2) 사용기기는 규격제품, 감리원과 협의된 제품의 경우 시험 및 검사를 생략할 수 있다.

(3) KS 제품이 아닌 것에 대해서는 사용재료의 모양, 치수, 구조등을 확인하고, 관련기관의 시험성적서 또는 검사증을 제출받아 성능을 확인 받는다. 필요한 경우에는 입회시험 및 검사를 실시한다.

3.9.2 현장시험 및 검사는 다음 사항을 참조한다.

(1) 기기 및 기구의 설치 및 부착검사

각 기기 및 기구가 정상으로 견고하게 설치되어 있는지 검사한다.

(2) 절연저항시험

(3) 절연내력시험

(4) 공통선시험

공통선이 부담하고 있는 경계구역의 수가 7이하인지 확인한다.

(5) 동작시험

각 구성기기의 동작 이상 여부를 확인하고, 기능이 제대로 발휘하는지 확인한다.

(6) 회로의 도통시험 및 동작시험

감지회로의 도통시험 및 동작시험을 실시한다.

(7) 식별도 시험

① 피난구유도등 및 거실통로유도등은 상용전원 점등의 경우에는 직선거리 20m 의 위치에서 각기 보통 시력(시력 1.0에서 1.2의 범위내를 말한다. 이하 같다) 에 의하여 표시면의 글자 및 색채가 용이하게 식별되어야 한다.

② 복도통로유도등에 있어서 상용전원 점등의 경우에는 직선거리 20m의 위치에 서, 비상전원 점등의 경우에는 직선거리 15m의 위치에서 보통 시력에 의하여 표시면의 화살표가 용이하게 식별되어야 한다.

(8) 소음시험

상용전원 점등 또는 비상전원 점등의 상태에서 유도등으로부터 발생하는 소음의 크기는 0.2m의 거리에서 40dB 이하로 한다. 단, 측정조건은 비상점등

상태에서 유효하게 점등되고 있을 경우와 상용점등으로서 정격전압 ±20%인 전압에서 실시한다.

(9) 자동전환장치 등의 동작시험

① 유도등의 자동전환장치는 정격전압의 80% 이하인 범위내에서 동작하여야 하고, 유도등에 정격전압 ±10%의 전압을 가하고 자동복귀형의 점검용 점멸기로 전환작동을 반복하여 10회 실시하였을 경우 전환기능에 이상이 없어야 한다.

② 자동충전장치는 당해 장치에 가하는 전압이 정격전압 ±10%의 전압일 때 축전지의 충전전류는 0.05C 이하(C는 전지의 공칭용량)로 한다. 단, 과충전로방지장치가 있는 것은 예외로 한다.

③ 시한충전장치는 ②항의 규정에 의하는 것 이외에 축전지가 완전 충전상태와 당해 장치의 설정시간의 ±10%로서 축전지에 충전하였을 경우 과충전상태가 되어서는 안된다. 그리고 보상 충전장치는 축전지가 완전 충전상태에서 당해 장치에 가하는 전압이 정격전압의 ±10%일 경우 축전지의 자기방전전류를 보상하고, 또한 과충전 상태가 되어서는 안된다.

④ 자동과방전방지장치 및 시한방전장치는 당해 장치에 가하는 전압이 정격전압 ±10%의 전압 또는 설정시간이 설정시간의 ±10%로 되었을 경우 축전지가 과방전상태가 되어서는 안된다.

4. 방범설비공사

1. 일반사항

1.1 관련시방

이 공사와 관련이 있는 사항에 대해서는 이 장에서 언급한 것을 제외하고, 배선은 제3장(옥내배선공사)의 해당사항에 따른다.

1.2 참조규격

KS C IEC 60364 건축전기설비

KS C IEC 60614-1 전기설비용 전선관

KS C IEC 60747 반도체 소자

KS C IEC 61010 측정, 제어와 연구실용 전기

KS C IEC 61020 전자기기용 전자기계식 스위치

KS C IEC 61146 비디오 카메라

KS C IEC 61965 CRT의 기계적 안정성

KS C 3610 고주파 동축 케이블 (폴리에틸렌 절연 편조형)

KS C 4516 제어용 스위치 통칙

KS C 9801 건전지식 버저

KS C 9802 전기식 버저

2. 자 재

2.1 일반사항

2.1.1 방범설비는 침입을 발견하는 감지설비와 침입을 저지하는 침입방지설비 및 이 들을 감시하고 처리하는 중앙감시설비로 구분된다.

2.1.2 설치장소에 따라 옥내형, 옥외형으로 구분되며 옥외형으로 하는 것은 방습형, 방우형 등 사용장소에 적합하여야 한다.

2.1.3 각 설비별 종류, 특성, 설치와 기타사항은 설계도, 전문시방서 또는 공사시방서에 의한다.

2.2 감지설비

2.2.1 감지설비는 전자적, 기계적 스위치회로에 의한 것, 초음파 및 전파에 의한 도플러 효과를 이용한 것, 적외선(열적외선, 광적외선)을 이용한 것, 대상물에 가해지는 진동 및 충격을 검출하는 것 등으로 구분된다.

2.2.2 감시자에 의하여 직접 감지하는 폐쇄회로 텔레비전설비(CCTV)는 9-6(감시 카메라설비공사)에 의한다.

2.3 중앙감시설비

2.3.1 중앙에 설치하는 감시반은 감지기의 동작표시, 경보, 기록, 외부로의 연락장치로 구성되며, CCTV 모니터 등이 부가 설치된다.

2.3.2 방범설비 중앙감시반은 구조적으로 안전하고 내외부 연락이 용이한 곳에 설치하여야 하며, 상시 감시되는 장소로 한다.

3. 시공

3.1 배선

3.1.1 배선은 제3장(옥내배선공사)에 따른다.

3.1.2 특성상 외부로부터 노이즈가 침투할 우려가 있는 곳에는 차폐(실)형 전선을 사용한다.

3.1.3 강전류 회로를 포함하는 기기의 외함은 접지단자를 설치한다.

3.2 기기설치

3.2.1 감지설비는 옥내형, 옥외형을 구분하여 설치하고 감지기의 특성에 따라 기류, 감지거리, 감지범위 등을 검토하여 위치를 정한다.

3.2.2 폐쇄회로 텔레비전 카메라의 설치는 옥내형, 옥외형, 가동형, 고정형 등의 특성 을 파악하고 이에 따라 견고하고 쉽게 접근되지 않도록 한다.

3.2.3 감시반의 설치는 감시가 용이하도록 배치하여야 하며, 설치장소에는 환기가 잘 되어야 하고, 기기의 최대특성범위내 온도가 유지될 수 있도록 한다.

제 6 절 태양광 발전시스템 구조물 시공

1. 태양광발전 시스템 시공의 개요

태양광 발전시스템을 설치하는 경우 설치자의 요망을 잘 들은 후에 설치환경이나 주택의 구조 등에 대한 사전조사를 충분히 행하고 그 결과를 근거로 설계한다. 설계 특히 건물에 적용하는 경우 시공업자, 주택건설업자 간에 수 차례의 협의를 거쳐 최종적인 설계를 확인하여 설치자의 승인을 얻는다.

소용량 태양광 발전시스템의 경우 대부분의 설치 장소는 여건에 따라 한정되어 있다.

주택이나 국민임대아파트 등과 같은 경우 대부분 건물의 옥상 등에 전기 사용량에 준하여 알맞은 설비 용량을 택하여 설치하며, 설치위치에 따라 설치 가능 면적을 산출하여 이에 맞게 계획한다. 설치 장소가 선정되면 다음으로는 설치 방식을 결정해야 하고 이 외에도 디자인 결정, 시스템 구성, 구성요소별 설계 등을 단계적으로 진행하게 되며 표 1에 설계시 고려사항을 나타내었다.

시공은 설계도를 근거로 하며, 신축 건물적용의 경우 주택건설회사의 공정과도 조정을 충분히 하면서 태양광 발전 시스템을 완성하며 필요한 제반 수속은 시간의 여유를 갖고 진행하는 것이 중요하다.

표 1. 태양광 발전시스템 설계 시 고려사항

구 분	일반적 측면	기술적 측면
설치위치 결정	• 양호한 일사조건	• 태양 고도별 비음영 지역 선정
설치방법 결정	• 설치의 차별화 • 건물과의 통합성	• 태양광 발전과 건물과의 통합 수준 • 유지보수의 적절성
디자인 결정	• 실용성 • 설계의 유연성 • 실현가능성	• 경사각, 방위각의 결정 • 구조 안정성 판단 • 시공방법
태양전지 모듈 선정	• 시장성 • 제작가능성	• 설치형태에 적합한 모듈 선정 • 건자재로서의 적합성 여부
설치면적 및 시스템용량 결정	• 모듈 크기	• 모듈 크기에 따른 설치면적 결정 • 어레이 구성방안 고려
시스템 구성	• 최적시스템 구성 • 실시설계 • 사후관리 • 복합시스템 구성 방안	• 성능과 효율 • 어레이 구성 및 결선방법 결정 • 계통연계 방안 및 효율적 전력공급 방안 • 모니터링 방안
어레이	• 고정 • 가변	• 경제적 방법 검토 • 설치장소에 따른 방식
구성요소별 설계	• 최대출력 보장 • 기능성 • 보호성	• 최대출력점 추종제어(MPPT) • 역전류 방지 • 최소 전압강하 • 내·외부 설치에 따른 보호기능
독립형 시스템	• 목적 달성 • 신뢰성	• 최대공급 가능성 • 보조전원 유무
계통연계형 시스템	• 안정성 • 역류 방지	• 지속적인 전원 공급 • 상호계측 시스템

태양광 발전설비의 시설 및 설치공사는 기본적으로 전기공사업 등록을 필한 전문기업에 의해 감전, 화재 그 밖에 사람에게 위해를 주거나 물건에 손상을 줄 우려가 없도록 시설되어야 한다. 또한, 태양광과 관련된 전기설비는 사용목적에 적절하고 안전하게 작동하고 그 손상으로 인하여 전기 공급에 지장을 주지 않아야 하며 다른 전기설비, 그 밖의 물건의 기능에 전기적 또는 자기적인 장해를 주지 않도록 시설해야 한다.

설치공사는 그림 1과 같이 크게 어레이 기초공사, 지지대 공사, 부대공사와 인버터의 기초·설치공사, 그리고 배선공사와 시공자에 의한 자체점검 및 검사로 구분되며 전기공사는 태양전지 모듈의 설치와 병행해서 진행하고 태양전지 모듈간의배선에서 시작하여 접속함이나 파워컨디셔너 등의 기기 설치와 그들 간의 상호접속을 실시하는 일련의 과정을 거친다.

철제 지지대, 금속제 외함이나 금속배관 등은 누전에 의한 사고 방지를 위해 접지공사가 필요하며 인버터를 기계실 등의 실내에 설치하는 경우에는 그 기초 및 취부 기초 지지대는 실내 규격으로 할 수 있으며 공사에 있어서는 관련법규나 규정에 따라서 충분한 안전대책을 강구하는 것이 필요하며 특히 감전방지에 주의해야 한다.

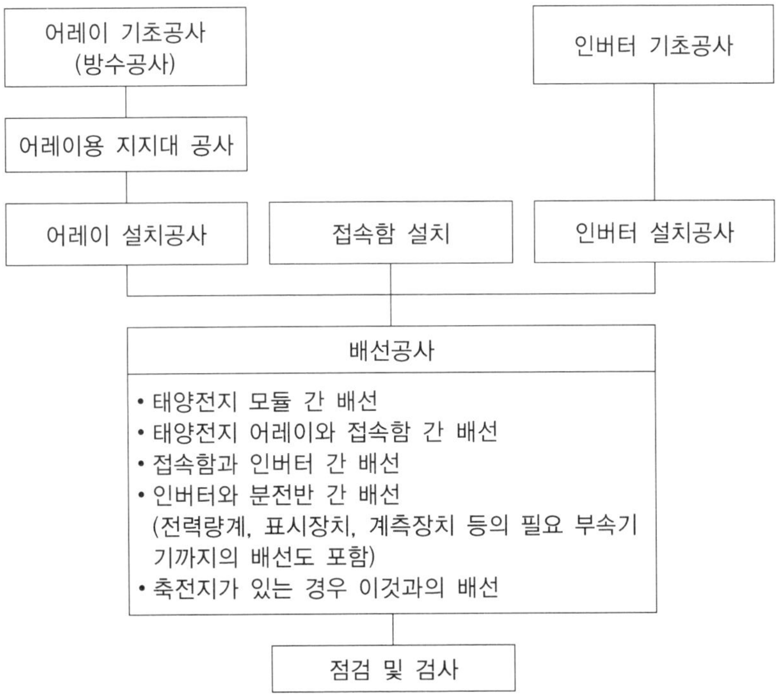

그림 1. 설치공사의 순서

2. 기초공사 및 구조물 설치의 개요

대부분 소용량 시스템의 경우 건물의 지붕에 설치하므로 지붕형태에 따라 경사지붕형과 평지붕형으로 구분하여 설치 방식을 선정한다. 경사지붕 같은 경우 프로파일을 이용한 방식을 주로 이용한다. 이 경우 설치 경사각은 건물 지붕의 경사각에 따라 달라지며, 설치 향은 건물의 경사면 중 최대한 건물의 남향에 가까운 경사면을 선정하여 효율이 최대가 될 수 있도록 하며 평지붕 같은 경우 지붕에 구조물을 세워 설치한다.

설치 방식과 형태 결정에 있어서 통풍의 여부가 매우 중요한데 태양전지 모듈은 고온일수록 출력이 저하되므로 태양전지모듈의 발열을 저감시킬 수 있도록 통풍이나 온도 저감 방안

이 모듈설치 시 반드시 모색되어져야 한다. 기존의 연구결과에 따르면 태양전지 모듈 후면 개방형보다 폐쇄형은 약 5℃ 상승하는 것으로 알려져 있고 이로 인한 출력저하는 태양전지 모듈의 자체온도가 1℃ 상승함에 따라 변환효율은 0.5% 정도 떨어지며 이를 모듈 출력의 온도계수로 정의한다.

소용량 시스템의 기초공사의 경우 일반적인 지상 설치 시스템과 많은 차이가 있으며 이는 지붕에 고정철물을 고정하고 그 고정철물화 지지대, 그리고 모듈을 설치하는 형태로 시스템이 구성된다.

태양전지 어레이(Array)는 모든 태양광 발전시스템에서 발전 장치 역할을 하는 것으로서 태양전지 모듈이나 지지대 등의 지지물뿐 아니라 태양전지 모듈 결선 회로나 결선단자도 이에 포함된다.

어레이는 그 설치 장소에 따라 지상 설치, 옥상 설치. 지붕 설치 및 이 이외의 설치한 어레이로 구분할 수 있다. 설치 형태에 따라서는 건물의 구조에 모듈을 바로 붙여 건물의 일부가 되게 하는 경우, 건물에 부착된 지지구조와 태양전지 모듈 사이에 일정한 공간을 둔 지지구조와 모듈이 평행하게 설치하는 경우 및 지상이나 건물에 태양전지 모듈을 설치할 수 있는 지지물을 세워 설치하는 경우로 크게 나눌 수 있다.

지상 설치의 경우 앙카를 이용하여 대지와 철물을 연결하고 지지대, 그리고 모듈을 설치하는 형태로 시스템이 구성된다. 이하 제 2~3절에서 태양광 발전시스템에 따른 기초공사와 구조물 설치의 종류 및 형태에 대해 좀 더 살펴보기로 한다.

3. 건물 적용 시스템 기초공사 및 구조물 설치의 이해

태양광시설의 도입을 고려하지 않고 건물이 지어진 경우에 건축물의 지붕은 일반적으로 시공 시의 사람하중, 비나 눈 하중, 풍하중 밖에 고려하지 않았으므로 설치 전 태양광 발전설비를 추가적으로 설치하였을 경우 안전성 여부가 검토되어야 하며 이런 경우 추가 시설의 하중을 가능한 분산시킬 필요가 있다.

① 경사 지붕형 태양광 발전시스템

지붕의 형상에는 그림 2에서와 같이 박공지붕, 모임지붕 등 많은 종류가 있으며 지붕의 경사각은 대체로 15~45도를 취하고 있다.

경사 지붕형의 경우 지붕위에 별도의 고정철물을 고정하여 설치하는 지붕설치형과 지붕재에 태양전지 모듈을 조합한 지붕재 일체형 태양전지 모듈 그리고 태양전지 모듈 자체가 지붕재로 설치되는 지붕재형 태양전지 모듈로 나뉘어 진다.

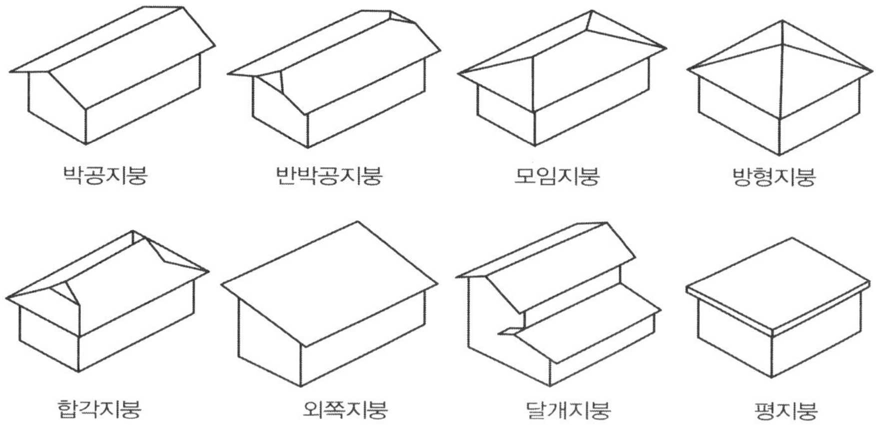

건물에 적용하는 경우 다양한 형태의 시스템이 구성될 수 있으며 주로 쓰이는 모듈의 종류 즉 일반적인 형상의 모듈과 복층형태의 태양광 모듈 이 2가지 형태를 그림 2에 나타내었으며 아트리움, 파사드, 평지붕 설치 형태 등 다양하게 적용할 수 있다.

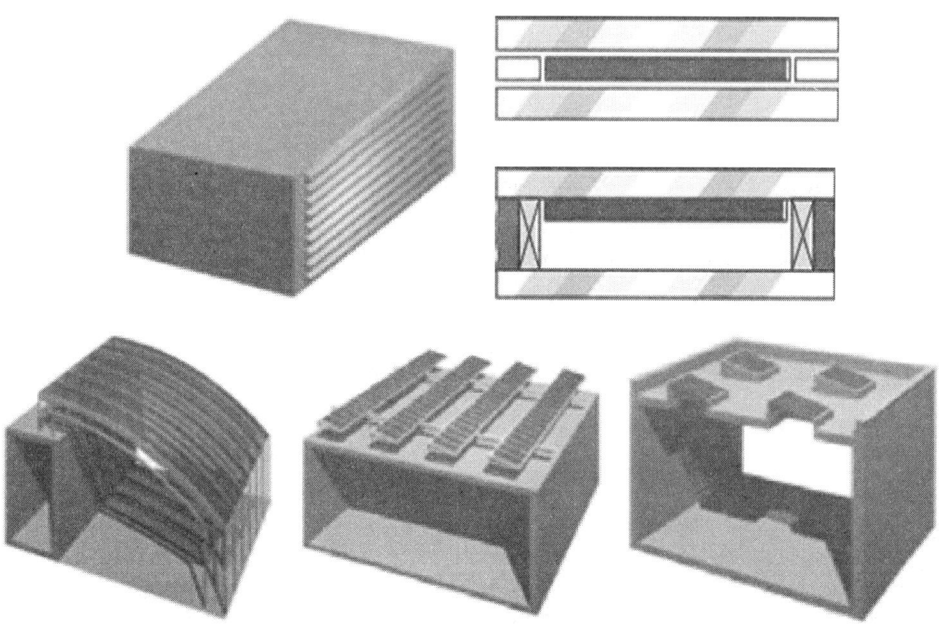

그림 2. 지붕의 형상 및 건물적용의 예시

지지철물의 재료는 장시간 옥외사용에 견대는 재료를 사용할 필요가 있으며, 용융아연도금 강재, 스테인리스재 등을 사용하는 것이 바람직하며 설치할 때 충격이나 하중에 의해 지붕이 파손되지 않도록 완충재를 사용하는 등의 주의가 필요하다.

지지철물을 수용할 수 있도록 지붕 표면에 설치 포인트를 먼저 정해야 하며 고정 방법의 선택은 기존의 지붕 커버링에 따라 달라지게 된다. 서까래와 연결하는 방법과 서까래 독립적인 방법이 있으며 이는 지붕널에 설치되고 지붕위에 고정할 수 있는 더 많은 공간을 제공해 주지만 구조적으로 서까래 의존적 방법 만큼 높은 하중을 감당할 수 없다.

경사지붕의 경우 기초 패드를 설치하여 시공을 하거나 신축건물이 아니거나 패드를 설치하기 어려울 경우 직접 볼트 등을 이용해 구조물을 지붕 경사면에 설치한다. 특히 직접 구조물을 지붕 경사면에 설치할 경우에는 방수 등에 유의해야 한다.

먼저 지붕의 기와 등 지붕재를 설치할 면적에 해당되는 수량 만큼 떼어낸다. 지붕재를 제거하면 지붕의 구조와 뼈대를 형성하는 가로대 또는 세로대가 위치하게 된다. 이때 고정철물을 그림 3에서와 같이 가로대나 세로대에 일정한 간격으로 볼트 등을 이용하여 고정한다. 간격 넓을수록 재료비용은 절감할 수 있으나 너무 적게 사용할 경우 지붕의 하중을 적절히 분산하지 못하므로 풍하중, 고정하중, 지진하중, 적설하중 등을 고려하여 최적의 간격을 이룰 수 있도록 한다.

마찬가지로 지붕을 보강하기 위하여 그 위에 보강판을 설치하며 마직막으로 기와를 그 위 원래의 위치에 올려놓는다.

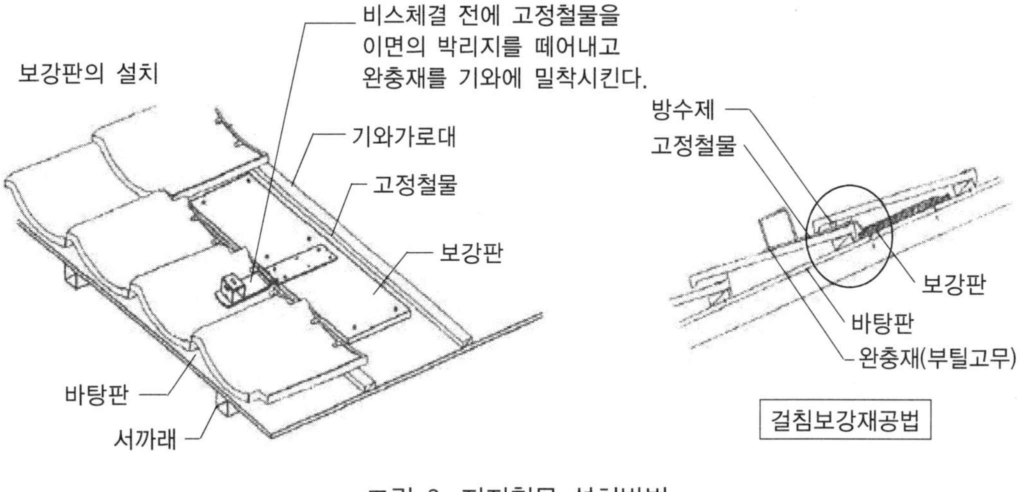

그림 3. 지지철물 설치방법

지지철물은 표준 왜기와, 평기와, 슬레이트 등에 적용할 수 있는 다양한 지붕 커버링용 지붕고리, 부하에 노출될 때 휜 부분이 위 방향으로만 변형될 수 있기 때문에 많은 눈 하중에서도 타일에 압력을 가하지 않는 곡선진 지붕고리, 지붕 표면의 상당한 불규칙성과 좁은 널의 두께의 가변성을 보상해 주는 조정가능한 지붕고리 등 않은 형태의 것들이 있으며 많은 제조업체들이 이러한 지지철물과 함께 최적화 될 수 있는 특수 타일 들을 제공하기도 한다. 그림 4에 지지철물의 예를 나타내었다.

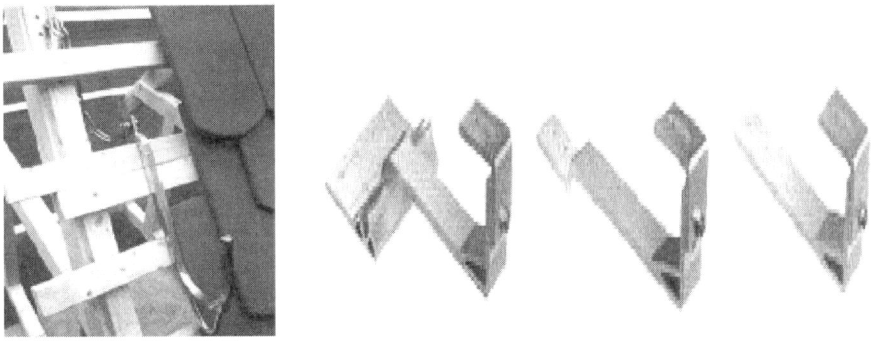

그림 4. 다양한 형태의 지지철물

가대의 재질은 환경조건과 설계 내용 년수에 의해 결정되며 어레이용 가대는 설치장소에 맞춰 설계하는 경우가 많고 메이커의 표준가대를 사용하는 것이 좋다. 현재 가장 싼 것은 내용연수를 고려해서 강제용융 아연도금 이며 스테인리스스틸은 염해 등에 대해서 가장 내성이 높으나 가격이 비싸다.

이러한 이유 때문에 주로 가대는 알루미늄 프로파일을 많이 사용하게 되며 가대의 주요 구성부재인 패널프레임, 베이스레일 등은 각 하중조건을 만족하는 재교를 선정하여야 하며 각 부재의 강도계산은 각각의 가대형상에 준해서 행할 필요가 있다. 모듈 지지대는 구조물의 하중과 모듈 자체 하중 및 풍하중 등을 충분히 견딜 수 있어야 한다.

모듈 지지대는 지붕 고리 바로 위에 놓이거나 레일의 두 번째 층 위에 교차되게 놓여지는데 평평한 어레이 표면을 얻기 위해 지붕의 기존의 불균일성은 경사진 지붕의 베이스 프레임에 의해 평평하게 되어져야 한다. 그러므로 높이를 조정할 필요가 있는지 혹은 교차 레일 고정이 적절한 방법인지를 설치이전에 확인해야 한다.

향후 모듈 아래의 지붕에 대한 수리가 필요하게 되거나 결함이 있는 모듈은 교체 하여야 하기 때문에 경사진 지붕 베이스 프레임은 개별 모듈의 용이한 철거가 가능하도록 해야 한다.

수평, 수직 그리고 교차레일 시스템을 나타내었으며 가장 간단하고 가장 널리 사용되는 고정 방법은 두 개의 수평 지지 레일위에 수직으로 설치되며 모듈들은 대개 네 지점에 클램프로 조여지게 된다.

경사지붕형의 경우 모듈은 S-클램프와 ㄱ-클램프로 어레이의 4방향 가장자리를 고정하고 모듈과 모듈사이를 T-BAR를 이용하여 고정하는 것이 일반적이다. 클램프는 그 기능 및 사용 장소와 사용의도에 따라 다양한 형태가 가능하다. 두 모듈 사이에 위치하는 양면 중심 클램프와 배열의 종단의 외부 모듈에 위치하는 단면 종단 클램프는 보통 지지 레일의 홈에 고정되고 나사 길이, 혹인 이상적으로는 클램프 높이는 모듈 프레임의 높이에 맞춰 선정된다. 설치 또는 교체하는 동안 모듈들이 레일에서 미끄러지지 않도록 슬립방지 장치가 종종 설치되며 에를 들어 모듈 프레임의 고정 구멍에 사용되는 스톱 브래킷 또는 간단한 나사 등이 이에 해당한다. 이것은 모듈들이 레일위에 느슨하게 위치되고 그 이후 자리를 잡기 우해 이동되기 때문에 모듈들을 설치시기에 정렬시키는 것을 더 쉽게 해준다.

그림. 클램프 체결의 예시

모듈의 설치 및 제거에 있어 1장 단위로 이루어지도록 하는 것이 일반적인데 이는 어레이 설치 후 모듈 표면유리의 파손이나 출력특성의 변화로 인하여 정상적인 모듈과 교환할 필요가 발생할 경우, 모듈을 1장 단위로 설치 또는 제거할 수 있는 구조가 아니면 교환 작업에 많은 비용과 시간이 요구되기 때문이다.

작업의 용이성을 위해 윗면에서 모듈을 고정하는 방법을 권장하며 모듈의 공정방법은 윗면, 옆면, 뒷면의 세 가지 방향에서 고정하는 방법으로 분류될 수 있다. 경사지붕의 경우 모듈 뒷면에 공구를 넣어 볼트를 죄는 것 같은 작업공간의 확보가 어렵다. 또한 옆면의 경우 작업성을 위하여 이웃 모듈과의 사이에 10Cm 이상의 스페이스를 두어야하기 때문에 설치면적이 줄어든다. 따라서 모듈을 윗부분에서 고정할 수 있는 방법이 가장 효율적이다.

태양전지의 온도상승을 억제하기 위해 모듈과 지붕면의 사이에 공간이 요구된다. 태양전지의 온도가 상승함에 따라 모듈의 효율은 저하된다. 따라서 특별한 냉각장치를 설치하지 않는다면 자연풍을 이용한 냉각효과를 활용하여야 한다. 자연풍을 이용한 냉각효과를 위하여 모듈 뒷면과 건축 외피면 사이에 공간을 만들게 된다. 하지만 모듈과 외피면 사이에 공간이 너무 클 경우 냉각효과 보다는 풍압하중의 증가가 큰 영향을 미치게 되므로 간격은 5~10Cm 정도 이격하는 검토를 권장한다.

모듈의 지지점은 하중의 균형을 고려하여 1:3:1 또는 1:1:1 의 포인트로 하는 것을 권장하며 모듈의 지지점에 집중하중이 가해질 경우, 하중의 불균형에 의하여 모듈의 지지점에 스트레스가 발생하고 최악의 경우 모듈이 파손되는 상황이 발생할 수 있으므로 모듈의 간격을 최적화하여 지지점을 선정하고 모듈의 스트레스를 최소화하여야 한다.

동일높이 맞춤 시스템은 클램핑 스트립 탑재와 유사한 장점과 단점을 가지고 있으며 여기서 모듈들은 지지 구역에 클램프나 나사를 사용하지 않고 삽입되어 진다. 모듈 자체의 무게와 마찰은 모듈들이 응력을 받는 것을 막아주며 모듈을 설치하기 위해 아무런 도구도 필요치 않고 모듈 교체가 용이하다. 모듈 밑에 통풍을 막는 교차레일이 없기 때문에 모듈들은 통풍이 잘 된다. 그렇지만 먼지가 쌓이거나 물이 배수되지 못하는 경우에 서리로 인한 손상의 위험이 있으며 모듈의 가장자리는 직선으로 지지되는 설치를 하여야 한다. 행거 시스템의 경우 모듈들은 하부구조에 미리 탑제된 고정 고정 클램프를 사용해 끼워 넣어지며 심한 기온의 변화에서 조차 모듈들은 응력을 받지 않으며 어떠한 기계적인 부하의 영향도 받지 않는다. 그렇지만 비용이 높이 때문에 잘 사용되지 않는다.

나사로 조인 모듈 탑재의 경우 다양한 안전부품들이 태양광 발전 모듈의 도난을 막기 위해 사용된다. 예를 들어 특수한 도구를 사용해서만 꽉 조여지고 풀려질 수 있는 안전 나사들 또는 느슨해지는 것을 막는 안전장치가 있은 표준 소켓헤드나사가 사용된다.

건물적용 태양광 발전시스템 공사의 경우 공사기간이 비교적 짧아 구조물 및 모듈의 반입이 함께 이루어져 설치를 한다. 이때 자재 운반에 있어 구조물이나 모듈이 손상되지 않도록 주의를 기울여야 한다.

처마끝 등 지붕의 주변부는 지붕구조의 내력 특성상, 그리고 또 국부 풍압의 영향을 받기 때문에 피하는 것이 좋으며(지붕 주변부는 풍압하중이 커진다.) 설치작업 및 보수를 고려하여 통로를 확보하여야 하고 어레이 결합용 고정선에 의해 설치하는 경우, 고정선에 작용하는 응력에 불균형이 발생하지 않는 위치에 설치하여야 한다.

② 평 지붕형 태양광 발전시스템

주택의 지붕이 평지붕일 경우 기초 패드와 기초용 앙카를 설치하고 기초 패드의 양생 후 본 공사를 시작한다.

그림. 기초패드와 앵커의 예시

이때 앙카는 용융아연도금처리 또는 이와 동등한 녹막이 처리가 되어야 하며 건물의 방수를 위해 기초패드 설치부는 반드시 방수처리가 이루어져야 하며 하기 그림에 기초 패드와 앵커의 예시를 나타내었다.

옥상 설치를 전제로 기초구조를 고려하면 일반적인 기초는 아래그림에 에서와 같으며 건물의 다른 부위에 설치하는 경우는 상황에 따른 설치 장소의 검토가 필요하다.

신축건물의 설치는 콘크리트 기초를 옥상슬패브에 일체적으로 치올려서 사전에 타입된 앵커 볼트에 가대 철골을 설치할 수 있다. 이 경우는 견고한 고정으로 되며 또 방수층이

기초와 절연되어 있으므로 기초나 가대 등의 하중이 방수층에 걸리지 않고, 방수층의 개수도 비교적 용이하다.

특히 대형의 경우 키가 높은 가대 등이 바람직하다. 단, 통상의 규모라면 시공의 간이성이나 경제성에서 방수층의 보호 콘크리트 위헤 기초 콘크리트를 설치하는 것도 일반적이며 기초콘크리트에는 사전에 앵커볼트를 타입해 드는 것이 안전성에 유리하다.

한편, 기존 건물에서는 특별한 경우를 제외하고 방수층을 파손해서 옥상 슬래브에서 기초를 치올리는 것은 어렵고 방수 보호 콘크리트 위에 콘크리트 기초를 설치한다거나, 콘크리트 블록 등을 고정해서 기초로 하는 방법이 사용되고 있다.

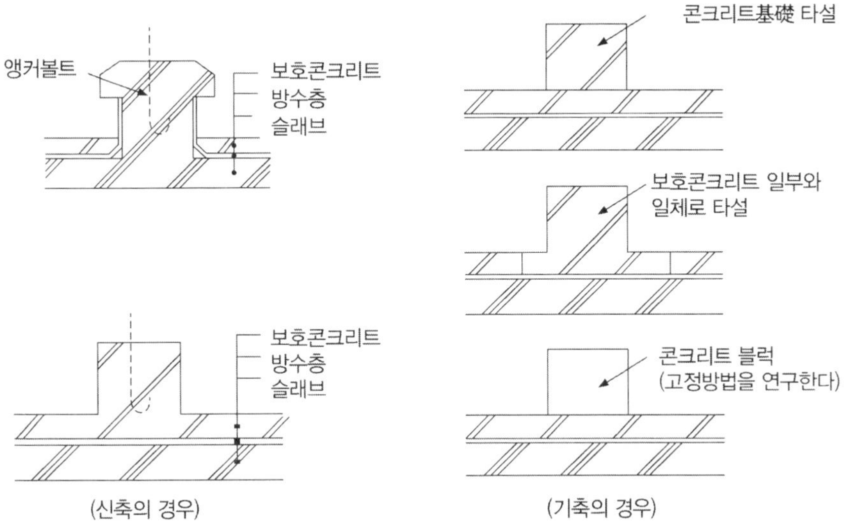

그림 9. 옥상설치의 기초형식

기초의 고정방법은 신축과 같이 일체적인 시공이 될 수 없으므로 케미컬앵커나 콘크리트의 부착력을 이용하고, 필요에 따라서 주변의 벽이나 고정이 가능한 개소에 설치를 보강한다. 경제성을 포함해서 종합적으로 판단해야 한다.

건물 적용 태양광 시스템에 있어 평지붕 태양광 시스템의 구조물 설치는 지상에 설치하는 태양광 시스템과 매우 유사하므로 이 부분에서 언급한것 이외의 추가적인 부분에 대해서 지상설치 태양광 시스템에서 다루기로 한다.

경사지붕에 모듈을 설치하는 경우 윗면 고정방식으로 한정되지만, 평지붕의 경우 모듈 뒷면의 작업 공간이 확보되면 뒷면 공정방식도 가능하며 경사지붕형과 같이 클램프와 T-BAR를 이용하거나 볼트로 직접 모듈의 프레임과 구조물을 고정한다.

평지붕 위에서의 구조물 설치는 지붕강도의 제약과 난간 그늘에 의한 제약을 고려할 필요가 있으며 지붕강도의 제약에 대해서는 어레이 자중과 어레이의 외부하중과 지붕면 강도를 비교하고, 지붕면 강도가 높은 경우에는 어레이 배치가 자유로워진다. 반대로 지붕강도가 낮은 경우에는 어레이의 중량을 받을 수 있는 구조체 위에 힘이 가해지도록 어레이를 충분하게 지지해 주는 구조물을 배치할 필요가 있다.

하지만 이와 같은 배치가 어려울 경우에는 어레이의 경사 각도를 완만하게 하여 어레이에 가해지는 풍하중 등의 외부하중을 작게 하는 동시에 어레이를 경량화 하여 지붕면에 가해지는 하중을 지붕면 강도보다 낮게 하여야 한다. 평지붕 설치용 어레이의 풍하중 등 구조검토 및 상세 설계 시 충분히 주의해야 한다.

어레이의 풍하중을 줄이는 방법으로 어레이의 높이를 지붕의 난간 높이보다 낮게 하는 방법이 있다. 그러나 난간의 근처에 위치한 어레이에는 효과를 얻을 수 있지만 난간에서 다소 떨어진 어레이에는 효과를 기대하기 어렵다.

난간 그늘에 의한 제약은 난간 높이를 고려하여 난간이 어레이면에 그늘을 만들어 어레이의 출력저하를 유발하지 않도록 어레이의 위치를 선정할 필요가 있다. 어레이면의 방위는 효율이 가장 높은 남향으로 설치하는 것이 가장 좋지만, 어레이의 배치가 건물의 구조체와 맞지 않은 경우에는 어레이의 설치에 필요한 지지력 및 외관에 문제를 야기할 수 있다.

4. 지상용 태양광 시스템 기초공사 및 구조물 설치의 이해

태양전지 어레이 기초데 작용하는 하중으로서 첫째로 고려되는 것은 풍하중이다. 또 어레이 자체도 바람을 받는 면적이 큰 구조물이므로 강풍이 불면 미끄러진다거나 전도되는 등의 경우도 고려해야 한다. 강풍이 발생했을 경우 등을 대비해서 태양전지 어레이용 기초의 안전검토를 하여야 한다.

지상에 태양광 발전시스템을 설치하는 경우 구조물의 기초에는 여러 기초 형태의 적용이 가능하나 일반적으로 많이 사용되는 방법은 그림에서와 같다.

독립기초의 경우 지지층이 얕은 경우에 주로 많이 사용되며 말뚝기초는 이와는 반대로 지지층이 깊은 경우 많이 사용되는 방식이다.

어레이는 주위에 바람을 방해하는 것이 없고 단단한 지반에 설치하는 것이 가장 좋으며 이 경우 독립기초의 채용이 가능하다. 직접기초 중에는 형식의 차이에 의해 독립푸팅 기초와 복합푸팅 기초가 있으며 독립푸팅 기초란 도로표지 등의 기초에 잘 사용되고 있는 블록기초

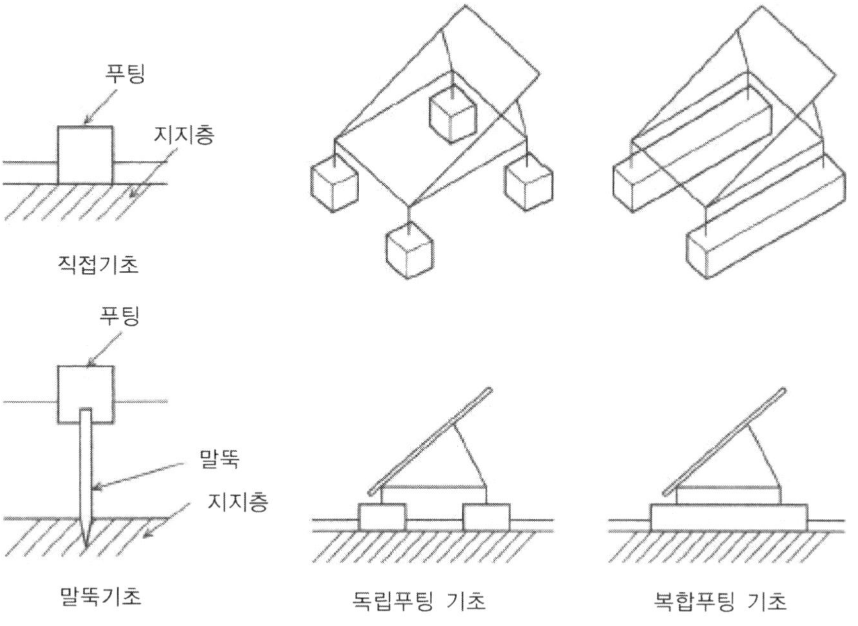

그림 11. 지상 설치 태양광 시스템의 기초 형식

이며 복합푸팅 기초는 2본 혹은 그 이상의 기둥에서의 응력을 단일 기초로 지지하는 것이다.

태양광 시스템 설치 시 시스템의 규모에 따라 기초의 개수가 결정되며 고정식 시스템의 경우 일반적으로 하나의 어레이에 2~8개 가량의 기초가 필요하게 된다. 그림의 기초는 여러 개 중에 한 개의 기초에 대한 시공장면을 표현한 것이다.

우선 기초에 들어갈 앵커의 모양 및 구조의 결정이 선행되어야 하며 이것이 결정되면 앵커의 크기에 맞게 땅을 파고(토목공사 등) 앵커를 설치한 후 콘크리트를 타설하여 양생하는 일련의 과정을 거치게 되며 기초 콘크리트 앵커 볼트부분은 볼트캡을 착용하여야 한다.

지상설치의 대용량 발전시스템의 어레이 설계도 소용량과 마찬가지로 모듈의 특성에 따라 어레이 요량 등을 결정하고 이에 적합하게 어레이를 설계하지만 소용량 발전시스템과 달리 어레이로 구성되어 있어 어레이 간에 이격거리를 잘못 설정 하였을 경우 음영에 의한 시스템 효율 저하를 초래 할 수 있으므로 대용량 발전시스템에서 특히 어레이 설계시 어레이간의 이격거리에 유의해야 한다.

태양전지판 지지대 제작시 형강류 및 기초지지대 등은 용융아연도금처리 또는 동등이상의 녹방지 처리를 하여야 하며 용접부위는 방식처리를 하여야 한다. 또한 체결용 볼트, 너트, 와셔 등도 용융아연도금처리 또는 동등이상의 녹방지 처리를 하여야 한다.

그림. 기초 설치의 예시

지지대 제작 구조물은 바람, 적설하중 및 구조하중에 견딜 수 있도록 설치하여야 하며 모든 볼트조립은 헐거움이 없이 단단히 조립하여야 한다. 표 2에 구조물 볼트의 크기에 따른 힘 적용을 나타내었으며 지지대는 설치하는 장소, 지역, 형상 등에 의해 상정되는 하중이 다르게 되므로 그 때마다 상세설계가 필요하다.

표. 구조물 볼트의 크기에 따른 힘 적용

볼트의 크기	M3	M4	M5	M6	M8	M10	M12	M16
힘 (kg/cm^2)	7	18	35	58	135	270	480	1,180

풍하중의 경우 지역과 위치 등에 따라서 기준 풍속에 차이가 나게 되므로 이를 고려하여 구조검토를 하여야 할 것이며 국내의 경우 30~40 m/s 의 기준 풍속으로 설계하는 것이 일반적이다.

상세설계가 필요한 경우 구조검토 사무소에 의뢰 및 전문서를 참고하여하여야 할 것이며 지지대를 줄이게 되면 공사비용이 감소할 수는 있으나 태풍 등 시스템에 많은 하중이 가해질 경우 위험할 수 있으므로 최대한 구조검토 한 결과에 맞게 시공해야 할 것이다.

지지대는 그림 14와 같이 사전에 형태와 모양이 제작된 구조물 중 기둥의 역할을 하는 구조물을 기초의 앵커부위와 볼트와 와셔로 체결을 하며 기 기둥위에 구조물 기둥 상부 보를 설치한다. 이 경우 미리 준비한 볼트와 너트를 이용하거나 용접을 통하여 체결하게 되는데 표 2를 참조하여 적합한 힘을 적용하여야 한다.

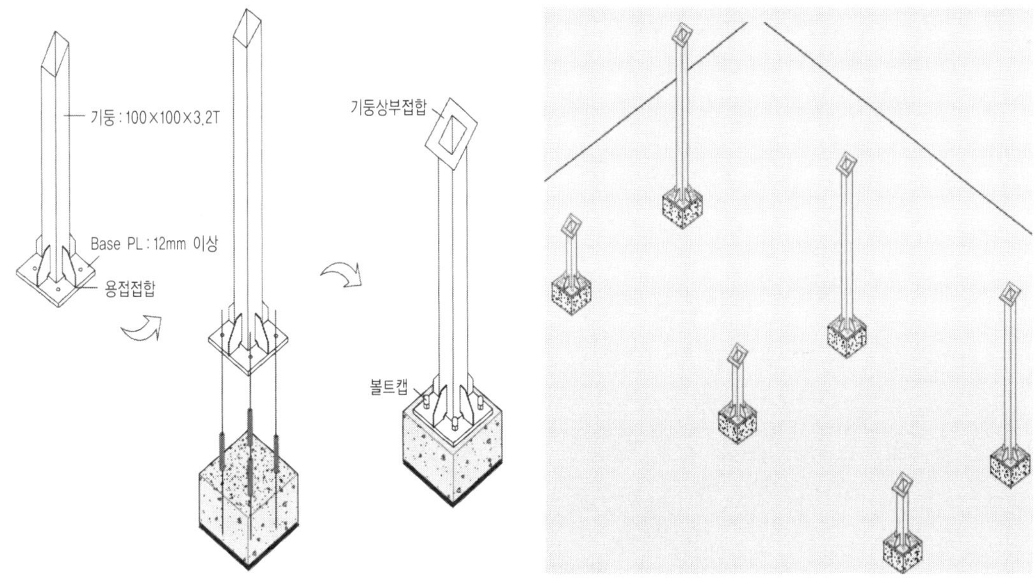

그림. 기둥과 앙카볼트 조립

기둥 상부 보를 체결한 후 보와 보를 연결해 주는 구조물 상부 빔을 설치하게 되며 빔의 역할은 기둥과 기둥을 서로 단단하게 고정하여 구조적인 강도를 증가시키기 위함이다.

빔의 설치까지가 끝나면 그림에서와 같이 그 위에 구조물 상부 퍼린을 설치하게 되며 퍼린은 직접 태양전지 모듈과 접합되는 부위로서 이때 퍼린의 간격과 개수에 따라 하나의 모듈을 지지하는 지지물의 개수가 결정되게 된다.

모듈을 지지하는 지지물은 많을 수록 모듈을 단단하게 고정시켜 줄 수 있으나 이는 정압이 작용하는 경우는 비례하나 부압이 작용하는 경우는 모듈자체의 면적도 같이 고려하여야 할 것이다.

지지물이 필요 없이 너무 많아지게 되면 공사비가 증가 하고 너무 적으면 전체 태양광 시스템의 안전성에 심각한 문제가 초래될 수 있으므로 구조검토 및 분석 결과를 최적화 하여 시공을 하여야 할 것이다.

퍼린의 설치가 마무리 되면 구조물 상부에 태양전지 모듈을 설치하게 되며 지상설치 태양광 시스템의 경우 경사형 건물적용 시스템과는 달리 모듈 후면의 설치공간을 확보할 수 있으므로 볼트와 너트를 이용하여 설치할 수 있고, 클램프 Type 으로 체결하는 것도 가능하며 어떤 형태로 고정하든지 구조분석 결과에 적합하게 공사를 진행하여야 한다.

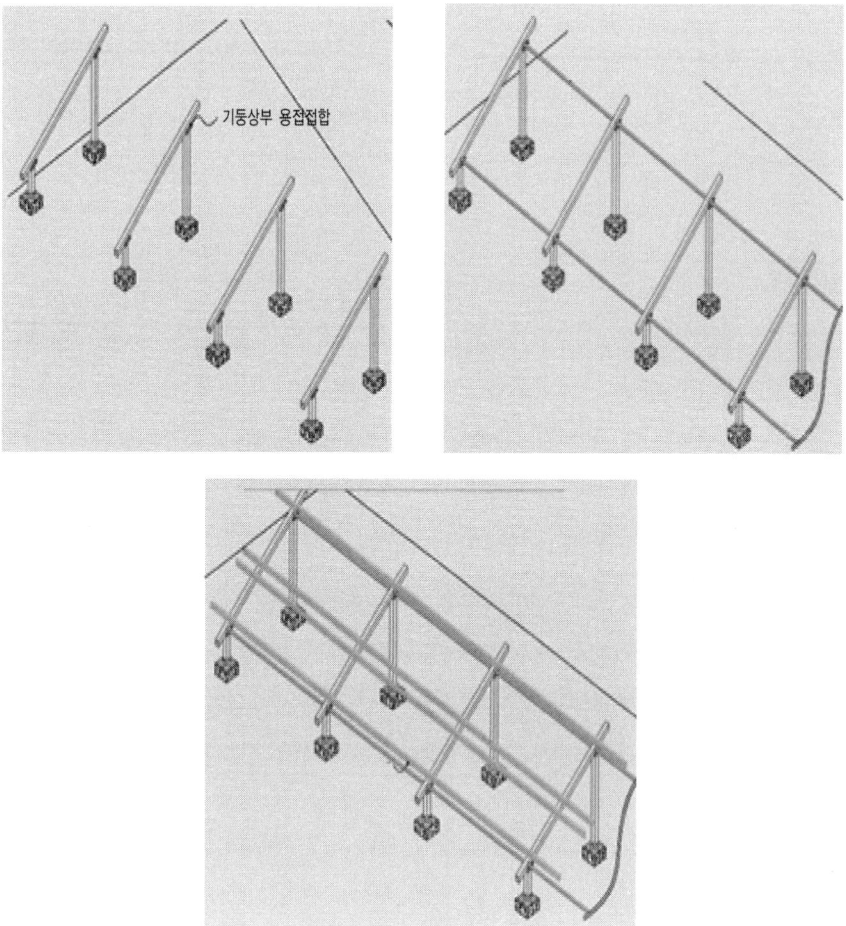

그림. 구조물 설치의 과정

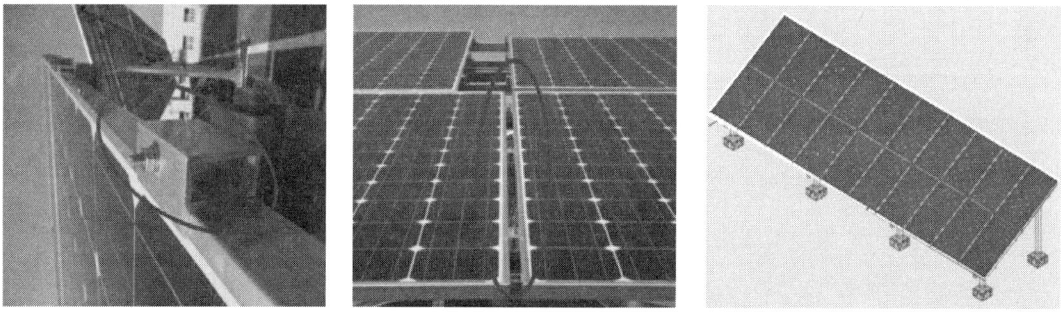

그림. 클램프 적용 시스템 예시

출제 기준에 따른 실기 필답형 예상문제

문제 Ⅰ

신재생에너지 발전설비계획 설비 작업시 방위각에 대한 정의를 기술하시오!

풀이

방위각이란 태양광어레이가 남향과 이루는 각을 말하며, 정남향, 토지의 방위각, 건물 및 산의 그림자를 피할 수 있는 각도와 낮 최대 부하 시의 각도를 말한다.

문제 Ⅱ

신재생에너지 발전설비계획 설비 작업시 경사각에 대한 정의를 기술하시오!

풀이

태양광어레이와 지면과의 각을 말하며 연간 최적 경사각, 어레이의 경사각, 눈을 고려한 경사각, 부하전력과 발전량에 따른 태양광 어레이의 용량을 최소화하는 경사각을 말한다.

문제 Ⅲ

신재생에너지 발전설비 구조물 시공에 대한 설치장소에 대한 고려사항을 기술하시오!

풀이

구조물 적용은 설치장소의 연평균 풍속강도, 적설량을 고려하여 계절별 태양 고도 추적과 음영을 회피할 수 있는 경사조절 장치 등을 포함한다.

문제 Ⅳ

신태양광발전설비의 종류란 계통연계형 태양광발전설비와 독립형 태양광발전설비로 구분된다. 각각 계통연계형 태양광발전설비와 독립형 태양광발전설비에 대하여 기술하시오!

- 계통연계형 태양광발전설비 :
- 독립형 태양광발전설비 :

풀이

- 계통연계형 태양광발전설비란 태양전지 어레이로부터 직류전력을 인버터를 통하여 교류전력으로 변환시켜 한전 계통과 연계하는 시스템으로 축전지가 필요 없으며, 태양전지 어레이와 계통연계형 인버터로 구성된다.
- 독립형형 태양광발전설비란 낙도, 산간벽지 등 한전 계통 전원 공급이 어려운 지역에서 태양광 발전으로만 전기를 공급하는 시스템으로 태양전지

문제 Ⅴ

태양광발전설비중 인버터에 대한 정의를 기술하시오!

풀이

인버터란 전력제어장치(PCS)를 통칭한 표현으로 독립형 인버터와 계통연계형 인버터로 구분되며, 발전성능 향상을 위한 용량별 인버터는 다음을 말한다.

- 소용량(100kW 미만) 인버터 : 1kW, 3kW, 5kW, 10kW, 20kW, 30kW, 50kW, 75kW 등
- 대용량(100kW 이상) 인버터 : 100kW, 200kW, 250kW, 500kW, 630kW, 760kW, 1000kW 등

문제 Ⅵ

모듈의 종류와 각 종류별 특성을 기술하시오!

풀이

모듈의 종류는 Si계, 화합물반도체, 염료 감응형, 유기박막 태양전지가 있으며, 각 특성은 다음과 같다.

- Si계 : 결정질 Si계와 비정질 Si 박막으로 구분되며, 결정질 Si계는 기판형, 박막형으로 세분화되며, 기판형에는 단결정(Single Crystalline Si)과 다결정(Poly Crystalline Si)으로 구분되고, 비정질 Si 박막으로는 Poly Crystalline Si Thin Film 모듈이 있다.
- 화합물반도체 : II-IV족(CdTe, CIS등), III-IV족(GaSa, InP, InGaAs 등)과 기타(Quantum Dot Cell, Dye Cell등)의 모듈이 있다.

문제 VII

기초 구조물방식에 적용할 수 있는 하중에 대하여 기술하시오!

풀이

구조물방식에 적용할 수 있는 하중은 다음과 같다.
- 자체 하중 : 구조물 철 무게, 모듈 무게
- 적설 하중 : 구조물 상부에 쌓이게 되는 눈의 양(년간 적설량 적용)
- 풍속 하중 : 평균, 최대 풍속에 의한 부압(하부에서 들어올리는 힘)

문제 VIII

태양광발전설비의 방범설비시스템 정의에 대하여 기술하시오!

풀이

방범시스템이란 무인경비, 설비의 이상유무 판단을 목적으로 침입.도난방지, 침입.도난 발견, 침입.도난연락설비, 재해.설비이상발견 등을 말한다.

문제 IX

태양광발전설비의 접지설비 정의에 대하여 기술하시오!

풀이

접지설비란 현장운영상에 적합하도록 기술적 조치를 강구한 접지설비, 관련 배선, 전선관과 금구 등을 말한다.

문제 X

도면 작성시에는 다음의 사항을 포함한다.

- 기호와 기능 표시는 본 규격서의 도면에 사용된 것과 일치하도록 하며, 본 규격서 이외의 것이 필요하면 (　　)의 승인을 받고 제작해야 한다. (　　　)의 내용은?

풀이

구매자

문제 XI

다음(　　　　)안을 채우시오.

공칭 태양전지 동작 온도 측정 (시험) ;

measurement of nominal operating cell temperature (NOCT)

- 태양광발전 모듈의 공칭 태양전지 동작 온도(nominal operating cell temperature, NOCT)는 다음의 표준 기준 환경(standard reference environment, SRE)에서 개방형 선반식 가대(open rack)에 설치되어 있는 모듈을 구성하는 태양전지의 평균 접합 온도로 정의된다.
  - 경사각 ; 수평면을 기준으로 (①)도 이다
  - 경사면 일조 강도 ; (②)W/㎡
  - 주위 기온 ; (③)도
  - 풍속 ; (④)m/s
  - 전기적 부하 ; 없음 (회로 개방 상태)

시스템 설계에서 NOCT는 모듈이 현장에서 동작하는 온도로 사용할 수 있으며, 여러 가지 모듈 설계를 비교할 때 유용한 지표가 될 수 있다.

풀이

① 45도, ② 800W/㎡, ③ 20도, ④ 1m/s

문제 XII

다음(　　　　)안을 채우시오.

우박 충돌 시험 ; hail test

모듈이 우박의 충돌에 견디는 능력을 검증하기 위한 시험이며, 시험에 사용하는 표준 얼음공은 **냉동 온도 (　①　)도** 인 제빙기 와 지름 25mm의 거푸집(mold)을 이용하여 만들고, **냉장 온도 (　②　)도** 인 냉장 용기에 적어도 1시간 이상 보관하였다 사용해야 한다.

얼음공의 속도는 **반드시 모듈 표면으로부터 (　③　)m 이상** 떨어지지 않은 곳에서 측정해야 하며, 광전기적 속도계를 사용하는 것이 좋다. 특수한 환경의 모의를 위해서는 표준 얼음공과 크기가 다른 것을 사용할 수도 있다. 시험의 절차와 방법은 IEC Std 61215의 규정을 따른다.

풀 이

① −10℃±5℃　　② −4℃±2℃　　③ 1 m

문제 XIII

다음 공식 구하시오.

자기 방전률 ; self discharge rate

방치로 인하여 줄어든 중전 감소량과 완전 중전 상태일 때의 비. 용량이 안정된 축전지의 실용량을 (C_1)이라 하고, 축전지를 완전히 충전한 다음 일정 기간(n일) 동안 일정한 조건에 방치한 다음에 같은 방전 조건으로 방전시킨 후의 잔존 용량을 (C_2)라고 할 때, 자기 방전율을 구하시오!

∴ 자기 방전률 = (　　　　　) (%/일)

풀 이

자기 방전률 = $\{(C_1 - C_2)/n \cdot C_1\} \times 100$ (%/일)

제 3 장

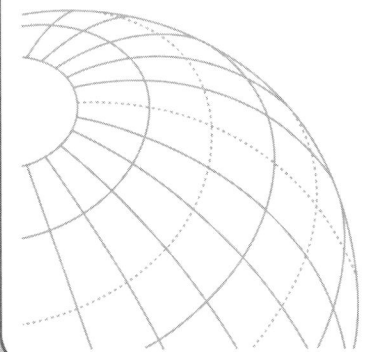

모듈 및 전기설비 설치하기

제3장 모듈 및 전기설비 설치하기

제1절 전기설비 간선 및 모듈공사

1. 태양광설비 개요 등

태양광 발전설비의 전기공사는 태양전지 모듈의 설치와 동시에 진행된다. 태양전지 모듈간의 배선은 물론 접속함이나 인버터 등과 같은 설비와 이들 기기 상호 간을 순차적으로 접속하여 최종적으로 계통에 연계하여 태양광 발전설비로부터 생산된 전기를 역송전하게 된다.

2. 일반적인 배선공사는 교류 배선공사로서 부하를 병렬로 결선하는 공사가 대부분을 점하고 있지만 태양광 발전에 관계되는 전기공사는 직류 배선공사인 동시에 직렬, 병렬로 결선하는 경우가 많아 극성에 특히 주의를 요한다. 또한 시공에 있어서 전기설비 기술기준, 전기설비 기술기준의 판단기준 및 신재생에너지 설비의 지원 등에 관한 기준 등을 비롯한 관계 법령에 따라 시공하여야 한다.

3. 전기공사는 크게 옥내공사와 옥외공사로 나눌 수 있는데 아래와 같은 순서로 공사가 진행 된다.

가. 태양전지 모듈간의 배선연결
나. 접속함 기초공사 및 설치
다. 접속함 접지 및 어레이와 접속함 배선연결
라. 파워컨디셔너의 옥내 기초공사 및 설치(옥외 설치를 하는 경우도 있음)
마. 접속함과 파워컨디셔너까지의 배선연결
바. 교류분전반 설치공사 / 태양광 발전량 역 송전 계량기 설치
아. 파워컨디셔너에서 분전반 까지의 배성

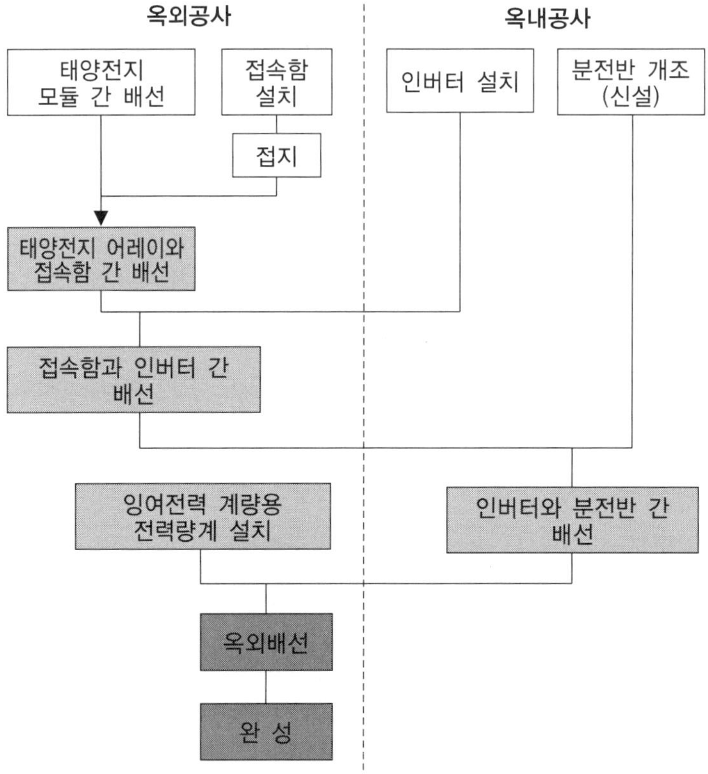

그림 전기공사 절차

자. 옥외배선 연결 및 분전반과 접속점 계통 연계

상기 공사들은 상황에 따라 상호 병행해서 진행될 수 있으며, 태양광 발전소의 경우 한전 계통까지 태양광 발전 사업자의 비용으로 송, 배전선 공사를 해야 하며, 일정 용량 이상의 경우 많은 비용을 들여 전용선로를 설치하여야 한다.

4. 케이블 선정 및 접속방법

가. 케이블 선정

태양전지에서 옥내에 이르는 배선에 쓰이는 전선은 모듈전용선은 구입이 쉽고 작업성이 편리하며 장기간 사용해도 문제가 없는 XLPE 케이블이나 이와 동등 이상의 제품 또는 직류용 전선을 사용하고 옥외에는 UV 케이블을 사용하여야 하며 병렬접속시에는 회로의 단락전류에 견딜 수 있는 굵기의 케이블을 선정하고 전선이 지면에 접촉되어 배선되는 경우에는 피복이 손상되지 않도록 별도의 조치를 취해야 한다.

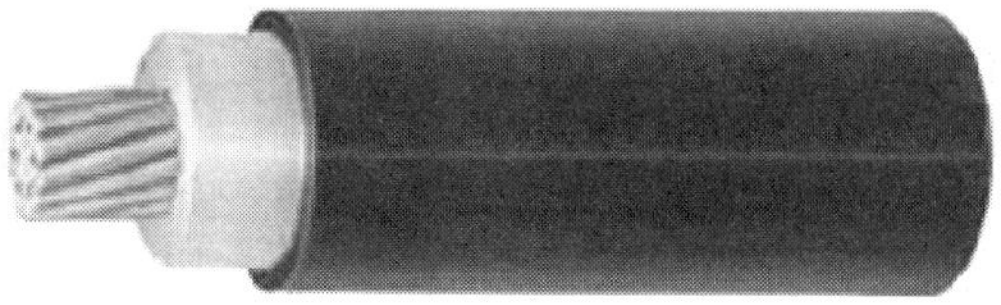

그림 3. 저압 XLPE 케이블 구조

나. 기계기구의 구조상 그 내부에 안전하게 시설할 수 있을 경우를 제외하면 모든 전선은 다음과 같이 시설해야 한다.

1) 공칭단면적 2.5 mm^2 이상의 연동선 또는 이와 동등 이상의 세기 및 굵기의 것이어야 한다.

2) 내에 시설할 경우에는 합성수지관공사, 금속관공사, 가요전선관공사 또는 케이블공사로 전기설비기술기준의 판단기준 규정으로 시설해야 한다.

3) 옥측 또는 옥외에 시설할 경우에는 합성 수지관공사, 금속관공사, 가요전선관공사 또는 케이블공사로 전기설비기술기준의 판단기준 규정에 따라 시설해야 한다.

4) 태양전지 모듈 및 개폐기 그 밖의 기구에 전선을 접속하는 경우 나사 조임 그 밖에 이와 동등 이상의 효력이 있는 방법에 의하여 견고하고 또한 전기적으로 완전하게 접속함과 동시에 접속점에 장력이 가해지지 않도록 해야 한다.

다. 케이블 포설시 주의 사항

1) 접지 장애 방지 및 단락 방지 결선 시 가능하면 +, - 케이블을 불리 포설하여야 하며 이중절연으로 하여야 한다.

2) 케이블 곡률 반지름을 넘지 않도록 주의해야 한다.

3) 케이블은 절연이 손상되기 쉬우므로 겨울 기온에 유의하여 위급하여야 한다.

4) 지붕 덮개에는 케이블을 포설하지 않는 대신 프레임 지지대에 고정시키며 모듈 케이블은 적절하게 조여서 설치한다.

5) 빗물이 지나가는 데 지장이 없어야 한다.

6) 케이블은 가능하면 음영지역에 포설한다.

7) 루프 회로가 생기지 않도록 한다.

8) 케이블은 되도록 피뢰 도체 또는 도체 시스템과 떨어지게 포설해야 한다.

* 교차는 피할 것

9) 날카로운 모서리와 기계적 손상을 피한다.

10) 모듈 케이블의 전체 길이를 짧게 한다.
11) 케이블은 어린이, 쥐 및 애완동물로부터 보호되도록 설치한다.
12) 서로 연결할 때 케이블과 연결단자의 극성에 주의한다.
13) DC 케이블은 가연 물질이 저장된 공간이나 공간의 일부분 그리고 폭발성 있는 환경을 형성할 수 있는 곳을 지나지 않도록 한다.
14) 서로 다른 전기 방식 등, AC 와 DC 를 묶을 때 DC 케이블에는 네임플레이트를 붙인다.

5. 케이블 접속방법 및 부품

가. 태양전지 모듈의 프레임은 냉각 압연강판 또는 알루미늄 재질을 사용하여 밀봉 처리되어 빗물 침입을 방지하는 구조이어야 하며 부착할 경우에는 흔들림이 없도록 고정되어야 한다.

태양전지 모듈 결선 시에 접속 배선함 구멍에 맞추어 압착단자를 사용하여 견고하게 전선을 연결해야 하며 접속배선함 연결부위는 방수용 커넥터를 사용한다. 모선의 접속부분은 조임의 경우 지정된 재료, 부품을 정확히 사용하고 다음에 유의하여 접속한다.

볼트의 크기	M6	M8	M10	M12	M16
힘 (kg/cm^2)	50	120	240	400	850

(모선 볼트의 크기에 따른 힘 적용)

1) 볼트의 크기에 맞는 토크렌치를 사용하여 규정된 힘으로 조여준다.
2) 조임은 너트를 돌려서 조여 준다
3) 2개 이상의 볼트를 사용하는 경우 한쪽만 심하게 조이지 않도록 주의한다.
4) 토크렌치의 힘이 부족할 경우 또는 조임작업을 하지 않은 경우에는 사고가 일어날 위험이 있으므로, 토크렌치에 의해 규정된 힘이 가해졌는지 확인할 필요가 있다. 표 1에 모선 볼트의 크기에 따른 힘 적용에 대해 나타내었다.
   케이블의 단말처리의 경우 전선의 피복을 벗겨내어 전선을 상호 접속하는 경우 접속부의 절연물과 동등 이상의 절연효과가 있는 재료로 접속해야 한다.
5) XLPE 케이블의 XLPE 절연체는 내후성이 약하므로, 비닐시스가 벗겨져 절연체가 노출된 채로 장기간 사용하면 절연체에 균열이 생겨 절연불량을 야기하는 원인이 된다. 이것을 방지하기 위해 자기 융착테이프 및 보호테이프를 절연체에 감아 내

후성을 향상시켜야 한다.

6) 절연 테이프의 종류

가) 자기융착 절연테이프

* 자기융착 절연테이프는 시공 시 테이프 폭이 3/4으로부터 2/3 정도로 중첩해 감아놓으면 시간이 지남에 따라 융착하여 일체화된다.
* 자기융착 테이프에는 부틸고무제와 폴리에틸렌 + 부틸고무가 합성된 제품이 있지만 저압의 경우 부틸고무제는 일반적으로 사용하지 않는다.

나) 보호테이프

* 자기융착테이프의 열화를 방지하기 위해 자기융착테이프 위에 다시 한번 감아 주는 테이프이다.

다) 비닐절연테이프

* 비닐절연테이프는 장기간 사용하면 점착력이 떨어질 가능성이 있기 때문에 태양광 발전설비처럼 장기간 사용하는 설비에는 적합하지 않다.

나. 케이블 공사를 하는 경우 회로의 단락전류를 고려한 사이즈의 캡타이어 케이블이나 CV케이블을 사용하여 압착 커넥터 등으로 확실하게 접속하고 절연 테이프로 마감처리를 한다. 또한 어레이가 표준화되고 접속 위치가 결정되어 있는 경우에는 간선으로서의 분기선이 부착된 케이블을 사용한다.

다. 모듈 설치를 용이하게 하기 위해 Plug and play 기술이 계통 연계형 시스템에서 표준이 되어 왔다. 대부분의 모듈이 접촉방지 플러그 커넥터가 끼워진 채 출고되며 플러그 커넥터는 5mΩ 미만의 전달저항을 가지며, 따라서 5A 전류에서 전압강하는 0.025V 미만으로 매우 미미하다.

6. 순차적인 간선공사의 시행

가. 간선공사의 DC 설치 시 및 모듈 설치 시 주의 사항

PV 배열은 외부에 설치된다. 이러한 이유로 외부 설치 사양(IP 보호 범주, UV 및 기상보호)은 사용되는 구성품(모듈 접속함, PV 결합기 등)을 잘 관찰하여야 하며 일반적인 접압원(일반전력망)에 비하여 PV 모듈은 확실히 다른 동작 특성을 나타낸다.

나. DC 설치에서의 주의 사항

1) 모듈은 설치하면 발전하게 된다. 스위치를 끌 수 없다. 낮 동안에는 PV 모듈은

전 공칭 전압을 송출한다. 그래서 전기 공사중에는 접촉 차단 콘넥터가 없이 모듈의 빛이 차단되도록 한다. 즉 검은 천으로 모듈을 덮는다.

2) DC 전류량은 일사량에 비례한다. 다시 말하면 공칭 전압은 저 광속일 때에도 나타나므로 주의하여야 한다.

3) PV 배열은 단락 전류가 공칭 전류값보다 약 15 % 많은 전류원이다. 이는 보호설비 설계시에 고려하여야 한다. (퓨즈, 차단기 등)

4) PV 전류는 DC 이고 이는 절연이 파괴될 경우 계속 아크를 발생한다. 이러한 이유로 설치(전압 50V 미만인 경우 제외)는 접지 고장이고 단락방지이며 케이블 연결은 아주 주의하여야 한다. DC 차단 기능을 가진 차단기만 사용하여야 한다.

5) DC 주 케이블과 연결할 때, PV 접속함은 전원이 살아 있어서는 안된다. 이는 접속함에서 분리 차단기를 개방함으로써 이루어진다. 그렇지 않으면 PV 배열의 전체 전력이 나타남과 같은 아크가 발생할 위험이 있다.

6) 스트링 인버터를 사용하는 시스템에는 PV 배열 접속함이 없으므로 모듈 케이블의 스트링을 분리시킴으로서 분리할 수 있다.

7) 플러그는 아크가 발생할 위험이 있으므로 전류가 흐르는 상태에서는 분리하여서는 안된다. DC 주 차단기 스위치는 부하를 차단하는 데 사용된다.

8) 차단기 또는 차단 장치를 연결할 때 또는 극성 및 전류 흐름 방향이 정확한지 주의할 필요가 있다.

다. 모듈 설치 시 안전성, 내구성 그리고 편의성 측면에서 주의할 사항을 들면,

1) 모듈 제조업체의 조립 및 설치 지시 내용을 성실히 지켜야 한다. 이는 특히 설치 형태 또는 클램프 및 정의된 설치 시스템을 강조하여 시험한 것과 같이 이 목적으로 제공된 모듈상의 효율성 및 안정성에 영향을 미친다. 가장 주의하여야 할 설치는 모듈 프레임에 미리 뚫어 놓은 구멍을 써서 고정하는 것이다.

2) 설치하는 지방의 풍력 및 눈 부하 효과로부터 얻어진 최대 풍속 및 적설 하중을 초과하여서는 안된다.

3) 모듈 프레임에 구멍을 추가적으로 뚫어서는 안된다. 그렇지 않으면 보증을 받을 수도 할 수도 없다.

4) 건조하고 맑은 날에 공구를 이용하여 설치하여야 한다.

5) 모듈은 설치하는 동안 밟아서는 안되고 무겁거나 뾰족한 물체를 그 위에 두어서

는 안된다.

6) 평평한 지붕에서 통로는 유지보수 및 점검 목적으로 모듈을 설치한 후 확보되어야 한다. 채광창 및 지붕에 접근할 때는 깨끗하게 하여야 한다. 지붕 표면은 자주 올라가 걸어 다니도록 설계도어 있지 않다.

7) 프레임이 없는 모듈은 운반이나 설치 중 파손될 위험이 있으므로 아주 주의하여 다루어야 한다. 귀퉁이나 모서리가 특히 예리하다.

제 2 절 태양전지 모듈 및 String 배선 및 어레이 결선

가. 태양전지 모듈을 포함한 모든 전기적인 부분은 노출되지 않도록 시설해야 한다. 또한, 태양전지 모듈의 배선은 바람에 흔들리지 않도록 케이블타이, 스테이플, 스트랩 또는 행거나 이와 유사한 부속으로 130 cm 이내의 간격으로 단단히 고정하여 가장 많이 늘어진 부분이 모듈 면으로부터 30 cm 내에 들도록 하고, 태양전지 모듈의 출력 배선은 군별·극성별로 확인할 수 있도록 표시해야 한다.

나. 추적형 모듈과 같이 기동형 부분에 사용하는 배선은 가혹한 용도의 옥외용 가요전선이나 케이블을 사용해야 하며, 수분과 태양광으로 인해 열화되지 않는 소재로 제작된 것이어야 한다.

다. 태양전지 모듈 간 직·병렬 배선에 있어 모듈간 접속은 미리 모듈 인출선에 부착된 방수형 커넥터에 의해 접속하는 것이 좋다. 모듈 인출선에서 배선을 하는 경우에도 모듈 프레임에 지지할 수 있는 자재를 설치하고 케이블이 이완되지 않도록 고정한다.

라. 모듈과 모듈을 연결하는 방법으로 압착단자를 이용하는 방법도 있지만 감전의 위험성이 적고 작업성이 뛰어난 등의 이유로 방수형 커넥터가 주로 사용된다. 방수용 커넥터는 충전부에 접촉하기 어려운 구조이고, 당김에 대해서 기계적 강도가 있는 것이 좋다. 특히 방수에 주의하여야 할 장소에는 커넥터와 배선을 하나로 성형한 것이 좋다.

마. 모듈 상호간 연결 시 주의 사항

1) 태양전지 셀의 각 직렬군은 동일한 단락전류를 가진 모듈로 구성해야 하며 1대의

인버터에 연결된 태양전지 셀 직렬군이 2병렬 이상일 경우에는 각 직렬군의 출력 전압이 동일하게 형성되도록 배열해야 한다.

2) 태양전지 모듈 간의 배선은 단락전류에 충분히 견딜 수 있도록 2.5 mm^2 이상의 전선을 사용해야 한다.

3) 케이블이나 전선은 모듈 이면에 설치된 전선관에 설치되거나 가지런히 배열 및 고정되어야 하며, 이들의 최소 굴곡반경은 각 지름의 6배 이상이 되도록 한다.

4) 전력 오차(5% 이상)가 큰 모듈은 MPP 전류가 비슷한 모듈이 같은 스트링에 연결되도록 확인하여 설치 전에 모듈 가각에 대하여 공장출하시 시험성적서를 참고하거나 측정할 것을 권장한다. 이것은 미스매칭에 의한 손실을 피하기 위해서이다. 아래 그림 10에 발전량 변이에 따른 PV 어레이의 미스매칭를 나타내었으며 모듈의 출력을 분류하지 않은 채 연결하면 1 % 가량이 되나 모듈을 전류에 따라 분류하여 설치하면 미스매칭 손실은 약 0.2% 로 감소한다. 발전량 변이가 8% 이상이면 MPP 전류에 의한 분류를 표준실행으로 사용한다.

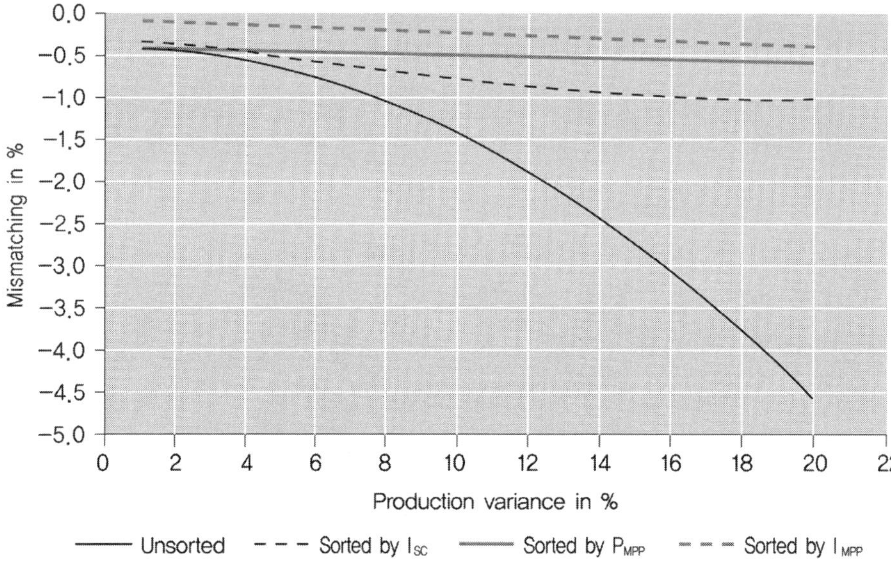

(발전량 변이에 따른 PV 어레이의 미스매칭)

5) 같은 행태의 모듈은 같은 시스템에 사용되어야 한다.

6) 모듈을 함께 연결하기 위해서 단상 접촉 방지 플러그가 달린 연결 케이블을 가진 모듈 형태가 빨리 그리고 쉽게 서로 연결할 수 있다.

7) 모듈을 서로 연결할 때는 케이블 극성에 주의하고 PV 배열 접속함도 마찬가지이다. 극성이 바뀌면 바이패스 다이오드나 인버터의 입력부가 손상된다.

8) 주간에 모듈이 전력을 생산함에 유의한다. 부하시에는 플러그를 빼서는 안 된다. 설치한 후 뺄 필요가 있으면 인버터를 끄고 DC 차단기를 트립한다. 플러그를 개방 전압상태에서는 뺄 수는 없다.

9) 우선 조립된 모듈 연결 케이블이 없는 모듈의 주의사항

   * 연결 부위의 약 16mm 절연
   * 메탈 슬리브가 없는 스프링 클램프 단자를 견고하게 연결
   * 너무 팽팽하지 않게 정확하게 방수 케이블을 끼워야 한다.
   * 모듈 접속함에 케이블을 넣기 전에 여유를 둔다.

10) 서로 연결하기 전에 스트링마다 개방 전압을 측정한다.

11) 단락 전류 측정 및 스트링 마다의 절연저항의 측정은 정확한 설치를 위하여 필요하다.

바. 건물에 태양광 시스템을 적용한 경우의 스트링 케이블 연결

1) 스트링 케이블은 지붕의 내부에 부착하고, 온도 절연 및 바깥쪽으로 중앙에 정의한 내증기 격벽을 통한 보호 전선관에 포설한다. 케이블 포설은 지붕의 증기 격벽 또는 온도 절연을 거슬러서는 안된다. 여기서 케이블 포설은 단락이나 접지 공장이 일어나지 않도록 하여야 한다.

2) 보호 전선관은 개구부 및 밖으로 미끄러지지 않도록 한 고정부분을 통해서 먼저 삽입한다. 그 후 케이블을 길게 포설하는 데, 예를 들면 케이블을 롤 상태로 사용하는 것이 좋다. 전선관을 통해서 미리 보고 전선관과 케이블을 동시에 설치하는 것도 가능하다.

   보호전선관을 통한 케이블 포설은 최대의 안전성과 케이블의 수명을 확보할 수 있다. 보호 전선관은 방습층으로 시트가 겹치는 점에서 삽입하여야 한다. 이는 설치한 후 쉽게 봉인할 수 있다.

   보호전선관은 내 UV 특성을 가져야 하며 외부에 사용하는 데 지장이 없어야 한다. 최종적으로 스트링 케이블은 그림 11과 같이 지붕의 환기 타일의 개구부를 통해 끌어야 한다. 이는 지붕 타일의 적당한 곳에서 삽입하여야 하며 케이블이 지나가는 곳에서 누수되지 않도록 하여야 한다.

미관을 고려하여 이 타일은 모듈 밑에 위치하여야 하며 밖에서 보이지 않도록 한다. 스트링 케이블은 설치 프레임에 취부하고 해당하는 모듈에 연결한다.

지붕에 PV 어레이의 조립 및 설치는 이제 완성되었다.

배열을 조합하는 동안 각각의 모듈 스트링은 전기적으로 개방전압, 단락전류 및 절연저항을 측정하고 그 결과를 기록한다.

제 3 절 접속함 및 인버터의 설치

1) PV 어레이 접속함은 공급 단자와 차단기 그리고 필요한 경우 스트링 퓨즈와 스트링 다이오드를 포함하며 고도 전압을 대지로 전환하기 위해 피뢰소자가 PV 접속함에 설치된다.

PV 어레이 접속함은 보호등급 II 로 실행되어야 하고 분전함 내부는 +측과 - 측이 분명히 분리되어 있어야 하며 옥외에 설치되는 경우 최소한 IP 54에 의해 보호되어야 하며 스트링 퓨즈는 단락으로부터 전선을 보호한다. 이 퓨즈는 DC에 동작을 하도록 설계되어야 한다.

그림. 보조 접속함이 있는 어레이 접속함

2) 대형 PV 시스템에서는 차단기와 퓨즈를 포함하는 메인 PV 어레이 접속함 외에 추가 보조접속함도 간혹 사용되며 그림 13에 나타내었다.
인버터는 옥외용 옥내용으로 구분하여 설치하며 배선위치를 고려해 배선이 용이하고, 외부에서 되도록 잘 보이지 않는 곳이나 설치 시 건물 미관에 영향을 적게 주는 곳에 설치하며 스트링 인버터의 경우 연결은 DC 주 차단기 및 분리 스위치로부터 각각의 스트링 인버터의 DC 입력 단자까지 연결된다.

3) 인버터는 고장이 없을 수 있도록 동작이 확보되는 곳에 설치하여야 한다.
고려하여야 할 요소는 주위 온도, 열 방출 능력, 상대 습도 및 소음 방출 등이 포함된다. 운영과 유지 보수 목적으로 접근이 쉬워야 하며 제조업체의 취급설명서를 따라야 한다. PV 접속함과 인버터 사이의 거리가 멀면 추가적인 DC 주 차단기 및 분리 스위치를 인버터 앞에 설치하여야 한다. 이는 주 케이블을 발전 상태 에서도 인버터로부터 안전하게 분리할 수 있게 한다.
이렇게 준비된 접속함은 대지에 기초공사를 한 후 앵커와 함께 체결되어 고정된다. 그리고 인버터의 경우 대지대지에 기초공사를 한 후 앵커와 함께 체결되어 고정 되거나 또는 지지대나 벽면에 부착되어 설치가 완료된다.

1. 태양전지 모듈 및 접속함과 인버터 간의 배선

가. 케이블 유형은 DC 전원 케이블오도 사용된다. DC 전원 케이블은 PV 접속함과 인버터를 연결한다. 앞서 언급한 케이블의 유형 외에도 국내에서는 DC 케이블이 생산되고 있지 않고 전량 수입설치로 비용 때문에 일반적인 유형의 PVC 피복 케이블이 대부분 사용된다.
그러나 전기설비 기술기준 및 내선 규정 또는 태양광 발전 설치 기준을 준수할 필요가 있다. PV 접속함을 옥외에 설치할 경우 CV 케이블을 사용할 때는 보호관에 넣어서 사용하여야 한다.

나. 케이블 재료는 할로겐화 플라스틱이 일반적으로 사용되며 환경문제를 고려하여 무할로겐 제품이 채택되어야 한다.
단락과 접지고장을 피하기 위해 양극 케이블과 음극 케이블은 단선 피복 케이블을 각각 사용할 것을 권장하며 다중 케이블이 사용될 경우, 녹색의 접지선은 상전압 선으로 사용해서는 안 된다.

다. 낙뢰의 위험에 노출된 PV 설치물의 경우 차폐된 케이블을 사용해야 하며 DC 전원 케이블의 모든 극을 영 전위로 전환할 수 있어야 한다. PV 어레이 접속함의 DC 차단기와 절연점은 이를 위해 사용된다.

태양전지 모듈의 이면으로부터 접속용 케이블이 2가닥씩 나오기 때문에 반드시 극성을 확인한 후 결선한다. 극성 표시는 단자함 내부에 표시한 것, 리드선의 케이블 커넥터에 극성을 표시한 것이 있다.

제작사에 따라 표시방법이 다를 수는 있지만 어느 것이나 양극(+ 또는 P), 음극(－또는 N)으로 구성되어 있다

라. 건물 내에서의 스트링 배선의 경우 가장 가까운 루트를 따라 DC 주 차단기 및 스위치를 건물 내부로 포설한다. 여기서 주의할 것은 케이블 포설할 때, 접지 고장이나 단락이 생기지 않도록 설치하여야 한다.

이 배선은 직류가 흐르고 다른 건물용 전선과 함께 지나가므로 특별히 표시해 둔다. 기존의 배선 푸트나 전선관을 사용하는 것이 보통이며 스트링 케이블은 DC 주 차단기 및 분리 스위치 단자 또는 PV 접속기 및 접속함의 전압이 120V 보다 크므로 연결 시 주의하여야 한다.

2극 DC 주 차단기 또는 분리 스위치의 부하 상태에서 안전하게 시스템을 차단하는 것을 확인하는 동안 서지 전압 보호기 및 스트링 퓨즈의 유지보수와 같은 적절한 동작 여부를 확인한다.

모듈 스트링은 2상 DC 차단기를 통해 각각의 인버터에 연결된다. 제조업체의 명판에 DC 스위치의 요구되는 사양이 표시되어 있다.

2. 인버터와 분전함 간의 배선

가. 인버터 출력의 전기방식으로는 단상2선식, 3상3선식 등이 있고 교류측의 중심선을 구별하여 결선한다. 단상3선식의 계통에 단상2선식 220V를 접속하는 경우는 전기설비기술기준의 판단기준에 따르고 다음과 같이 시설한다.

1) 부하 불평형에 의해 중성선에 최대전류가 발생할 우려가 있을 경우에는 수전점에 3극 과전류 차단소자를 갖는 차단기를 설치한다.

2) 수전점 차단기를 개방한 경우 등, 부하 불평형으로 인한 과전압이 발생할 경우 인버터가 정지되어야 한다.

그림. 인버터와 분전함 연결 예시

3) 분전함과 AC 연결 케이블의 연결에 있어 AC 연결 케이블은 인버터와 보호장치를 통해 전력계통과 연결한다.

4) 3상 인버터의 경우 저전압 계통과의 연결에 5가닥 케이블이 사용되며 단상 인버터의 경우 3가닥 케이블이 사용된다.

5) TFR 또는 CV 의 통상적인 케이블이 사용될 수 있으며 KSC 코드와 각종 규정을 준수해야 하며 그림 18에 인버터와 분전함 연결 예시를 나타내었다.

6) 개폐기 및 차단기의 설치와 관련된 사항.

가) 태양전지 모듈에 접속하는 부하측의 전로(복수의 태양전지 모듈을 시설한 경우에는 그 집합체에 접속하는 부하측의 전로)에는 그 접속점에 근접하여 개폐기, 기타 이와 유사한 기구(부하전류를 개폐할 수 있는 것에 한한다)를 시설해야 한다.

나) 태양전지 모듈을 병렬로 접속하는 전로에는 그 전로에 단락이 생긴 경우에 전로를 보호하는 과전류차단기 또는 기타 기구를 시설해야 한다.

다만, 그 전로가 단락전류에 견딜 수 있는 경우에는 그러하지 아니하다.

7) AC 인버터의 출력은 보호 장치를 경유하여 또 전력거래소의 전력량계를 경유하고 주 전력망에 연결되며 3KW 미만의 가정용 태양광 발전설비는 직접 전략량계에 연결하지만 발전 사업용의 경우는 송전용 계량기를 분리 설치하여야 한다.

출제 기준에 따른 실기 필답형 예상문제

문제 Ⅰ

모듈의 전기적인 특성에 대하여 설명하시오!

풀 이

모듈의 전기적인 특성이란?

- STC (Standard Test Condition) 상태에서의 전압, 전류와 온도 변화에 따른 전압 변동, 직렬 조합에 의한 합성 전압, 병렬 구성에 의합 합성 전류 등의 특성이 있다.

문제 Ⅱ

스트링방식에 대하여 설명하시오?

풀 이

스트링방식이란 시스템 구성 하여 모듈 어레이 구성시 소용량 다량의 인버터(예 : 10kW, 20kW)를 적용해서 시스템을 구성하는 방식 – 별도의 인버터실 불필요

문제 Ⅲ

센트럴방식에 대하여 설명하시오?

풀 이

센트럴방식이란 시스템 구성 시 모듈 어레이 구성 시 대용량 소량의 인버터(예 : 100kW, 250kW)를 적용해서 시스템을 구성하는 방식 – 별도의 인버터실 필요

문제 IV

태양광발전설비중 접속함에 대하여 설명하시오?

풀이

접속함이란 각 어레이별로 모아서 접속하는 것으로 태양광인버터와 연결하기 위한 역할과 안전 보호 기능까지 겸하는 장치를 말한다.

문제 V

태양광발전설비중 접속함재질에 대하여 설명하시오?

풀이

접속함 재질은 PVC, STEEL로 구분되나 염해 및 부식우려 지역은 SUS304, SUS316으로 구분한다.

문제 VI

태양광발전설비중 분산형 전원에 대하여 설명하시오!

풀이

분산형 전원이란 신재생에너지와 같이 계통과 병렬 또는 분리되어 독립적으로 운전되는 발전설비를 말한다.

문제 VII

태양광발전설비중 분산형 전원배전계통 연계조건에 대하여 설명하시오!

풀이

분산형 전원배전계통 연계조건이란 연계지점의 계통 전압, 주파수와 동기된 출력을 발전해야하는 조건을 말한다.

문제 VIII

가정용으로 태양광 발전시스템을 이용하고자 한다. 가정용 공급전력인 3kW을 생산하기 위한 태양전지의 설치면적은 어느 정도인가. 또 축전지의 용량은 정도로 하면 좋은가? (단, 일반 가정의 한달 전기량을 270㎾h)

풀이

- 태양전지는 1 ㎡당 100 ~ 150W를 발전하므로 3 kW 전력을 위한 설치면적은 3kW ÷ 0.1 ~ 0.15 kW/㎡ = 20 ~ 30㎡이다.
- 축전지의 용량은 3일간의 전기사용량으로 결정한다. 일반 가정의 한달 전기사용량을 270 kWh 정도로 고려하면, 3일간의 전기사용량(축전지의 용량)은 270㎾h ÷ (30일 ÷ 3일) = 27 kWh 정도가 된다.

문제 IX

태양열을 이용한 온수 시스템을 설계하고자 한다. 주위 온도 0℃인 겨울철에 하루 10℃의 수돗물을 40℃의 온수 200 L를 생산하기 위한 집열기의 면적을 구하시오. 단, 1일 평균 태양열 받는 유효시간을 4시간.

풀이

- 겨울철 일사량(태양 에너지) I는 지역에 따라 다르지만 910 W/m^2, 태양 에너지 유리 통과율은 $\beta = 0.8$,총 열전달 계수K는 K = 5W/㎡K를 사용하고 대기온도 Ta = 0℃, 집열기 온도 Tc = 40℃를 취한다.

  먼저 하루 4시간 동안 온수 200 L(200 kg)를 생산하기 위한 가열량 Q는 물의 비열 c가 101.3 kPa, 25℃ 에서 4.18 kJ/kg이므로 다음과 같다.

  $$Q = mc\Delta T = 200\ kg \times 4.18\ kJ/kgK \times 30K = 25,080\ kJ$$

  따라서 단위 시간당 가열량 Q는 Q = Q/4hr = 25,080 kJ/4hr = 6,270 kJ/hr 이다. 집열기에서 태양에너지 집열량 Q는 다음과 같이 같다.

  $$Q = Aq = A[\beta I - K(Tc - Ta)]$$

  따라서 집열면적 pA 다음과 같다.

  $$A = Q / \beta I - K(Tc - Ta) = 6{,}27\ kJ / 3{,}600s / 0.8 \times 910\ W/m^2 - 5\ W/m^2K \times 40\ K$$
  $$= \underline{3.3\ m^2}$$

제 4 장

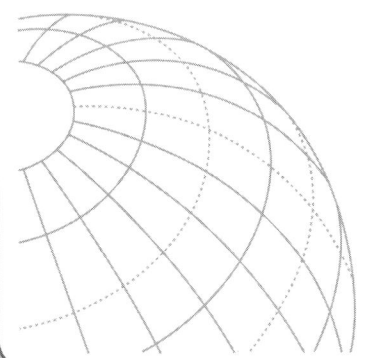

시운전 하기

제4장

시운전 하기

제 1 절 시운전에 관한 사항

1. 설치확인 및 지원제도 관련 각종 위반에 대한 제재조치

1-1. 주요내용

신재생에너지설비가 원별 시공기준에 의해 설치되었는지를 확인하는 것을 말하며 신재생 설비 소유주는 설치가 완료된 경우, 설치확인기관(센터)의 설치확인을 받아야 한다. 설치확인의 일반적인 기준은 서류 검토 사항, 일반사항(소유자 성명, 주소 등 인적사항), 주요 설비(제품 사양(인증 여부), 성적서, 시스템 구성(온라인 등)), 하자 보증(하자보증기간 : 원별 신재생에너지설비 3년), 현장 확인 사항, 태양광 시

표 11. 일반적인 심사기준

구 분	확 인 기 준
일반사항	• 소유주 및 시공자 일반사항 - 성명, 주소, 연락처, 설비용량, 설치주소 등
시공기준	• 시공 기준 준수여부 - [별표 1]의 원별 시공 기준 참조
주요설비	• 우선 적용 제품 사용 여부 - 설비사양(제조국, 모델명, 용량) • 사업계획서 제출시 첨부된 주요자재의 형식 및 설치용량 적합여부
하자보증	• 하자보증서의 적정성 여부 - 기분 [별표 2]의 하자보증기간 참조 ※ 시공자가 하도급 받은 경우, 원도급자를 대상으로 하는 하자보증서 인정
가동상태	• 정상가동 여부 - 시스템 동작 상태, 모니터링 시스템 구축 상태, 제어장치 및 안전장치 작동 여부
기타, 설치 확인 중 중복 사항 생략	• 전기사업법(제63조, 제66조)에 의한 사용전 점검 또는 사용전 검사를 받은 신재생에너지 설비에 대해서는 [별표 1]의 원별 시공기준 및 [별지 제30호 서식]의 설치확인 현장점검표 중 중복사항에 대한 확인을 생략할 수 있다.

공기준, 가동 상태(정상가동 여부 - 시스템 작동상태, 모니터링 구축상태, 제어 및 안전장치 작동 여부 등) 등을 확인하게 되며 표 11에 나타내었다.

1-2. 대상 및 절차

신에너지 및 재생에너지 개발이용 보급 촉진 법률에 의해 지원을 받는 사업(예 : 그린홈 100만호 보급, 일반(시범)보급, 지방 보급, 설치의무화)이 이에 해당되며 융자 지원 사업은 제외되며 표 12에 나타내었다.

모니터링의 경우 10.1.15.이후 태양광 발전설비 50kW이상에 대해 의무적으로 시행하여야 하며 신재생설비 소유주는 설비설치완료일로부터 30일 이내 설치확인(센터)의 장에게 신청하고 설치확인기관(센터)의 장은 신청받은 날로부터 15일 이내 확인 완료하여야 한다.

표 12. 설치확인 대상

사업분야 / 원별(설치현장확인)		본사(신재생센터)	지역센터(지사)
일반사항		–	○
일반보급 지방보급 설치의무화사업	태양광 발전	–	○ (金 용량)
	태양열	–	
	지열	–	
	바이오(펠릿보일러)	58.14kW 초과	58.14kW 이하
	풍력 및 소수력 발전	50kW 이상	50kW 미만
	연료전지	1kW 초과	1kW 이하
	기타(집광채광, 폐기물 등)	○	–

2. 태양광 시스템 시공기준

2-1. 시공기준의 개요

태양광 시스템 시공기준 및 현장점검표 내용은 신재생에너지 설비를 설치하고자 하는 소유주와 설계자(시공자) 외에 설치확인자 등이 설계·시공·설치·관리 및 기타, 설치 확인 등을 하는 데 있어 필요한 사항을 정하는 것을 목적으로 한다.

인증받은 제품(공인성적서 첨부)을 우선 적용하여야 하며 시험 성적서 발행기관은 해당설비의 시험이 가능하고 국가표준기본법에 의해 한국인정기구(KOLAS)로 인정받은 시험기관을 말하며 시험성적서는 KS규격 또는 국제규격(ISO, IEC)에서 정한 시험항목 및 방법에 따라 공인시험기관에서 발급한 것 이어야 한다.

당해 시공기준을 도입하여 신재생에너지 설비를 중장기적으로 보급· 주관하고자 하는 공공기관은 해당 보급 수요처의 특성에 맞게 본 시공기준(현장점검표)을 보완·보강하여 준용· 적용할 수 있으며 당해 시공기준 및 설치확인을 적용하기 어려운 경우에는 사업계획 검토승인 당시 주관 부서의 처리방침 또는 설계시방서에 준하여 적용한다.

소유주 또는 시공자(설계자)가 현장조건 등으로 인하여 설계 또는 시공 前에 본 시공기준을 적용하기 곤란할 경우에는 적용 예외사항에 대하여 사전에 신·재생에너지 센터(주관 부서)의 사업계획 변경 승인을 득하여야 하며, 센터의 장은 승인된 기준에 준하여 설치확인을 할 수 있다.

소유주 및 시공자(설계자)는 본 시공기준이 설계·시공·설치 등에 반영되도록 해야 하며, 설치확인자가 설치현장을 방문하여 원활히 시공기준을 점검할 수 있도록 협조해야 한다. 당해 시공기준에 규정된 재료(재질) 및 시공방법 등 외에 다른 방안을 제시하는 경우, 동등 이상의 방안을 제시하여야 하며, 그 입증의 책임은 소유주 또는 시공자(설계자)에 있다.

설치확인자는 설치확인 기준에 의거 소유주가 제출한 서류를 사전 검토한 후, 본 시공기준에 의한 현장점검표에 따라 현장 확인을 실시하며 당해 시공기준에 규정된 타 안전· 검사기관의 사전 검사 사항과 중복된 사항에 대해서는 제외하여 확인할 수 있고 설치확인자는 동일 항목과 관련 해당 시공기준 항목과 해당 현장점검 항목 간에 일치하지 않는 사항에 대해서는 해당 시공기준을 우선 적용한다.

기타 설비의 설계· 시공기술이 날로 개발· 발전되어가는 과정을 감안할 때 본 시공기준의 규정· 해석과 다른 의견이 있을 수 있으며 이견이 있을 경우에는 당해 규정을 우선 적용하여야 한다.

2-2. 태양광 시스템의 시공기준

2-2-1. 태양전지판 및 기타

1) 모듈

신재생에너지 센터에서 인증한 태양전지모듈을 사용하여야 한다. 단, 건물일체형 태양광시스템의 경우 인증모델과 유사한 형태(태양전지의 종류와 크기가 동일한 형태)의 모듈을 사용할 수 있으며, 이 경우 용량이 다른 모듈에 대해 신재생에너지 설비 인증에 관한 규정상의 발전성능시험 결과가 포함된 시험성적서를 제출하여야 한다. 기타 인증대상설비가 아닌 경우에는 제37조의 분야별위원회의 심의를 거쳐 신재생에너지센터소장이 인정하는 경우 사용할 수 있다.

2) 설치용량

설치용량은 사업계획서 상에 제시된 설계용량 이상이어야 하며, 사업계획서 상에 제시된 모듈 설계용량의 103 %를 초과하지 말아야 한다.

설계용량을 변경할 경우 3,000kW 이하는 시·도지사, 3,000kW 초과 시는 지식경제부 장관에게 공사계획신고변경에 대한 허가를 얻어야 한다. 단, 일반주택 계통연계형의 경우는 상계거래가 가능한 범위 내의 용량으로서 주택용 태양광 발전 설치용량기준에 따라 설치해야 한다.

3) 방위각

그림자의 영향을 받지 않는 곳에 정남향 설치를 원칙으로 하되, 건축물의 디자인 등에 부합되도록 현장여건에 따라 설치할 수 있다.

4) 경사각

현장여건에 따라 조정하여 설치할 수 있다.

5) 높이

강우 시 모듈 표면으로 흙탕물이 튀는 것을 방지하기 위해 지면으로부터 0.6m 이상의 높이에 설치한다.

6) 음영

주변에 일사량을 저해하는 장해물이 없어야 하며 모듈 전면의 음영이 최소화되어야 한다.

7) 일사시간

가) 장애물로 인한 음영에도 불구하고 일사시간은 1일 5시간(춘분(3~5월)·추분(9~11월)기준) 이상이어야 한다. 단, 전기줄, 피뢰침, 안테나 등 경미한 음영은 장애물로 보지 아니한다.

나) 태양광모듈 설치열이 2열 이상일 경우 앞열은 뒷열에 음영이 지지 않도록 설치하여야 한다.

다) 태양광 시스템의 발전량 분석(시공기준은 아님)

태양광 발전시스템의 발전량을 때에 따라 설계과정에서 분석해야 할 경우가 종종 있다. 이때 발전량의 계산은 하루 일조 시간을 지역에 따라 3~4 시간으로 설정하여 간단하게 계산하는 방법과 앞에서 언급 되었던 Solar Pro 등과 같은 시뮬레이션 프로그램을 이용하여 계산하는 방법이 있다. 시뮬레이션을 이용할 경우 지역의 일사량이나 여러가지 다양한 변수에 따라 일별, 월별, 년간 발전량이나 I-V 곡선 등의 다양한 성능의 분석이 가능하다.

2-2-2. 지지대 및 부속자재

1) 설치상태

바람, 적설하중 및 구조하중에 견딜 수 있도록 설치하여야 한다. 건축물의 방수등에 문제가 없도록 설치하여야 하며 볼트조립은 헐거움이 없이 단단히 조립하여야 한다. 단, 모듈 지지대의 고정 볼트에는 스프링 워셔로 체결한다.

2) 지지대, 연결부, 기초(용접부위 포함)

태양전지판 지지대 제작시 형강류 및 기초지지대에 포함된 철판부위는 용융아연도금처리 또는 동등이상의 녹방지 처리를 하여야 하며, 절단가공 및 용접부위는 방식처리를 하여야 한다.

3) 체결용 볼트, 너트, 와셔(볼트캡 포함)

용융아연도금처리 또는 동등이상의 녹방지 처리를 하여야 하며 기초 콘크리트 앵커 볼트부분은 볼트캡을 착용하여야 하며, 체결부위는 볼트규격에 맞는 너트 및 스프링 와셔를 삽입, 체결하여야 한다.

2-2-3. 전기배선 및 접속함

1) 연결전선

태양전지에서 옥내에 이르는 배선에 쓰이는 전선은 모듈전용선 또는 TFR-CV 선을 사용하여야 하며, 전선이 지면을 통과하는 경우에는 피복에 손상이 발생되지 않게 별도의 조치를 취해야 한다.

2) 커넥터(접속 배선함)

가) 태양전지판의 프레임을 부착할 경우에는 흔들림이 없도록 고정되어야 한다.

나) 태양전지판 결선 시에 접속 배선함 구멍에 맞추어 압착단자를 사용하여 견고하게 전선을 연결해야 하며, 접속 배선함 연결부위는 일체형 전용 커넥터를 사용한다.

3) 태양전지판 배선

태양전지판 배선은 바람에 흔들림이 없도록 케이블 타이(Cable Tie) 등으로 단단히 고정하여야 하며 태양전지판의 출력배선은 군별·극성별로 확인할 수 있도록 표시하여야 한다.

4) 태양전지판 직, 병렬상태

태양전지 각 직렬군은 동일한 단락전류를 가진 모듈로 구성하여야 하며 1대의 인버터에 연결된 태양전지 직렬군이 2병렬 이상일 경우에는 각 직렬군의 출력전압이 동일하게 형성되도록 배열하여야 한다.

5) 역전류방지다이오드

가) 1대의 인버터에 연결된 태양전지 직렬군이 2병렬 이상일 경우에는 각 직렬군에 역전류방지다이오드를 별도의 접속함에 설치하여야 하며, 접속함은 발생하는 열을 외부에 방출할 수 있도록 환기구 및 방열판 등을 갖추어야 한다.

나) 용량은 모듈단락전류의 2배 이상이어야 하며 현장에서 확인할 수 있도록 표시하여야 한다.

6) 접속반

접속반의 각 회로에서 휴즈가 단락되어 전류차가 발생할 경우 LED조명등 표시 등의 경보 장치를 설치하여야 한다. 단, 그린홈 100만호 보급사업의 태양광 주택의 경우, 외부에서 확인 가능한 조명등 또는 경보장치를 설치하여야 하며, 실내에서 확인 가능한 경우에는 예외로 한다.

7) 접지공사

전기설비기술기준에 따라 접지공사를 하여야 하며, 낙뢰의 우려가 있는 건축물 또는 높이 20미터 이상의 건축물에는 건축물의 설비기준 등에 관한 규칙 제20조(피뢰설비)에 적합하게 피뢰설비를 설치하여야 한다.

8) 전압강하

태양전지판에서 인버터입력단간 및 인버터출력단과 계통연계점간의 전압강하는 각 3%를 초과하여서는 아니된다. 단, 전선길이가 60m를 초과할 경우에는 아래표에 따라 시공할 수 있다. 전압강하 계산서(또는 측정치)를 설치확인 신청시에 제출하여야 한다.

전선길이	전압강하
120m 이하	5%
200m 이하	6%
200m 초과	7%

9) 전기공사

전기사업법에 의한 사용전 점검 또는 사용전 검사에 하자가 없도록 시설을 준공하여야 한다.

2-2-4. 인버터

1) 제품

센터에서 인증한 인증제품을 설치하여야 하며, 해당용량이 없어 인증을 받지 않은 제품을 설치할 경우에는 신·재생에너지 설비 인증에 관한 규정 상의 효율시험 및 보호기능시험이 포함된 시험성적서를 제출하여야 한다. 기타 인증대상설비가 아닌 경우에는 제39조의 분야별위원회의 심의를 거쳐 신재생에너지센터장이 인정하는 경우 사용할 수 있다.

2) 설치상태

옥내·옥외용을 구분하여 설치하여야한다. 단, 옥내용을 옥외에 설치하는 경우는 5kW이상 용량일 경우에만 가능하며 이 경우 빗물 침투를 방지할 수 있도록 옥내에 준하는 수준으로 외함 등을 설치하여야 한다.

3) 설치용량

인버터의 설치용량은 설계용량 이상이어야 하고, 인버터에 연결된 모듈의 설치용량은 인버터의 설치용량 105%이내이어야 한다. 단, 각 직렬군의 태양전지 개방전압은 인버터 입력전압 범위 안에 있어야 한다.

4) 표시사항

입력단(모듈출력) 전압, 전류, 전력과 출력단(인버터출력)의 전압, 전류, 전력, 역율, 주파수, 누적발전량, 최대출력량(peak)이 표시되어야 한다.

2-2-5. 기 타

1) 명판

가) 모든 기기는 용량, 제작자 및 그 외 기기별로 나타내어야할 사항이 명시된 명판을 부착하여야 한다.

나) 신·재생에너지 설비 명판 설치기준의 명판을 제작하여 인버터 전면에 부착하여야 한다.

다) 명판 도안 및 표시사항

아래 명판 도안과 같은 형태로 작성하며 태양광설비의 경우 설치용량(모듈용량 및 대수), 인버터 용량 및 대수를 표시한다.

설비명	용량, 대수 및 사양 등
태양광	설치용량(모듈용량 및 대수), 인버터 용량 및 대수

설비명		
용 량	"아래의 원별 표시사항 기재"	
관리번호		
준공년월		
하자보증기간	년 월 일 ~ 년 월 일(년)	
A/S 연락처	통합신고센터	1544-0940
		http://ascenter.energy.or.kr/
	설치전문기업	시공기업명
		전화번호
		HomePage 주소

※ 본 설비는 지경부고시 제0000 - 0호에 의거하여 설치된 설비로 용도전환, 양도 및 폐기 등의 사유가 발생할 경우에는 센터로 연락하여 주시기 바랍니다.

\- 신·재생에너지 시공·A/S 전문기업 -

산업통상자원부 | 에너지관리공단 신·재생에너지센터

○규격 : 가로 10cm × 세로 12cm

○재질 : 바닥판아크릴 (투명아크릴 합체)

○색상 : 하얀 바탕에 도안 양식 적용

○부착방법 : 설비의 설치를 완료한 후에 지정된 장소에 전문기업이 자체 제작하여 부착

2) 가동상태

인버터, 전력량계, 모니터링 설비가 정상작동을 하여야 한다.

3) 모니터링 설비

『모니터링시스템 설치기준』에 적합하게 설치하여야 한다.

4) 운전교육

전문기업은 설비 소유주에게 소비자 주의사항 및 운전매뉴얼을 제공하여야 하며 운전교육을 실시하여야 한다.

5) 건물일체형 태양광시스템(BIPV : Building Integrated PV)

기존 건축 부자재의 역할 및 기능을 태양광 모듈이 대체할 수 있는 시스템을 말하며 창호, 스팬드럴, 커튼월, 이중파사드, 차양시설, 아트리움, 슁글, 지붕재, 캐노피, 단열시스템을 범위로 한다.

6) BIPV 열손실 방지대책

신청자(소유주, 발주처 등을 포함) 및 설계자는 BIPV가 적용되는 건축물 부위의 열손실 방지 대책을 설계 시 반영하여야 하고, 신청자시공자 및 감리원은 반영된 사항을 확인하여야 한다.

7) 대체 확인

역전류 방지 다이오드 용량, 모듈 사양 또는 지지대(재료, 연결부, 기초 등)에 대한 표시 및 부착 상태 등 육안으로 확인이 어려운 경우에는 관련 규격서 또는 검수 자료 등으로 확인할 수 있다.

2.2.6 구성기기의 설치의 운전모드

도서 등의 독립형 태양광 발전시스템은 운전모드로 24시간 상용으로 운전 되도록 설계, 제작해야 한다. 다음의 4가지 상태에서의 운전이 가능하도록 설치되어야 한다.

1) 운전모드 1 : 태양전지에서 발전된 전력을 전력조절기와 인버터를 통해 마을에 송전하고 잉여 전력은 축전지에 충전하여 야간 또는 부조 시에 사용하는 방식이다

2) 운전모드 2 : 태양전지에서 발전이 불가능 하거나, 전력조절기 고장 시 등에 보조 발전기를 기동시켜 충전기와 인버터를 통해 마을에 송전하고 잉여 전력은 축전지에 충전하여 축전지 충전이 완료되면 보조발전기를 정지하고 축전지로 마을에 송전하는 방식이다.

3) 운전모드 3 : 태양전지에서 발전이 불가능 하거나, 전력조절기 고장 시 등에 보조 발전기를 기동시켜 축전지를 충전하면서 동시에 인버터를 통하지 않고 마을에 직접 송전하는 방식이다.

4) 운전모드 4 : 인버터 고장 시나 축전지 비축 전력을 사용 할 수 없는 경우 보조 발전기로 직접 마을에 송전하는 방식이다.

구성기기는 위의 4가지 운전모드로 운전이 가능하게 하기 위하여 우천이나 시스템의 보수 및 수리 등에 의해 발전시스템이 긴 기간 운행 되지 않을 경우를 위한 보조 발전기와 DC를 AC로 변환시켜 주는 인버터, 태양전지 어레이로부터 각 공급 Channel 및 DC Bus Bar을 통해 공급 받은 DC 전력을 조절 하여 축전지를 안정하

게 충전하며 인버터에 전원을 공급하기 위한 전력조절을 하는 전력조절장치, 2대의 인버터로부터 전원을 공급받아 수동 및 자동으로 인버터를 선택하여 운전할 수 있고 부하측으로부터 유입되는 돌입전류를 제한하는 기능을 구비한 동기절체반, 태양광 발전이 되지 않는 부조시 등 축전지가 방전 상태일때 보조 발전기를 구동시켜 축전지를 정전류로 충전시키는 축전지 충전장치와 축전지 등으로 구성 된다.

[그림] 구성기기 설치

2.3 모니터링 설비

지식 경제부고시 제53조 3항에 의거 의무적으로 설치해야하는 모니터링설비는 다음의 사항에 따라 설치하고 데이터를 센터의 중앙서버로 전송해야 한다.

2.3.1 접속방법 및 설비요건

모니터링설비는 위의 그림 3가지 방법 중에서 선택·설치하여 중앙서버에 데이터를 전송해야 하며, 소유주(기관)의 요청에 따라 별도로 구성하는 로컬 모니터링은 중앙서버로의 전송에 방해가 되지 않는 한도 내에서 임의로 구성할 수 있다.

1) 모니터링시스템 접속방법 및 구성

모니터링시스템은 아래의 표와 같은 방법으로 구성하며 그 구성 개념은 아래와 같다.

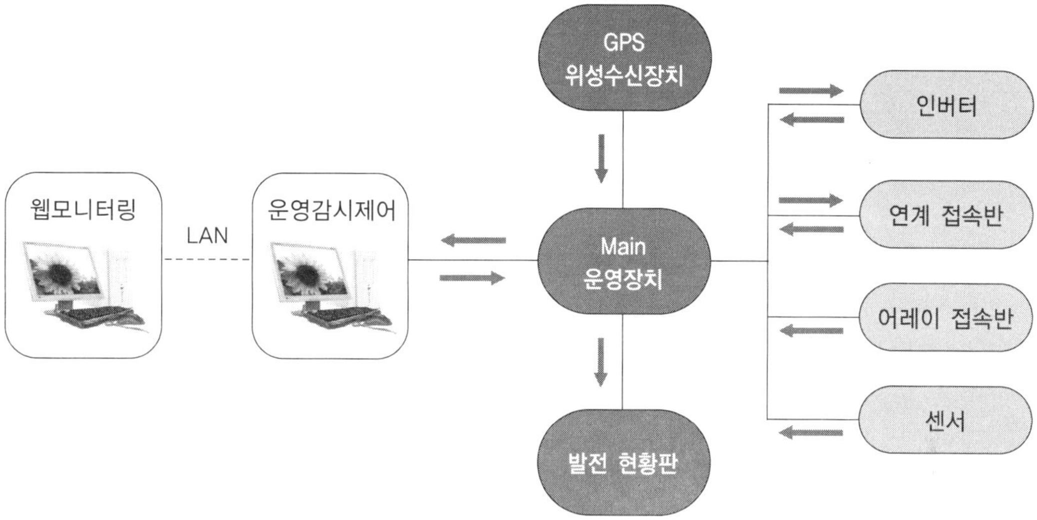

[그림] 모니터링 시스템 구성도

[모니터링시스템 접속방법 및 구성]

접속방법	접속설비 및 구성	비 고
계측설비 (전송기능 내장)	계측설비 → 중앙서버	• 부속서에 명시된 기능 및 요구 사항을 만족 • 중앙서버로 전송할 수 있는 별도 통신포트를 사전에 확보
로컬서버 (PC 포함)	로컬서버 → 중앙서버	• 태양광주택10만호보급사업 및 발전차액(전력거래소)만 접속 허용
외장형 전송설비	계측설비 → 전송설비 → 중앙서버	• 부속서에 명시된 기능 및 요구 사항을 만족 • 중앙서버로 전송할 수 있는 별도 통신포트 사전에 확보 • 전송설비와 호환성을 갖는 계측 설비 선정

[표] 계측설비별 요구사항

계측설비	요구사항	확인방법
인버터	CT 정확도 3% 이내	• 관련 내용이 명시된 설비 스펙 제시 • 인증 인버터는 면제
온도센서	정확도 ±0.1℃(−20~80℃) 이내	• 관련 내용이 명시된 설비 스펙 제시
전력량계	정확도 1% 이내	• 관련 내용이 명시된 설비 스펙 제시

2) 측정위치 및 전송항목

[표]의 요건을 만족하여 측정된 에너지 생산량 및 생산시간은 익일 예정된 시간에 중앙서버로 전송해야 한다.

[표] 측정위치 및 전송항목

구분	전송 항목	전송데이터	측정위치 및 항목
태양광	일일발전량(kWh)	24개(시간당)	- 인버터 출력
	생산시간(분)	1개(1일)	

3) 데이터 송수신 연결상태 확인

계측설비(전송장치 내장) 또는 전송설비에 노트북(or 프린터)을 연결하여 [표]의 사항을 점검한 결과를 센터의 설치확인 담당자에게 송부하면 모니터링설비 설치확인은 완료된다.

[표] 연결상태 확인내용

구 분	확인 내용
통신 ID	• 통신 ID는 센터 담당자가 전송설비 제조사별로 할당 • 설치확인 신청서에 입력한 ID와 전송설비 ID의 동일 여부 확인
데이터 송수신	• [표 Ⅲ-3]에서 명시한 데이터를 중앙서버에 송신했다가 다시 받아 원본과 동일함을 확인 • 미리 설정한 시간에 데이터를 전송하는지 여부를 확인

제 2 절 시 운전

1. 육안점검

태양전지 모듈 표면 유리의 흠집·파손·표면 오염이나 프레임의 변형 등을 체크하고, 쇠망치나 전동 공구 등에 의해 접속 케이블에 상처가 나지 않았는지를 점검합니다. 이어서 접속상자 나 파워 컨디셔너 등 각종 기기의 외부상자의 파손·변형이나 설치 상황을 체크합니다. 특히 주의해야 할 점은 지붕의 손상 상황(기와나 슬레이트 지붕의 균열, 방수를 위한 코킹의 변형 등)을 확인해서 누수의 발생을 방지해야 합니다.

2. 측정시험

태양전지 어레이의 접지저항이 100Ω 이하(D접지의 경우)인 것을 확인하는 것부터 시작해서, 절연 저항은 태양전지 – 접지간 0.2MΩ 이상, 접속상자 출력 단자 – 접지간이 1MΩ 이상, 파워 컨디셔너 입력단자 – 접지간이 1MΩ 이상인 것을 확인해야 합니다. 또한 접속상자의 개방전압이 규정 이상일 것, 각 회로의 극성이 바르게 되어 있을 것, 파워 컨디셔너의 수전 전압이 규정 이내일 것 등도 확인하지 않으면 안됩니다.

3. 계통연계 관련

당연한 얘기지만 운전·정지가 정상적으로 작동할 것, 보호계전기의 설치가 전력회사에 신청한 대로일 것, 정전시에는 바로 파워 컨디셔너가 정지할 것 등의 체크가 필요합니다. 또한 파워 컨디셔너 운전 중에 이상음, 이상진동, 이상한 냄새가 없는지, 표시기의 표시는 정상인지, 정전시의 자립운전용 콘센트에서 100V가 출력되고 있는지 등도 점검할 필요가 있습니다.

4. 인도 서류

시공업자는 고객에게 준공 검사성적서(시공업자가 행한 육안검사, 측정시험, 계통연계 관련 등을 체크한 결과가 적혀 있는 서류)를 건넵니다. 태양광 발전 시스템 메이커로부터는 태양전지 모듈의 제조번호와 출력 특성의 측정 데이터, 기기의 취급설명서와 보증서 등이 있습니다. 준공 검사성적서와 태양전지 모듈 출력 특성 데이터는 공적 기관에서 보조를 받을 때 제출을 요구하는 경우가 있습니다(공적 기관에 따라 다릅니다).

5. 태양광 발전 설비 운영상태 등

가. 인버터 자기진단 기능

태양광 인버터의 기능 및 상태를 스스로 점검하여 현재의 동작 상황 과 이상이 발생할 경우에 에러 내용을 기록하고, 적절한 동작을 실행 하여 최적의 상태를 유지한다.

– 인버터 시스템 태의 50여 가지 정보를 항상 순시적으로 점검하여 동작의 이상

유무 판별 및 상황 대처를 하여 항상 정상 운전상태를 유지한다.

- 인버터 시스템 초기 기동시부터 발생한 모든 운전사항과 이상발생 내용을 발생 일시와 함께 기억하여 사고 분석이 용이하다.

나. 태양광발전설비 운영방법

태양광 발전설비의 운영은 시설용량 및 발전량, 모듈, 인버터 및 접속 함 및 구조물 및 전선 등으로 구분할 수 있다.

설치된 태양광발전설비의 용량은 부하의 용도 및 부하의 적정사용량 을 합산하여 월평균 사용량에 따라 결정된다.

태양광발전설비의 발전량은 봄, 가을에 많으며, 여름, 겨울에는 기후여 건에 따라 현저하게 감소한다.

다. 태양광 발전설비의 청소 등

태양광발전설비의 발전량을 초과하는 전기 사용은 과도한 전기 요금을 감하게 된다.

모듈표면은 특수 처리된 강화 유리로 되어 있어, 강한 충격이 있을시 파손될 수 있다.

모듈표면에 그늘이 지거나, 나뭇잎 등이 떨어져 있는 경우 전체적인 발전효율 저하 요인으로 작용하며, 황사나 먼지, 공해물질은 발전량감소의 주요 요인으로 작용한다.

고압분사기를 이용하여 정기적으로 물을 뿌려 주거나, 부드러운 천으로 이물질을 제거해 주면 발전효율을 높일 수 있다. 이때 모듈표면에 흠이 생기지 않도록 주의해야 한다.

모듈 표면 온도가 높을수록 발전효율이 저하됨으로 태양열에 의하여 모듈 온도 상승 시에 정기적으로 물을 뿌려 온도를 조절해 주시면 발전 효율을 높일 수 있다.

풍압이나 진동으로 인하여 모듈과 형강의 체결 부위가 느슨해지는 경우가 있으므로 정기적으로 점검해야 한다.

태양광발전설비의 고장 요인은 대부분 인버터에서 발생하니 정기적으로 정상 가동 여부를 확인해야 한다.

접속함에는 역저지다이오드, 차단기, 단다재 등이 내장되어 있으니 누수나 습기 침투 여부를 정기적으로 점검이 필요하다.

구조물이나 구조물 접합 자재는 아연용융도금이 되어 있어 녹이 슬지 않으나, 장기간 노출될 경우 녹이 스는 경우도 있다.

부분적인 녹슴 현상이 일어날 경우 페인트, 은분, 스프레이 등으로 도포 처리를 해

주시면 장기간 안전하게 사용하실 수 있다.

전선 피복부나 전선 연결부에 문제가 없는지 정기적으로 점검하고, 문제가 발생한 경우 반드시 보수해야 한다.

【태양광발전설비가 작동하지 않는 경우】

① 접속함 내부 차단기 off

② 인버터 off 후 점검

③ 점검후 ②, ① 순서로 on

6. 사후관리 요령

1) 모듈 표면에 황사 및 이물질이 많이 쌓이면 발전 효율을 저하시키는 요인이 될 수 있다. 헝겊이나 물을 이용하여 모듈 표면을 닦아주면 보다 좋은 효율을 얻을 수 있다. 표면세척시 주의사항은 수세미나 철부러시를 이용하여 모듈표면 청소를 하면 작은 흠이 발생하여 발전효율이 저하되므로 부드러운 스펀지를 이용하여 세척하여야만 한다.
2) 정기적으로 인버터나 계량기를 통해 시스템의 작동여부 확인이 필요하다.
3) 태풍이나 폭우등 설치된 모듈에 영향을 줄 수 있는 상황 발생 전, 후 모듈의 간격 상태를 점검이 필요하다.
4) 겨울철 눈으로 인한 음영발생시 모듈에 과도한 힘을 작용하여 제거하지 하면. 모듈 표면의 긁힘 현상으로 효율저하를 가져올 수 있다.

7. 장애 및 고장 확인법

1) 날씨가 좋은 날 계량기의 역회전이 없을 경우(단, 전기사용량이 많은 가정은 안될 수 있다)
2) 날씨가 좋은 날 인버터의 LCD가 작동 안 될 경우
3) 추가 전력 사용이 없는데도 전기요금이 평상시와 다르게 부과되었을 경우

8. 설치확인 추가사항

1) 모듈의 프레임과 지지대 사이에는 열팽창에 의한 수축팽창의 간격을 고려하여 약간의 간격을 두고 설치해야 한다. 또한 그 사이를 밀봉하지 말아야한다.

전지판 뒤쪽의 공기 순환을 방해하고, 이슬 맺힘을 가져 올 수 있다

2) 전지판이 최적의 발전을 할 수 있도록 남향을 유지하고 경사각을 고려해야 한다. 또 한 낮 시간이 가장 짧은 날 기준으로 오전 9 시에서 오후 3시까지 부분적인 그림자가 지지 않도록 모듈의 방향을 선택해야 한다.

3) 전지판의 지지대는 눈 또는 바람에 견딜 수 있어야 하고, 쉽게 부식되지 않아야 한다.

4) 배선 일반

(1) 43W 이상의 모듈에는 바이패스(bypass) 다이오드가 내장되어 있는데 축전지에 극성을 확인한 후 배선해야한다. 그리고 다이오드의 용량은 정격전류의 약 3배 이상되는 제품을 적용한다.

(2) 태양전지판의 최대 허용전압/전류는 Voc(개방전압)/Isc(단락전류) 이므로 이를 고려한 빛에 강한 케이블과 압착단자를 사용하여야 한다.

(3) 모듈을 직렬로 연결하여 사용할 때 동일한 모델을 사용하여야 한다.

(4) 전지판의 전압상승 및 전류상승을 위해 올바른 결선 하여 사용한다.

제 3 절 재 료

1. 태양광 발전장치

1) 구조는 공사시방서를 준하되 다음 사항을 고려한다.

(1) 태양광 발전장치는 고도처리장 2차 침전지 상부에 설치한 태양전지에 의해 발전하고, 부하에 전력을 공급하는 장치로 하며, 태양전지 어레이, 파워컨디셔너, 계통연계 보호장치, 접속함 등의 전부 또는 일부에 의해 구성되는 것으로 한다.

(2) 태양광발전장치는 계통연계형으로 한다.

(3) 계통연계형에 있어서는 최대전력 추종제어기능을 보유하는 것으로 한다.

(4) 공칭출력은 표준태양전지 어레이 출력으로 한다.

(5) 각종 조건은 KS C 8536의 규격에 적합하여야 한다.

2) 태양전지 모듈 및 어레이

(1) 태양전지 모듈은 신에너지및재생에너지개발 · 이용 · 보급촉진법 제 13조에 따라

신 · 재생에너지설비의 보급촉진을 위하여 일정기준 이상의 신 · 재생에너지설비에 대하여 인증하 받은 제품으로 하며, 태양 그림자에 의한 효율의 저하를 보상하는 기능을 가진 것으로 하고, 다음에 의한 것 외에 KS C 8531의 규격에 적합하여야 한다.

① 결정계 실리콘 태양전지 셀에 의해 구성되는 것으로 한다.

② 성능은 다음을 말하며 이외 사항은 공사시방서에 의한다.

가. 변환효율

나. 최대출력 : 일사강도 $1kW/m^2$ 25℃ AM 1.5의 출력을 표시한다.

다. 절연저항 : 100MΩ 이상

라. 내 전 압 : DC 2E + 1,000V (E는 최대 시스템전압)

마. 내 풍 속 : 30m/초(서울지방)이상, 순간풍속 50m/초 이상

바. 사용조건 : 온도 −20~40℃

(2) 태양전지 어레이는 태양전지 모듈을 직렬 또는 병렬로 조합하고, 출력을 얻을 수 있도록 조합시킨 것으로 한다.

3) 접속함

(1) 직류입력회로 모두 역류방지 다이오드를 설치한다.

(2) 유도뢰 보호기를 설치한다.

4) 파워컨디셔너(인버터)

(1) 파워컨디셔너는 태양전지에 의해 발전된 직류전력을 교류전력에 교환하고, 부하로 급전하는 기능을 보유하는 것으로 필터, 인버터 등의 요소에 의해 구성된 것으로 한다.

(2) 태양전지출력의 감시 등에 의해 전자동운전 가능한 것으로 한다.

(3) 성능은 다음을 고려하고, 이외 사항은 공사시방서에 의한다.

① 직류입력(운전전압범위)

② 교류출력전압(3상)

③ 접속방식 : 3상 4선식

④ 전압정도(자립운전시) : ±10% 이내

⑤ 주파수정도(자립운전시) : ±0.1Hz이내(계통운전보호 기능 일체형은 ±1Hz 이내)

⑥ 출력전압왜형률(자립운전시) : 종합 5%(단, 선형정격부하접속시) 이하

⑦ 과부하내량 : 110% 이상

⑧ 출력전류 왜형률(연계운전시) : 종합 5%(정격출력시)이하, 각차 3%(정격출력시) 이하

⑨ 정격역률(연계운전시) : 0.95 이상

⑩ 출력전압 불평형률(자립운전시) : 10%(평형부하시) 이하

(4) 종합효율 : 90% 이상

5) 계통연계제어반

계통연계제어반은 태양광발전장치의 고장 또는 전력계통사고시에 사고의 제거, 사고범위의 국한화 등을 행하기 위한 계통연계보호기능을 보유하는 것으로 한다.

6) 상태고장표시 항목

(1) 상태표시항목은 다음에 의하며, 이외는 제조자의 표준으로 한다.
또한, 제어용 스위치의 절체에 따른 지시계기를 병용하는 것으로 해도 된다.

① 태양전지 출력전압 (V)

② 태양전지 출력전류 (A)

③ 인버터 출력전압 (V)

④ 인버터 출력전류 (A)

⑤ 인버터 출력전력 (kW)

⑥ 인버터 출력전력량 (kWh)

⑦ 태양전지 어레이별 출력전압 (V)

⑧ 태양전지 어레비별 출력전류 (A)

(2) 고장표시항목은 다음의 경계표시를 개별 또는 일괄해서 행하며 이외는 제조자의 표준으로 한다.

① 배선용 차단기 트립

② 연계보호장치동작

③ 인버터 고장

④ 인버터내 보호장치동작

7) 예비품

예비품 부속품, 공구 등은 제조자의 표준품 일식으로 한다. 또한, 퓨즈류는 설치된 수량의 20%로 하고, 종별마다 1개 이상을 구비한다.

8) 표시

(1) 태양전지 모듈의 표면에 다음 사항을 표시한다.

① 공칭최대출력 및 개방전압

② 공칭단락전류

③ 공칭최대출력 동작전압 및 동작전류

④ 제조자명

⑤ 제조년월 및 제조번호

⑥ 형식, 모듈 질량 등(별도 명판 허용)

(2) 태양전지 어레이 명판은 접속함에 다음 사항을 표시한다.

① 태양전지 어레이의 종류

② 표준태양전지 어레이 출력

③ 표준태양전지 어레이 출력전압

④ 표준태양전지 어레이 개방전압

⑤ 태양전지 모듈의 매수

⑥ 주회로 구성(직병렬수 등을 기입)

⑦ 제조자명 및 하도급자

⑧ 제조년월 및 제조번호

(3) 파워컨디셔너는 본체에 다음 사항을 표시한다.

① 최대허용입력전압

② 정격출력

③ 정격출력전압 및 전류

④ 정격주파수

⑤ 제조자명 및 하도급자

⑥ 제조년월 및 제조번호

2. 현장품질관리

1) 시공입회검사

공정 중 다음 표와 같이 필요한 단계에서는 반드시 시공에 대한 입회검사를 행한다. 시공후에 검사가 불가능하거나 곤란한 공사부분은 감리원의 입회하에 시공한다.

항 목	입회 시기
기초볼트의 위치 및 취부	볼트취부작업과정
시공후 확인이 어려운 부분(작업대 제거후 등)	작업대 제거 전
전선의 부설	부설작업과정
방화구획 관통시 내화처리 및 외벽관통부 방수처리	처 리 과 정
전선과 기기접속	접속 작업 과정
기기류의 설치	설치 작업 과정
종합조정	조정 작업 과정

2) 시공시험

기기의 설치 및 배선 완료 후 다음에 표시하는 사항에 준하여 시험을 행하고, 감리원에게 시험성적서를 제출하여 승인을 받는다. 단, 태양광 발전장치의 시공시험은 3.3.3항에 의한다.

(1) 구조시험

제조자의 규격에 의한 시험방법에 의하여 설계도면에 제시된 구조로 시설 되었는지 확인한다.

(2) 성능시험

다음 표에 의하여 절연저항시험을 실시하되 절연저항시험을 행하기에 부적당한 부분은 제외하고 실시한다. 이 표의 절연저항 값은 1개반에 대한 값으로 한다.

측 정 개 소	절연저항값(MΩ)
특별고압과 대지간	100이상
1차(고압측)과 2차(저압측)간	30이상
1차(고압측)과 대지간	
2차(저압측)과 대지간	5이상
제어회로 일괄과 대지간	

(3) 기능시험

제조자의 규격에 의한 시험방법에 의하여 설계도면에 제시된 구조로 시설 되었는지 감리원의 확인을 득 한다.

3) 태양광 발전장치의 시공시험

기기의 설치 및 배선 완료 후 다음에 표시하는 사항에 준하여 시험을 실시하고, 감리원에게 시험성적서를 제출하여 승인을 받는다.

(1) 구조시험

제조자의 규격에 의한 시험방법에 의하며 설계도면에 제시된 구조로 시설 되었는지 확인한다.

(2) 성능시험은 다음 사항을 고려한다.

① 절연저항

어레이의 전로를 500V 절연저항계로 측정하고, 0.1MΩ 이상일 것(개방전압이 300V 이상은 1,000V의 절연저항계로 0.4MΩ 이상일 것).

② 계전기 특성

계전기의 특성시험에 의한다.

(3) 기능시험

제조자의 규격에 의한 시험방법에 의하며, 설계도면에 제시된 구조로 시설 되었는지 확인한다.

설치확인 현장점검표

1. 태양광설비 현장점검표

가. 설치개요

<table>
<tr><th colspan="2">확인사항</th><th colspan="6">내 용</th></tr>
<tr><td colspan="2">설치형태</td><td colspan="6">□ 연계형 □ 독립형/□ 고정형 □ 추적형</td></tr>
<tr><td colspan="2" rowspan="2">설치경사각 및 방향</td><td>모듈1</td><td colspan="5">경사각 ( )도, 방위각 ( )도 (북0, 동90, 남180, 서270)</td></tr>
<tr><td>모듈2</td><td colspan="5">경사각 ( )도, 방위각 ( )도 (북0, 동90, 남180, 서270)</td></tr>
<tr><td colspan="2">설치위치</td><td colspan="6">□ 옥외 □ 옥상 □ 경사지붕□ 건물일체 □ 기타( )</td></tr>
<tr><td colspan="2">모듈1</td><td>모델명</td><td></td><td>출력(Wp)</td><td></td><td>수량(매)</td><td></td></tr>
<tr><td colspan="2">모듈2</td><td>모델명</td><td></td><td>출력(Wp)</td><td></td><td>수량(매)</td><td></td></tr>
<tr><td colspan="2">인버터1</td><td>모델명</td><td></td><td>정격용량(kW)</td><td></td><td>수량(매)</td><td></td></tr>
<tr><td colspan="2">인버터2</td><td>모델명</td><td></td><td>정격용량(kW)</td><td></td><td>수량(매)</td><td></td></tr>
<tr><td rowspan="2">설치 모듈(1)</td><td>수량</td><td colspan="6">W × 매</td></tr>
<tr><td>직렬수(단)</td><td colspan="2">( )직렬</td><td colspan="2">병렬수(열)</td><td colspan="2">( )병렬</td></tr>
<tr><td rowspan="2">설치 모듈(2)</td><td>수량</td><td colspan="6">W × 매</td></tr>
<tr><td>병렬수(단)</td><td colspan="2">( )직렬</td><td colspan="2">병렬수(열)</td><td colspan="2">( )병렬</td></tr>
<tr><td colspan="2">총 설치용량</td><td>모듈</td><td colspan="2">kW</td><td>인버터</td><td colspan="2">kW</td></tr>
<tr><td colspan="2">계통연계 방식</td><td colspan="3">□ 저압연계</td><td colspan="3">□ 고압연계</td></tr>
</table>

나. 가동상태

종 류	확인사항		내 용
동작상태 확 인	확 인 일 시		20 . . . 시 분 ~ 시 분
	확 인 항 목		온도(℃) 날씨( )
	인버터1		전압AC(V), 전류AC(A), 주파수(Hz), 일사량(W/m²)
	인버터2		전압AC(V), 전류AC(A), 주파수(Hz), 일사량(W/m²)
	인버터 출력	인버터1	kW (시 분)
		인버터2	kW (시 분)
	가동 후 총 누적발전량	인버터1	kWh, 총 가동일 ( )일
		인버터2	kWh, 총 가동일 ( )일

다. 설치 상태

NO	항목		점검위치	점검방법	판정기준	판정
1	태양 전지판	모듈	ㅇ모듈 후면 또는 측면	ㅇ명판의 모델, 용량 확인	ㅇ인증제품 또는 시험성적서 (※BIPV의 경우, 서류로 확인 가능)	□ 적합 □ 부적합
		설치용량	ㅇ모듈 전면	ㅇ모듈매수확인	ㅇ설계용량 이상	□ 적합 □ 부적합
		방위각	ㅇ모듈 전면	ㅇ방위각계를 이용 실측	ㅇ실측한 값을 기재	( )°
		경사각	ㅇ모듈 전면	ㅇ경사각계를 이용 실측	ㅇ실측한 값을 기재	( )°
		음영발생	ㅇ모듈 전면	ㅇ육안 확인	ㅇ음영 발생 여부	□ 적합 □ 부적합
2	지지대 (※BIPV의 경우, 서류확인 가능)	설치상태	ㅇ지지대 후면	ㅇ육안 확인	ㅇ바람, 적설 및 하중에 견고한 구조로 설치 ㅇ고정볼트에 스프링워셔로 체결	□ 적합 □ 부적합
		지지대, 연결부, 기초(용접부위 포함)	ㅇ지지대 후면	ㅇ육안 확인	ㅇ용융아연도금 또는 동등이상 녹방지 처리 ㅇ기초부분의 앵커 볼트, 너트는 볼트캡 착용 ㅇ절단, 용접부위 방식처리	□ 적합 □ 부적합
		체결용 볼트, 너트	ㅇ지지대 후면	ㅇ육안 확인	ㅇ용융아연도금 또는 동등이상 재질 사용 ㅇ제규격의 볼트, 너트, 워셔 삽입	□ 적합 □ 부적합
3	전기 배선	모듈 배선	ㅇ모듈 후면	ㅇ육안 확인	ㅇ바람에 흔들림이 없게 단단히 고정. ㅇ군별, 극성별로 별도 표시	□ 적합 □ 부적합

		태양전지판 직,병렬상태	○모듈 후면	○육안 확인	○인버터에 연결된 각 직렬군의 모듈매수(전압)가 동일하게 배열 ○각 직렬군은 동일 단락전류의 모듈로 구성	□ 적합 □ 부적합
		역전류 방지 다이오드 : 2병렬이상	○접속함 내부	○회선확인	○각 직렬군별 설치 ○접속함에 환기구 및 방열판 설치	□ 적합 □ 부적합
				○용량 확인 (전류(A))	○모듈단락전류의 2배 이상(제품에 용량표시 또는 규격서 제시)	□ 적합 □ 부적합
		접속함	○접속함 내부	○육안 확인	○휴즈단락시 경보장치 설치	□ 적합 □ 부적합
		접지공사	○접지위치 (지지대 등)	○육안 확인	○지중접지에 한함.	□ 적합 □ 부적합
		피뢰설비	○설치위치	○육안 확인	○20m이상 건축물 또는 낙뢰 우려가 있는 건축물	□ 적합 □ 부적합
4	인버터	사양	○인버터 전면 또는 측면	○명판의 모델, 정격용량,	○인증제품(없을 경우 시험성적서와 일치)	□ 적합 □ 부적합
					○정격용량은 설계치 이상	□ 적합 □ 부적합
		설치상태	○설치장소	○옥내·옥외용 확인	○옥내용을 옥외에 설치 시 옥내에 준하는 수준(외함 등)으로 설치	□ 적합 □ 부적합
		인버터 입력전압	○인버터(인증서) 및 모듈(후면명판)	○인버터 입력전압 범위및 모듈 출력전압 확인	○모듈 개방전압(후면명판)은 인버터 입력전압(인증서)의 범위 이내	□ 적합 □ 부적합
		표시사항	○인버터 표시창	○육안 확인	○모듈 및 인버터의 출력 전압, 전류, 전력, 역율, Peak, 누적 발전량	□ 적합 □ 부적합
5	통합 명판	표시항목	○인버터 전면에 부착	○육안 확인 (설치완료후)	○설비명, 용량(모듈, 인버터 용량, 설치대수), 관리번호, 준공년월, A/S 연락처 기재	□ 적합 □ 부적합
6	모니터링 대상설비 (50kW 이상)	정상작동	○인버터	○육안확인	○일일발전량, 생산시간	□ 적합 □ 부적합
7	가동 상태	정상조건 시에	○인버터, 전력량계 등	○육안 확인	○정상작동	□ 적합 □ 부적합
8	운전 교육	운전매뉴얼	○점검현장	○신청자와의 면담	○소비자 주의사항 및 운전매뉴얼 제공, 교육 실시여부	□ 적합 □ 부적합

2. 태양열설비 현장점검표

가. 설치개요

<table>
<tr><th colspan="2">확 인 사 항</th><th colspan="6">내 용</th></tr>
<tr><td colspan="2">설 치 형 태</td><td colspan="6">□ 고정식 □ 추적식 □ 축열조 분리형 □ 축열조 일체형</td></tr>
<tr><td colspan="2">설치 경사각 및 방향</td><td colspan="6">경사각 ( )도, 방위각 ( )도 (북0, 동90, 남180, 서270)</td></tr>
<tr><td colspan="2">설 치 위 치</td><td colspan="6">□옥외 □옥상 □경사지붕 □건물일체형 □기타( )</td></tr>
<tr><td colspan="2">집열기1</td><td>모델명</td><td></td><td>열매체종류</td><td></td><td>수량(매)</td><td></td></tr>
<tr><td colspan="2">집열기2</td><td>모델명</td><td></td><td>열매체종류</td><td></td><td>수량(매)</td><td></td></tr>
<tr><td colspan="2">축열탱크1</td><td>재질</td><td colspan="2"></td><td>용량(톤)</td><td colspan="2"></td></tr>
<tr><td colspan="2">축열탱크2</td><td>재질</td><td colspan="2"></td><td>용량(톤)</td><td colspan="2"></td></tr>
<tr><td colspan="2">설치용량</td><td colspan="6">□ m² × 매
□ 총집열면적 : m²</td></tr>
<tr><td rowspan="4">집
열
판</td><td>수량</td><td colspan="6">총 매</td></tr>
<tr><td>배열 방법(1)</td><td colspan="6">열( ) 단( )</td></tr>
<tr><td>배열 방법(2)</td><td colspan="6">열(-) 단(-)</td></tr>
<tr><td>파손 및 결로 여부</td><td colspan="6">□ 적합 □ 부적합</td></tr>
</table>

나. 가동상태

<table>
<tr><th>종 류</th><th>확 인 사 항</th><th>내 용</th></tr>
<tr><td rowspan="4">동작상태 확 인</td><td>확 인 일 시</td><td>20 . . . 시 분 ~ 시 분</td></tr>
<tr><td>확 인 항 목</td><td>□집열기온도(상단) (℃) □축열조온도(하단) (℃)</td></tr>
<tr><td>펌프의 작동</td><td>□정상 □비정상</td></tr>
<tr><td>유량계 작동</td><td>□정상(m³) □비정상</td></tr>
</table>

다. 설치상태

<table>
<tr><th>NO</th><th colspan="2">항목</th><th>점검위치</th><th>점검방법</th><th>판정기준</th><th>판정</th></tr>
<tr><td rowspan="3">1</td><td rowspan="3">집열기</td><td>사양</td><td>○집열판 측면 또는 후면</td><td>○명판 모델, 규격, 형식 확인</td><td>○인증제품</td><td>□ 적합
□ 부적합</td></tr>
<tr><td>집열면적</td><td>○집열판 전면</td><td>○설치매수 확인</td><td>○설계집열면적 이상</td><td>□ 적합
□ 부적합</td></tr>
<tr><td>내부상태</td><td>○집열판 전면</td><td>○육안 확인</td><td>○습기 및 결로현상, Outgassing(집열기 내부 스모그 현상)이 없어야 함.</td><td>□ 적합
□ 부적합</td></tr>
</table>

		배열	ㅇ집열판 전면	ㅇ1열 매수 확인	ㅇ1열은 8장 이내(히트파이프식 제외) ㅇ각 집열기군의 통과유량이 같도록 배열	□ 적합 □ 부적합
		열매체	ㅇ열매체탱크, 배관	ㅇ육안확인	ㅇ집열회로측에 열매체 사용	□ 적합 □ 부적합
		방위각	ㅇ집열판 전면	ㅇ방위각계로 실측	ㅇ정남±45° 기준으로 하되 현장여건에 따라 설치	(　)°
		경사각	ㅇ집열판 전면	ㅇ경사각계로 실측	ㅇ실측한 값을 기재	(　)°
		음영발생	ㅇ집열판 전면	ㅇ육안 확인	ㅇ음영 발생 여부	□ 적합 □ 부적합
		연결배관	ㅇ집열판 하단 (집열기 2매 이상일 경우)	ㅇ육안 확인 (유량균일 분배)	ㅇ역회수 방식 배관 설치 (Reverse-Return) ㅇAir Vent 설치(개방형 예외)	□ 적합 □ 부적합
			ㅇ배관연결	ㅇ육안 확인	ㅇ집열기-축열조-보조열원 간 최단거리로 설치	□ 적합 □ 부적합
		안전밸브	ㅇ집열기 상부	ㅇ육안 확인	ㅇ최고사용압력이하 작동 안전밸브 설치(개방형 제외) ㅇ산업안전관리공단 검사필 한것	□ 적합 □ 부적합
		누설상태	ㅇ배관연결	ㅇ육안 확인	ㅇ누설 유무	□ 적합 □ 부적합
2	지지대	설치상태	ㅇ지지대 후면	ㅇ육안 확인	ㅇ바람, 적설 및 하중에 견고한 구조로 설치	□ 적합 □ 부적합
		지지대, 연결부, 기초	ㅇ지지대 후면	ㅇ육안 확인	ㅇ용융아연도금 처리 또는 동등 이상의 녹방지 처리 ㅇ기초부분의 앵커 볼트, 너트 ㅇ부식·풍우·풀림방지 볼트캡 착용 ㅇ절단, 용접부위 방식처리	□ 적합 □ 부적합
		체결용 볼트, 너트	ㅇ지지대 후면	ㅇ육안 확인	ㅇ용융아연도금 또는 동등이상의 재질사용 ㅇ제규격의 체결용 볼트, 너트, 워셔 사용 또는 클램프	□ 적합 □ 부적합
		접지공사	ㅇ접지위치 (지지대 등)	ㅇ육안 확인	ㅇ접지공사에 한함	□ 적합 □ 부적합
		피뢰설비	건물최상단	ㅇ육안 확인	ㅇ20m이상 또는 낙뢰우려가 있는 건축물	□ 적합 □ 부적합
		유지보수	ㅇ지지대 후면	ㅇ육안 확인	ㅇ작업안전을 고려한 발판설비 유무 (유지보수가능설비는 제외)	□ 적합 □ 부적합

3	축열조	용량, 재질	ㅇ축열조 외부	ㅇ명판 확인	ㅇ신청서와 일치 ㅇ옥외설치: 빗물침투방지 등 조치 (기계실 설치)	□ 적합 □ 부적합
		부속기기	ㅇ축열조 외부	ㅇ육안확인	ㅇ안전밸브(개방형은 예외) ㅇ온도계, 압력계 설치	□ 적합 □ 부적합
		배수밸브	ㅇ축열조 하단	ㅇ육안확인	ㅇ배수, 청소 가능한 배수밸브 설치 (25A이상)	□ 적합 □ 부적합
4	관련부품 및 기기	주택용설비 밸브	ㅇ태양열시스템-보일러 연결부	ㅇ육안확인	ㅇ주택용설비의 태양열-보일러간 연결 시, 3방향밸브 사용, 또는 2방향밸브를 양단에 사용	□ 적합 □ 부적합
		밀폐형 팽창탱크	ㅇ열매체펌프 전단	ㅇ육안확인	ㅇ펌프 흡입구 측에 설치 ㅇ용량은 설계용량 이상	□ 적합 □ 부적합
		개방형 팽창탱크	ㅇ열매배관	ㅇ육안확인	ㅇ열매배관보다 높게 설치 ㅇ연결관에 밸브설치 금지	□ 적합 □ 부적합
		펌프	ㅇ펌프 명판	ㅇ육안확인	ㅇ고효율인증제품 또는 KS 동등 이상의 제품(※KS규격 외 제품은 효율성능곡선 제시)	□ 적합 □ 부적합
		열교환기	ㅇ열교환기 명판	ㅇ육안확인	ㅇ설계용량 이상 ㅇ온도계, 압력계 부착 ㅇ명판 부착(용량, 제조자 등)	□ 적합 □ 부적합
5	배관	누수	ㅇ배관 및 밸브 연결부	ㅇ육안확인	ㅇ누수가 없어야 함 ㅇ최하단에 배수밸브 설치	□ 적합 □ 부적합
		시공방식	ㅇ시공부위	ㅇ육안확인	ㅇ외부노출시공(지중배관시에는 방수재질로 이중관처리 및 물고임 없게 시공) ㅇ연결 꺽인 부분 엘보우(또는 벤딩) 사용 여부 ㅇ고정상태 확인	□ 적합 □ 부적합
		종류, 방향 표시	ㅇ배관 보온 마감재 표면	ㅇ육안확인	ㅇ배관종류(온수배관, 열매체 배관 등), 유체흐름 표시	□ 적합 □ 부적합
		재질	ㅇ배관부위	ㅇ육안확인	ㅇ집열, 축열회로 : 동 또는 스테인레스 (주름관 사용금지)	□ 적합 □ 부적합
6	밸브	밸브종류	ㅇ집열기 및 축열조	ㅇ육안 확인	ㅇ50A이하 나사접속형 ㅇ50A이상 플랜지형 ㅇ전동밸브의 경우 By-pass배관 설치	□ 적합 □ 부적합
7	보온	두께	ㅇ보온재 설치 위치	ㅇ탐침봉으로 현장측정	ㅇ축열조 100mm이상 ㅇ판형열교환기50mm이상 ㅇ배관 : 옥외 40mm이상, ※옥내 25mm이상	□ 적합 □ 부적합

		마감	ㅇ설치위치	ㅇ육안확인	ㅇ실내는 매직테이프 또는 동등이상의 제품 ㅇ실외는 알루미늄판 또는 동등이상의 제품	□ 적합 □ 부적합
8	통합명판	표시항목	ㅇ축열조에 부착	ㅇ육안 확인	ㅇ집열기 : 면적, 매수 ㅇ축열조 : 용량, 재질 ㅇ시공, A/S업체 : 업체명, 전화번호, 관리번호	□ 적합 □ 부적합
9	가동상태	제어장치	ㅇ제어판넬	ㅇ설정 온도값을 수동조작	ㅇ설정차온(온도 확인) 도달시에 열매체 펌프 동작상태	□ 적합 □ 부적합
10	모니터링 대상설비 (200㎡ 이상)	유량계 또는 열량계	ㅇ열교환기-축열조 입출구	ㅇ육안확인	ㅇ설치 및 정상 작동	□ 적합 □ 부적합
		모니터링 설비	ㅇ모니터링설비	ㅇ 육안확인	ㅇ열생산량(유량, 온도 등) 및 동작상태 ㅇ가동여부 확인	□ 적합 □ 부적합
11	자동 제어	작동상태	ㅇ제어판넬 및 작동상태	ㅇ 육안확인	ㅇ자동 및 수동운전 가능 ㅇ과열방지 장치 설치 ㅇ보일러 작동 전 태양열순환펌프가 먼저 작동	□ 적합 □ 부적합
		온도 감지기	ㅇ집열기, 축열조 상하부	ㅇ 육안확인	ㅇ집열기 입출구 부위, 축열조 상하단 부위에 설치	□ 적합 □ 부적합
12	운전 교육	운전 메뉴얼	ㅇ 점검현장	ㅇ신청자와의 면담	ㅇ소비자 주의사항 및 운전메뉴얼 제공, 교육실시 여부 ㅇ난방의 경우 보조열원으로 활용됨을 안내	□ 적합 □ 부적합

출제 기준에 따른 실기 필답형 예상문제

문제 Ⅰ

역류방지소자에 대하여 설명하시오!

풀 이

역류방지소자란 태양전지 모듈에 다른 태양전지 회로나 축전지에서의 전류가 돌아 들어가는 것을 방지하기 위해서 설치하는 것을 말한다.

문제 Ⅱ

다이오드(Diode)에 대하여 설명하시오!

풀 이

다이오드(Diode)란 전류를 한쪽 방향으로만 흘리는 반도체 부품을 말한다.

문제 Ⅲ

다이리스터(Thyristor)에 대하여 설명하시오!

풀 이

다이리스터(Thyristor)란 SCR(Semiconductor Controlled Rectifier)라고도 하며 다이오드에 게이트단자가 있어 전류를 제어하는 것을 말한다.

문제 IV

써지프로텍트(SPD)에 대하여 설명하시오!

풀 이

써지프로텍트(SPD)란 순간적인 과전압이나 과전류로부터 전기설비를 보호하기 위한 피뢰 소자를 말한다.

문제 V

수변전 장치에 대하여 설명하시오!

풀 이

수변전 장치란 전력회사로부터 특고압으로 수전한 전력을 부하설비에 맞는 전압으로 맞추는 전기설비를 말한다.

문제 VI

변압기에 대하여 설명하시오!

풀 이

변압기란 전자유도작용에 의하여 한쪽의 권선에 공급하는 교류전기를 다른 쪽의 권선에 동일 주파수의 교류전기로 변환하는 정지형 유도기로써 여기서는 승압용을 말한다.

문제 VII

차단기에 대하여 설명하시오!

풀이

차단기란 부하전류를 개폐함과 동시에 이상상태 발생 시에 신속히 회로를 차단하고 회로에 접속된 전기기기, 전선로를 보호하고 안전하게 유지하는 것을 말한다.

문제 Ⅷ

MOF(Metering Out Fit)에 대하여 설명하시오!

풀이

MOF(Metering Out Fit)란 전력량계로 고압이상의 전기회로의 전기사용량을 적산하기 위하여 고전압과 대전류를 저전압과 소전류로 변성하는 장치를 말한다.

문제 Ⅸ

배선공사의 순서에 대하여 설명하시오!

풀이

배선공사의 순서는 태양전지 모듈 ➲ 파워컨디셔너 간 ➲ 옥내분전반간의 순서이다.

문제 Ⅹ

방수등급에 대하여 설명하시오!

풀이

방수등급이란 전기설비를 물의 침입에 의한 손상이 없도록 보호등급을 정해서 안전 보호를 확보하기 위한 것을 말한다. (IEC 60364-5-51 AD 물의존재)

문제 XI

단락전류에 대하여 설명하시오!

풀 이

단락전류란 보통의 운전상태에서 전위차가 있는 충전 도체간에 임피던스가 영(Zero)인 고장에 기인하는 과전류를 말한다.

문제 XII

트레이(TRAY)에 대하여 설명하시오!

풀 이

트레이(TRAY)란 전선들을 연속적으로 포설하여, 전선들이 떨어지지 않도록 하는 사이드 레일이 있고 커버가 없는 것을 말한다.

제 5 장

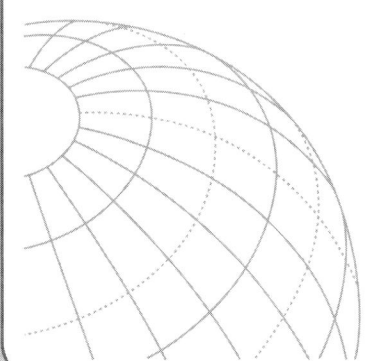

준공도서 작성하기

제5장

준공도서 작성하기

제1절 일 반 시 방 서(발췌)

1. 일반시방서

1. 본 공사는 본 시방서 및 다음에 열거하는 정부제정 각종표준 시방서와 본 공사에 관련되는 각종 재료시험기준 및 한국산업 표준규격 등의 관계조항과 공사감독관의 지시에 따라 시행한다.
   1) 건축 및 토목공사 일반표준 시방서
   2) 콘크리트 표준시방서
   3) 전기공사 표준시방서
   4) 한국 산업표준규격
2. 본 시방서의 규정에 없거나 표준의 해석상 이견이 있을 때는 감독관의 해석 및 지시에 따른다.
3. 본 공사에 관련되는 정부의 제 규정 및 본 공사 설계도면상에 기술된 각종 규정이나 시도 본 시방서 의 일부로 한다.
4. 시방서와 도면이 서로 일치하지 않을 때는 시방서가 우선하며 시방서나 도면 어느 한쪽 에만 기술되어도 이를 계약조건의 일부로 본다.

2. 착공시 제출서류

1. 도급자는 공사착수와 동시 다음서류를 구비 제출하여야 한다.
   1) 현장대리인계
   2) 예정 공정표
   3) 착공전 현장사진

4) 기타 발주청에서 지정하는 사항

2. 도급자는 예정공정표에 의한 공사 시행순서 및 공법, 건설장비, 동원인원계획표를 제출하여야 한다.
3. 공사 진도가 예정공정보다 지연될 경우 도급자는 감독관의 지시에 따라 작업시간의 연장, 인원 및 장비 등의 추가 투입 등 공정만회에 필요한 조치를 취하여야 하며, 이로 인하여 추가로 발생되는 경비는 일체 도급자가 부담한다.

3. 설계도서

1. 도급자는 본 설계도서 내 제반내용을 숙지하여야 하며, 설계도서 내용무지로 발생하는 불이익은 도급자가 책임을 져야한다.
2. 본 설계도서에는 누락되어 있을지라도 감독관이 시공상 당연히 필요하다고 인정하는 경미한 사항은 도급자 부담으로 시행하여야 한다.
3. 설계도서에 표시된 모든 구조물의 형상 및 치수는 완성된 후의 형상과 치수를 나타낸다.

제 2 절 특 별 시 방 서(발췌)

1. 특별 시방서

1-1 총 칙

본 특별시방서는 일반시방서에 명기되지 않은 특별한 사항을 규정하며 본 시방서에 규정된 내용이 일반시방서 내용과 상충될 때에는 특별시방서 규정이 우선한다.

2-2 기초공

1. 콘크리트공사

1) 콘크리트 배합비는 소요의 강도, 워커빌리티, 균일성 내구성을 얻을 수 있도록 배합 설계함을 원칙으로 정하되 배합설계가 불가능한 경우에는 골재의 최대치수에 의한 표준품셈의 용적배합(1:2:4)을 적용하되 현장 여건에 따라 배합을 조정할 수 있다.

2) 시멘트는 KSL 5201에 규정한 시멘트를 사용하여야 하며, 조금이라도 굳거나

품질이 변형된 것은 사용하지 못한다.

3) 콘크리트 공사에 사용할 물은 산성염 기타의 불순물을 함유하지 않은 것을 사용하여야 한다.
4) 콘크리트 공사에 사용할 모래는 과도한 세립사는 사용하지 말아야 하며, 염분, 유기물, 흙 등의 불순물이 포함되지 않은 골재를 사용하여야 한다.
5) 콘크리트 다지기는 반드시 바이브레타를 사용할 것이며, 바이브레타로 인한 형틀의 파손에 주의하여야 한다. 단, 바이브레터의 사용이 불가능한 곳은 감독관의 지시방법에 따른다.
6) 콘크리트 비빔은 가급적 믹서를 사용하여야 하나, 간단한 콘크리트 등 부득이 믹서를 사용치 못할 경우는 감독관의 승인을 받아 손 비비기(현장비빔)를 할 수 있다.
7) 콘크리트 타설 후 미관을 고려하여 면 고르기를 실시하여야 한다.
8) 콘크리트 타설 후 양생 전 유실되지 않도록 보호 조치하여야 한다.
9) 기초, 핸드홀 및 전선관 등을 설치전 관리소내 지장물을 조사하여야 하며, 지장물에 영향을 미치지 않도록 감독관과 협의하여 시공하여야 한다.

3-3. 전기공사 일반사항

1) 케이블 포설은 특별히 언급되지 않는 한 도면에 명시된 배관내에 포설하는 것을 원칙으로 하여야 하며, 가능한 접근하기 쉬운 장소에 직선상으로 포설한다.
2) 모든 케이블은 케이블을 보호할 수 있는 전선관 등을 사용 보호하여야 한다.
3) 케이블끼리의 중간접속은 피해야 하며 접속이 불가피할 경우에는 열수축형 튜브를 사용하여야 한다.
4) 케이블은 단자를 사용하여 접속하여야 하며, 단자는 충분한 접촉면과 접촉 압력을 가지는 것이어야 한다.
5) 모든 전선에는 식별번호 또는 네임텍을 붙여 표기하여야 한다.
6) 전선관은 지면에서 400mm이상 이격시켜야 하며, 전선관 상부 적정 위치에 경고 비닐테이프를 설치하여 장래 굴착시 케이블 손상을 방지하여야 한다.
7) 전선관은 Ø 100mm를 사용하고, 향후 증설시 사용할 수 있도록 여유분을 설치하여야 하며, 리드선을 넣어 둔다.

3-4. 축전지 설치

3-4-1 축전지 설치

1) 축전지는 KS제품의 장수명 밀폐 고정형 납축전지를 사용하며, 아래의 규격 및 성능 이상의 제품을 사용하되 감독관의 승인을 득하여야 한다.
   가. 전 압 : 2V
   나. 용 량 : 800AH
   다. 치 수 : 520L × 269W × 203H
2) 축전지에는 70mm*40mm, 두께 2mm 이상의 직사각형판에 글자는 아라비아 숫자로 15mm 이상의 크기로 선명하게 각인 또는 쉽게 떨어지지 않는 평판으로 축전지 생산일과 설치일 등을 기재하여야 한다.
3) 축전지 접속용 터미널 콘넥터 및 볼트너트의 재질은 연합금재로 방전전류에 대한 충분한 용량을 통전할 수 있는 단면적을 가지는 것 또는 동등 이상의 것으로 하여야 한다.
4) 수명 종료시까지 액보충이 필요 없으며, 내압구조 제품을 사용하여야 하며, 납품 전 외관 및 용량시험을 실시하고 자체시험성적서 및 품질보증서 제출하여야 한다.
5) 축전지 함체는 요구되는 수량이 들어갈 수 있는 규격으로 제작하고, 전압 및 전류 측정계기를 설치하여 한다.
6) 축전지는 55셀 직렬*1조 병렬로 설치하도록 한다.

3-5. 태양전지 및 지지대

3-5-1 태양전지

1) 고효율 태양전지 Cell 코팅 기술로 효율을 향상시킨 단결정 실리콘 태양전지가 연결된 제품이어야 하며, 모듈에 사용하는 유리는 외부 환경에 연향을 받지 않도록 저 반사 특수 유리 제작, 충격에 강하고 및 투과성이 우수하여야 한다.
2) 부식 방지를 위하여 도금 처리한 프레임을 사용해야 하며, 최대 풍속 40㎧, 순간 최대 풍속 60㎧에 견딜 수 있는 구조로 제작해야 한다.
3) 태양전지 내부에는 부분적인 그림자로 인한 보상용 By-pass 다이오드가 필히 부착되어야 한다.
4) Junction Box는 옥외 방수형으로 전기적으로 완전하게 접속되고, 케이블 연결 또는 어레이 구성이 간편한 방수형으로 제작하고, 태양전지 상호간 순환전

류 방지를 위하여 역류방지 다이오드를 부착하여야 한다.

5) 태양전지는 에너지관리공단 인증제품이어야 하며 아래의 모듈 특성을 만족 또는 동등이상의 제품을 사용하여야 하며, 감독관의 승인을 득여야 한다.

가) 최 대 전 력 : 230 WP

나) 최대동작전압 : 30.2 V

다) 최대동작전류 : 7.61 A

라) 개 방 전 압 : 36.7 V

마) 단 락 전 류 : 8.16 A

바) 크 기 : 1636mm * 982mm * 35mm

6) 태양전지 45매는 5직렬 9병렬로 구성하되 전력조절기 등 시스템운영에 차질이 없어야 한다.

7) 도급자는 태양전지 자재 반입시 에너지기술연구원 시험성적서 및 성능평가결과를 제출하고, 태양전지 어레이 설치 후 모든 시험 조정이 완료되면 감독관의 입회하에 아래 사항에 대해 시험을 실시하고 결과보고서를 제출해야 한다.

가) 태양전지 어레이 외관 및 구조검사

나) 어레이 출력 시험

다) 태양전지 어레이 절연저항

라) 태양전지 어레이 내압시험

마) 병렬 모듈, 병렬 어레이간 전압 편차시험

3-5-2 태양전지 지지대

1) 태양전지 거치대 제작전 태양전지 모듈의 규격 등을 사전에 확인 후 모듈에 맞도록 거치대를 제작·설치하여야 한다.

2) 기 설치된 태양전지에 영향을 미치지 않도록 위치선정 또는 이격시켜야 한다.

3) 태양전지판 지지대 제작시 형강류 및 기초지지대에 포함된 철판부위는 용융아연도금처리 또는 동등이상의 녹방지 처리를 하여야 하며, 용접부위는 방식처리를 하여야 한다.

3-6. 시스템 장비 설치

3-6-1 시스템 장비 제작 일반사항

1) 함체의 앵글 골조는 내용물을 충분히 지탱할 수 있는 재료를 사용하여야 하며,

전·후·측·상면 철판의 두께는 2T, 하단은 5T 이상의 강판을 사용하여야 한다.

2) 각종 Meter, 램프 및 조작 스위치는 판넬의 전면 상단에 부착하여 판독과 조작이 용이하여야 한다.

3) 입·출력 단자 부분에는 네임텍을 부착하여 운영과 조작이 용이하도록 하여야 한다.

4) 함체는 산화피막, 이물질 등을 완전제거후 내외부 분체도장(5Y 7/1)을 하여야 한다.

5) 전면에는 제작회사명(연락처), 품명, 제작년월일, 제작번호 및 전기적 특성을 기입한 명판을 부착하여야 한다.

6) 향후 축전지 및 태양전지 추가 설치로 전력증설이 가능토록 시스템이 구축되어야 한다.

7) 시스템의 각종 장비는 외관 구조, 절연저항, 절연 내력시험, 부하시험 등 자체 시험성적서를 제출하여야 한다.

3-6-2 전력조절기

1) 입력부는 각 태양전지 어레이의 출력을 공급받아 전력조절부로 공급하는 기능을 하며, 각 입력 회로에는 회로를 보호하기 위하여 회로보호 장치를 부착시킨다.

2) 입력부의 태양전지 어레이로부터 출력을 공급받는 회로는 태양전지 모듈 및 어레이 직·병렬 구성에 따르며, 예비회로 포함 10회로까지 가능토록 시스템을 구축하고, 회로별 이상유무를 확인 가능하도록 하여야 한다.

3) 태양전지로부터 입력되는 전류량을 계측할 수 있도록 전류계와 전압을 계측할 수 있도록 전압계를 설치하여야 한다.

4) 전력조절기 출력 측에 전류·전압계를 설치하여 출력 되는 전류량과 전압을 계측할 수 있게 해야 한다.

5) 출력의 과전압 또는 과전류나 단락을 보호할 수 있는 보호회로가 설치되어야 한다.

6) 전면에 정상운전상태, 이상상태를 표시 할 수 있어야 한다.

7) 축전지로부터 역류 방지와, 충전기간에 순환 전류를 방지하기 위하여 각 패널(Panel)에 역류방지용 다이오드를 부착한다.

8) 태양광발전시스템에 사용되는 전력조절기는 아래의 입·출력 특성을 만족하며, 제작시방 및 계통도에 대해 감독관의 승인을 득하여야 한다.
   가) 입력전압 : DC 100V ~ 183.5V ± 10%
   나) 정격출력 용량 : 12KW
   다) 정격출력 전압 : DC 132V
   라) 정격출력 전류 : 100A
   마) 필수옵션 : 제어모듈내장, 바이패스내장, 접속반회로는 별도제작(옥외부착형, 재질 SUS)
9) 본 장비에 사용되는 지시계기는 한국산업표준규격에 준하는 물품을 사용하여야 한다.
10) 본 장비에 사용되는 금속재료는 염기와 습기가 많은 장소에서 장기간 사용하여도 내식성이 없고 변형 등이 적은 재료 또는 이를 방지할 수 있도록 가공처리된 것이어야 한다.
11) 발전 및 충전상태를 알 수 있도록 표시가 되어야 한다.

3-6-3 충전기

1) 비상시 옹도등대의 발전기를 이용하여 충전 및 전력 공급을 위한 설비로 부하전류가 정격을 초과하여 정격전류의 110% 이상 흐르면 자동적으로 빠르게 단자전압을 강하하여 부하전류 증가를 억제하는 특성이 있는 장비로 아래의 입·출력 특성을 만족하며, 감독관의 승인 후 제작·설치하여야 한다.
   가) 입력전압 : AC380, 220V ± 10%
   나) 주 파 수 : 60Hz ± 3%
   다) 정격출력전압 : 132VDC
   라) 정격출력전류 : 80A
   마) 정격출력용량 : 10.56KW
   바) 발전기 자동 기동 조건 : 1.90V/C*55=104.5V(DOD 50% 기준)
   사) 발전기 자동 정지 조건 : (2.4V/C*55=132V) AND 전류 20A 이하로 감소 시
   아) 출력조건 : 3상4선 380/220V 48KW
   자) 충 전 기 준 : PS 800AH 10시간율 충전기준
   차) 디스플레이 : MIMIC DIAGRAM 및 LCD DISPLAY MONITOR 내장

카) 회로 차단기가 설치되어야 하고, 입·출력부에 전압과 전류를 측정할 있는 계기가 있어야 하며, 각종 지시램프 및 고장램프 등이 있어야 한다.

3-6-4 인버터(분전반)

1) 축전지의 DC전원을 AC전원으로 변환하는 장치로 10KW용량으로 아래의 전기적 특성을 만족하여야 한다.

가) 입력전압 : DC 132V ± 10%

나) 출력전압 : AC 220V

다) 주 파 수 : 60Hz ± 3%

라) 정격출력전류 : 22.5A

마) 인버터 용량 : 1상 5KVA

바) 최대입력전압 : 183.5VDC

사) 종지전압 : 104.5VDC

아) 디스플레이 : MIMIC DIAGRAM 및 LCD DISPLAY MONITOR 내장

자) 유지보수대책 : 400개 HISTORY 기록 저장기능내장

차) 출력분기회로 : 3회로 내장

카) 입·출력부 회로 차단기(MCCB), 각종 지시램프 및 원인별 고장 램프를 설치하여야 하며, 입·출력부에 전압과 전류를 측정할 수 있는 계기를 설치하여야 한다.

타) 분전반은 인버터 판넬에 내장되고 , 발전기와 인버터의 자동전환이 가능하도록 ATS(Automatic Load Transfer Switch)를 설치하되, 운영자가 확인 후 수동 전환 되어야 한다.

3-7. 기 타

1) 장비실의 배전반의 차단기 전면에 아크릴 판을 이용하여 문을 만들어 안전사고를 미연에 방지한다.

2) 자재 운반시 옹도등대의 모노레일을 사용하되, 일시에 많은 중량을 실어 운반장비에 문제가 발생하지 않아야 한다.

3) 모노레일 이용에 소모되는 연료, 모노레일 이용중 발생하는 고장 및 사고에 대하여는 전적으로 도급자 부담으로 해결 또는 원상복구 하여야 한다.

4) 접지는 기존 옹도등대 접지와 연결하여 낙뢰로 인한 피해를 예방하여야 한다.

4. 예정공정표(예시 본)

월 별 / 공 종 별	12일	24일	36일	48일	60일	비 고
기초공						
태양전지판 제작·설치공						태양전지 확보 포함
축전지 설치공						축전지 확보 포함
장비제작 및 케이블 설치						장비제작 포함
부 대 공						
소 계(%)	20	20	20	20	20	
누 계(%)	20	40	60	80	100	

5. 기타 검사

- 비상발전기는 태양광 발전설비 계통과 연계하지 말아야 한다.
- 소출력 태양광 발전설비의 경우 누전차단기 동작 시 발전원에 의해 지속적으로 전원이 공급되어 감전사고 발생의 우려가 있고 누전차단기 테스트 버튼 조작 등에 의한 지락발생 시 발전원에 의해 지속적으로 지락전류가 흘러 트립코일 소손의 가능성이 상존하므로 계통으로의 연계점은 누전차단기 1차측에 접속해야 하며, 연계점 전원측의 과전류 차단기(MCCB) 부설 여부를 확인해야 한다.
- 케이블 트레이 상용케이블과 태양광 발전설비 케이블의 사이에는 이격거리를 두고 배선 꼬리표를 달아야 한다.
- 피뢰침 보호각이 표시되어 있는 전기간선 계통도를 붙여야 한다.
- 태양광 평면도를 참고해야 하며 건물 옥상인 경우 도면을 참고해야 한다.
- 계통 연계되는 전기실까지 케이블 트레이 평면도를 붙여야 한다.

- 모듈 접속함 내에 직류 차단기 및 직류 퓨즈 사용 여부를 확인해야 한다.
- 인버터 시험성적서 사본인 경우 원본대조필 직인이 있는지 확인해야 한다.
- 태양전지 모듈의 규격리스트와 제품번호를 확인해야 한다.

제 3 절 준공검사

1. 준공검사 절차서 작성

(1) 검사지침

① 검사자의 임명

- 감리원은 기성부분 검사원 또는 준공 검사원을 접수하였을 때에는 신속히 검토. 확인하고, 기성부분 감리조서와 다음의 서류를 첨부하여 지체 없이 감리업자에게 제출하여야 한다.
  - 감리원의 검사기록 서류 및 시공 당시의 사진
  - 품질시험 및 검사성과 총괄표
  - 발생품 정리부
  - 그 밖에 감리원이 필요하다고 인정하는 서류와 준공검사원에는 지급가자재 잉여분 조치현황과 공사의 사전검사, 확인서류, 안전관리점검 총괄표 추가 첨부
- 감리업자는 기성부분 검사원 또는 준공 검사원을 접수하였을 때에는 3일 이내에 비상주 감리원을 임명하여 검사하도록 하고 이 사실을 즉시 검사자로 임명된 자에게 통보하고, 발주자에게 보고하여야 한다. 다만, 「국가를 당사자로 하는 계약에 관한 법률 시행령」 제55조 제7항 본문에 따른 약식 기성검사 시에는 책임감리원을 검사자로 임명하여 검사하도록 한다.
- 감리업자는 기성부분검사 또는 장기계속공사의 년차별 예비준공검시를 함에 있어 현장이 원거리 또는 벽지에 위치하고 책임감리원으로도 검사가 가능하다고 인정되는 경우에는 발주자와 협의하여 책임감리원을 검사자로 임명할 수 있다.
- 감리업자는 부득이한 사유로 소속 직원이 검사를 할 수 없다고 인정할 때에는

발주자와 협의하여 소속직원 이외의 자 또는 전문검사기관에게 그 검사를 하게 할 수 있다. 이 경우 검사결과는 서면으로 작성하여야 한다.

- 감리업자는 각종설비, 복합공사 등 특수공종이 포함된 공사의 준공검시를 할 때 필요한 경우에는 발주자와 협의하여 전문기술자를 포함한 합동 준공검사반을 구성할 수 있다.
- 발주자는 필요한 경우에는 소속 직원에게 기성검사 과정에 입회하도록 하고, 준공 검사과정에는 소속 직원을 입회시켜 준공검사자가 계약서, 설계설명서, 설계도서 등 관계서류에 따라 준공검사를 실시하는지 여부를 확인하여야 하며, 필요시 완공 된 시설물 인수기관 또는 유지관리기관의 직원에게 검사에 입회·확인할 수 있도록 조치하여야 한다.
- 발주자는 준공검사에 입회할 경우에는 해당 공사가 복합공종인 경우에는 공종별로 팀을 구성하여 공동 입회하도록 할 수 있으며, 준공검사 실시 여부를 확인하여야 한다.
- 감리업자는 기성부분검사 및 준공검사 전에 검사에 필요한 전문기술자의 참여, 필수적인 검사공종, 검시를 위한 시험장비 등 체계적으로 작성한 검사계획서를 발주자에게 제출하여 승인을 받고, 승인을 받은 계획서에 따라 아래와 같은 검사절차에 따라 검사를 실시하여야 한다.

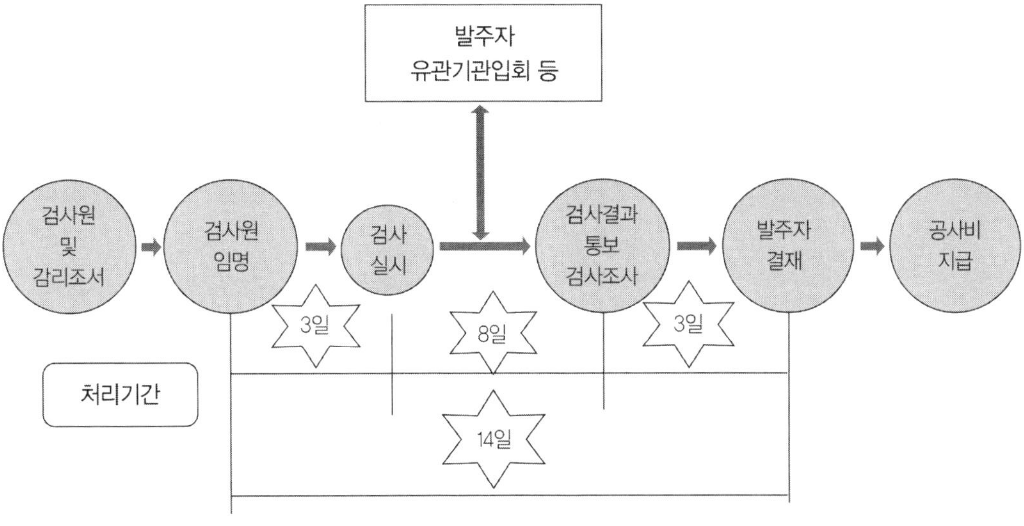

2. 검사기간

(1) 기성 또는 준공검사자는 계약에 소정 기일이 명시되지 않는 한 임명통지를 받은 날부터 8일 이내에 해당 공사의 검사를 완료하고 검사조서를 작성하여 검사 완료일부터 3일 이내에 검사결과를 소속 감리업자에게 보고하여야 하며, 감리업자는 신속히 검토 후 발주자에게 지체 없이 통보하여야 한다.

- 검사자는 검사조서에 검사사진을 첨부하여야 한다.
- 감리업자는 천재지변 등 불가항력으로 인해 검사기간을 준수할 수 없을 때에는 검사에 필요한 최소한의 범위에서 검사기간을 연장할 수 있으며 이를 발주자에게 통보하여야 한다.
- 불합격 공사에 대한 보완, 재시공 완료 후 재검사 요청에 대한 검사기간은 공사업자로부터 그 시정을 완료한 사실을 통보받은 날부터 검사기간을 계산한다.

(2) 기성 및 준공검사

검사자는 해당 공사 검사 시에 상주감리원 및 공사업자 또는 시공관리책임자 등을 입회하게 하여 계약서, 설계설명서, 설계도서, 그 밖의 관계 서류에 따라 다음의 사항을 검사하여야 한다. 다만, 「국가를 당사자로 하는 계약에 관한 법률 시행령」 제55조 제7항 본문에 따른 약식 기성검사의 경우에는 책임감리원의 감리조사와 기성부분 내 역서 에 대한 확인으로 갈음할 수 있다. 한편, 검사자는 시공된 부분이 수중 또는 지하에 매몰되어 사후검사가 곤란한 부분과 주요 시설물에 중대한 영향을 주거나 대량의 파손 및 재시공 행위를 요하는 검사는 검사 조서와 사전검사 등을 근거로 하여 검사를 시행할 수 있다.

- 기성검사
  - 기성부분 내역이 설계도서대로 시공되었는지 여부
  - 사용된 가자재의 규격 및 품질에 대한 실험의 실시 여부
  - 시험기구의 비치와 그 활용도의 판단
  - 지급기자재의 수불 실태
  - 주요 시공과정을 촬영한 사진의 확인
  - 감리원의 기성검사원에 대한 사전검토 의견서
  - 품질시험·검사성과 총괄표 내용
  - 그 밖에 검사자가 필요하다고 인정하는 사항

- 준공검사
  - 완공된 시설물이 설계도서대로 시공되었는지의 여부
  - 시공시 현장 상주감리원이 작성 비치한 제 기록에 대한 검토
  - 폐품 또는 발생물의 유무 및 처리의 적정 여부
  - 지급 기자재의 사용적부와 잉여자재의 유무 및 그 처리의 적정 여부
  - 제반 가설시설물의 제거와 원상복구 정리 상황
  - 감리원의 준공 검사원에 대한 검토의견서
  - 그 밖에 검사자 가 필요하다고 인정하는 사항

(3) 불합격 공사에 대한 재시공 명령

검사자는 검사에 합격되지 아니한 부분이 있을 때에는 감리업자에게 지체 없이 그 내용을 보고하고, 감리업자의 지시에 따라 책임감리원은 즉시 공사업자에게 보완시공 또는 재시공을 하게 한 후 공사가 완료되면 다시 검사 절차에 따라 검사원을 제출하도록 하여야 하며, 감리업자는 해당 공사의 검사자에게 재검사를 하게 하여야 한다.

(4) 준공검사 등의 절차

① 시운전 계획 수립

- 감리원은 해당 공사 완료 후 준공검사 전에 사전 시운전 등이 필요한 부분에 대하여는 공사업자에게 시운전을 위한 계획을 수립하여 시운전 30일 이내에 제출하도록 하고, 이를 검토하여 발주자에게 제출하여야 한다.
  - 시운전 일정
  - 시운전 항목 및 종류
  - 시운전 절차
  - 시험장비 확보 및 보정
  - 기계.기구 사용계획
  - 운전요원 및 검사요원 선임계획
- 감리원은 공사업자로부터 시운전 계획서를 제출받아 검토.확정하여 시운전 20일 이내에 발주자 및 공사업자에게 통보하여야 한다.

② 시운전

- 감리원은 공사업자에게 다음과 같이 시운전 절차를 준비하도록 하여야 하며 시운전에 입회하여야 한다.

- 기기점검
- 예비운전
- 시운전
- 성능보장운전
- 검수
- 운전인도

• 감리원은 시운전 완료 후에 다음의 성과품을 공사업자로부터, 제출받아 검토 후 발주자에게 인계하여야 한다.
- 운전개시, 가동절차 및 방법
- 점검항목 점검표
- 운전지침
- 기기류 단독 시운전 방법 검토 및 계획서
- 실가동 Diagram
- 시험구분, 방법, 사용매체 검토 및 계획서
- 시험성적서
- 성능시험 성적서(성능시험 보고서)

감리원 주업무 (처리기간)

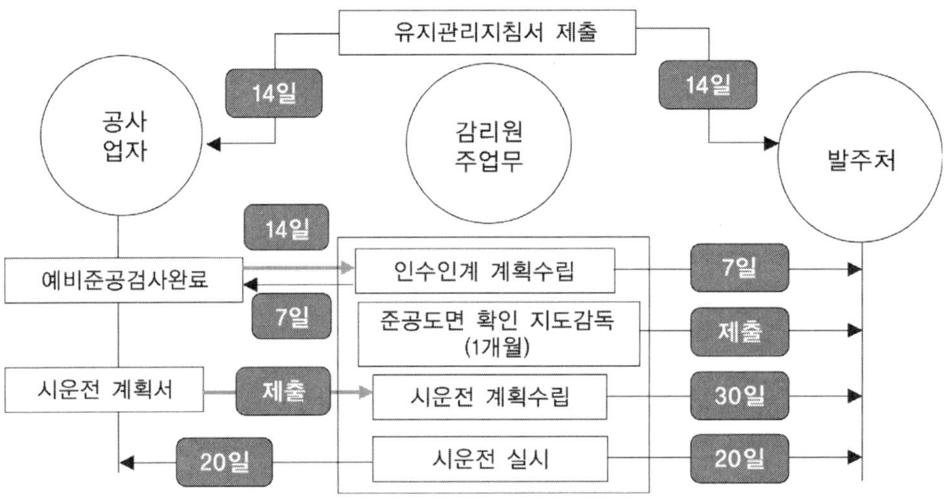

③ 예비준공검사

- 공사현장에 주요공사가 완료되고 현장이 정리단계에 있을 때에는 준공예정일 2개월 전에 준공기한 내 준공가능 여부 및 미진한 사항의 사전 보완을 위해 예비 준공검사를 실시하여야 한다. 다만, 소규모 공사인 경우에는 발주자와 협의하여 생략할 수 있다.
- 감리업자는 전체공사 준공 시에는 책임감리원, 비상주감리원 중에서 고급감리원 이상으로 검사자를 지정하여 합동으로 검사하도록 하여야 하며, 필요시 지원업무담당자 또는 시설물 유지관리 직원 등을 입회하도록 하여야 한다. 연차별로 시행하는 장기계속공사의 예비준공검사의 경우에는 해당 책임감리원을 검사자로 지정할 수 있다.
- 예비준공검사는 감리원이 확인한 정산설계도서 등에 따라 검사하여야 하며, 그 검사내용은 준공검사에 준하여 철저히 시행되어야 한다.
- 책임감리원은 예비준공검사를 실시하는 경우에는 공사업자가 제출한 품질시험.검사 총괄표의 내용을 검토하여야 한다.
- 예비준공 검사자는 검사를 행한 후 보완사항에 대하여는 공사업자에게 보완을 지시 하고 준공검사자가 검사시 확인할 수 있도록 감리업자 및 발주자에게 검사 결과를 제출하여야 한다. 공사업자는 예비준공검사의 지적사항 등을 완전히 보완하고 책임 감리원의 확인을 받은 후 준공 검사원을 제출하여야 한다.

④ 준공도면 등의 검토·확인

- 감리원은 준공 설계도서 등을 검토·확인하고 완공된 목적물이 발주자에게 차질없이 인계될 수 있도록 지도·감독하여야 한다. 감리원은 공사업자로부터 가능한 한 준공예정일 1개월 전까지 준공 설계도서를 제출받아 검토·확인하여야 한다.
- 감리원은 공사업자가 작성·제출한 준공도면이 실제 시공된 대로 작성되었는지 여부를 검토·확인하여 발주자에게 제출하여야 한다. 준공도면은 계약서에 정한 방법으로 작성되어야 하며, 모든 준공도면에는 감리원의 확인·서명이 있어야 한다.

⑤ 준공표지의 설치

감리원은 공사업자가 「전기공사업법」 제24조에 따라 준공 표지판을 설치할 때에는 보기 쉬운 곳에 영구적인 시설물로 준공 표지판을 설치하도록 조치하여야 한다.

3. 시설물 인수인계 계획수립

- 감리원은 공사업자에게 해당 공사의 예비준공검사(부분 준공, 발주자의 필요에 따른 기성 부분 포함) 완료 후 14일 이내에 다음의 사항이 포함된 시설물의 인수·인계를 위한 계획을 수립하도록 하고 이를 검토하여야 한다.
  - 일반사항(공사개요 등)
  - 운영지침서(필요한 경우)
    - ► 시설물의 규격 및 기능점검 항목
    - ► 기능점검 절차
    - ► Test 장비 확보 및 보정
    - ► 기자재 운전지침서
    - ► 제작도면, 절차서 등 관련 자료
      - 시운전 결과 보고서(시운전 실적이 있는 경우)
      - 예비 준공검사결과
      - 특기사항
- 감리원은 공사업자로부터 시설물 인수·인계 계획서를 제출받아 7일 이내에 검토·확정하여 발주자 및 공사업자에게 통보하여 인수·인계에 차질이 없도록 하여야한다.
  - 감리원은 발주자와 공사업자간 시설물 인수·인계의 입회자가 된다.
  - 감리원은 시설물 인수·인계에 대한 발주자 등 이견이 있는 경우, 이에 대한 현상파악 및 필요대책 등의 의견을 제시하여 공사업자가 이를 수행하도록 조치한다.
  - 인수·인계서는 준공검사 결과를 포함하는 내용으로 한다.
  - 시설물의 인수·인계는 준공검사시 지적사항에 대한 시정완료일부터 14일 이내에 실시하여야 한다.

4. 준공 후 현장문서 인수인계

- 감리원은 해당 공사와 관련한 감리기록서류 중 다음의 서류를 포함하여 발주자에게 인계할 문서의 목록을 발주자와 협의하여 작성하여야 한다.
  - 준공 사진첩
  - 준공도면
  - 품질시험 및 검사성과 총괄표

- 기자재 구매서류
- 시설물 인수·인계서
- 그 밖에 발주자가 필요하다고 인정하는 서류

• 감리업자는 해당 감리용역이 완료된 때에는 15일 이내에 공사감리 완료보고서를 협회에 제출하여야 한다.

5. 유지관리 및 하자보수 지침서 검토

(1) 유지관리 및 하자보수

• 감리원은 발주자(설계자) 또는 공사업자(주요설비 납품자) 등이 제출한 시설물의 유지관리지침 자료를 검토하여 다음의 내용이 포함된 유지관리지침서를 작성·공사 준공 후 14일 이내에 발주자에게 제출하여야 한다.

- 시설물의 규격 및 기능설명서
- 시설물 유지관리기구에 대한 의견서
- 시설물 유지관리방법
- 특기사항

• 해당 감리업자는 발주자가 유지관리상 필요하다고 인정하여 기술자문 요청 등이 있을 경우에는 이에 협조하여야 하며, 전문적인 기술 등으로 외부 전문가 의뢰 또는 상당한 노력이 소요되는 경우에는 발주자와 별도로 협의하여 결정한다.

(2) 하자보수에 대한 의견제시 등

• 감리업자 및 감리원은 공사준공 후 발주자와 공사업자 간의 시설물의 하자보수 처리 에 대한 분쟁 또는 이견이 있는 경우. 감리원 으로서의 검토의견을 제시하여야 한다.

• 감리업자 및 감리원은 공사준공 후 발주자가 필요하다고 인정하여 하자보수 대책 수립을 요청할 경우에는 이에 협조하여야 한다.

• 이상의 업무가 감리용역계약에서 정한 감리기간이 지난 후에 수행하여야 할 경우에는 발주자는 별도의 실비를 감리원에게 지급하도록 조치하여야 한다. 다만, 하자 사항이 부실 감리에 따른 경우에는 예외로 한다.

6. 일위대가표 작성 및 예시

	A	B	C	D	E	F	G	H	I	J	K
1	품 명	규 격	단위	산 출 내 용	소계	할증	합계	품 셈			비고
2								직종	공률	공량	
3	1. 태양광 설비공사										
4	파상형 경질전선관	ELP 50C	M	32.0+7.0+34.0=73	73	0.03	75	내선전공	0.1900	13.870	[전기5-1]
5	경질비닐 전선관	HI PVC 54C	M	4.0+27.0+6.5+6.5+4.0=48	48	0.10	52	내선전공	0.1900	9.120	[전기5-1]
6	경질비닐 전선관	HI PVC 16C	M	지지대 :12.6+(6+12+18)=453.6, 모니터링 :3.5+9.5+3.5=16.5 계 470.1	470.1	0.10	517	내선전공	0.0500	23.505	[전기5-1]
7	케이블	F-CV 50"+2C	M	32.0+7.0+34.0+4.0+27.0+6.5+6.5+4.0+1.5=122.5	123	0.03	126	저압케공	0.0602	7.375	[전기5-11
8	케이블	F-CV 16"+4C	M	1.5+6.0+1.5=9	9.0	0.03	9	저압케공	0.0598	0.538	[전기5-11
9	케이블	F-CV 4"+1C	M	태양전지 상호 : 1.2+6+7+3=151.2	1,080	0.03	1,112	저압케공	0.0110	11.880	[전기5-13
10				양쪽 연결 : 12.6+(6+18+30)=680.4							
11				태양전지 말단-접속반 : 36+(1.5+3.9+1.5)=248.4 계 :151.2+680.4+248.4=1080							
12	케이블	F-CV 4"+2C	M	32.0+7.0+34.0+4.0+27.0+6.5+6.5+4.0+1.5=122.5	122.5	0.03	126.0	저압케공	0.0160	1.960	[전기5-13
13	케이블	F-CVV-S-10C-1.25"	M	32.0+7.0+34.0+4.0+27.0+6.5+6.5+4.0+1.5=122.5	122.5	0.03	126.0	저압케공	0.0480	5.880	[전기5-13
14	케이블	F-CVV-S-6C-1.25"	M	1.5+3.5+9.5+3.5+1.5=19.5	19.5	0.03	20.0	저압케공	0.0350	0.683	[전기5-13
15	접지선	F-GV 10"	M	2.0+2.0+3=8	8.0	0.05	8.0	내선전공	0.0060	0.048	[전기3-38
16	접지선	F-GV 16"	M	2.0+2.0+3+5.0=13	13.0	0.05	13.0	내선전공	0.0060	0.078	[전기3-38
17	접지봉	16-1,800 3본	조	2.0	2.0		2.0	내선전공	0.2400	0.480	[전기3-38
18								보통인부	0.2000	0.400	[전기3-38
19	태양전지 접속반	18회로용	식	1+1=1	1.0		1.0	플랜트전	0.6000	0.600	[전기5-44
20	태양전지 설치	165W	장	18+8=144	144.0		144.0	플랜트전	0.3000	43.200	[전기5-44
21	계통연계형 인버터	25KVA(3상4선식)	식	1	1.0		1.0	플랜트전	3.5000	3.500	[전기5-44
22	적산전력량계	3상4선 220V 60(20)A	개	1	1.0		1.0	내선전공	0.3200	0.320	[전기5-21
23	컴퓨터	P4 3.0G 512MB 120G	대	1대	1.0		1.0				
24	모니터	TFT-LCD 17인치	대	1대	1.0		1.0				
25	일사량계	L1-200SA(Pyranometer)	대	2대	2.0		2.0				
26	온도센서	PT 100Ω	개	2개	2.0		2.0				
27	노무비	내선전공	인	47.42	47.42		47.42				
28		저압케이블전공	인	28.32	28.32		28.32				
29		플랜트전공	인	47.30	47.30		47.30				
30		보통인부	인	0.4	0.40		0.40				

	품 명	규 격	단위	산 출 내 용	소계	할증	합계	품셈 직종	품셈 공률	품셈 공량	비고
31	**2.태양전지 지지대 제작 및 설치**										
32	구조용 강관(백관)	165.2+4.5mm	M	(2.321+1.72+1.933+1.219)+9=64.737m, 64.737m+17.83kg/m=1,154kg	64.737	0.05	67.9				
33	구조용 강관(백관)	89.1+3.2mm	M	0.678+9=6.102m, 6.102m+6.78kg/m=41.37kg	6.102	0.05	6.4				
34	H형강	150+150+7+10t	톤	(4.44+16+0.938+4+4.404+9)+31.5kg/m=3,604kg=3.604톤	3.604	0.07	3.85				
35	H형강	150+75+3.2+6t	톤	(4.714+2+4.404+8)+10.5kg/m=468.93kg=0.468톤	0.468	0.07	0.50				
36	ㄱ형강	75+75+6t	톤	(5.696+14+4.595+14+3+0.15+63+0.075+70)+6.85kg/m=1,968kg=1.968톤	1.968	0.05	2.06				
37	철판	12mm	톤	H형강 상호연결: 0.220+0.12+52+0.188+0.12+4=1.492m2	0.36	0.10	0.39				
38				H형강-기둥연결: (0.363+0.18+0.246+0.18)+9=0.986m2							
39				기둥상부 :0.185+0.25+2+9=0.8325m2							
40				기둥중간 :(0.119+0.15+0.15+0.151)+0.1+9=0.513m2							
41				계: 1.492+0.986+0.8325+0.513=3.823m2+7.850톤+0.012m=0.36톤							
42		18mm	톤	기초plate :(0.4+0.395+9+0.13+0.2+18+0.09+0.2+36)+7.850+0.018=0.358톤	0.358	0.10	0.39				
43	철골가공조립	30톤 미만	톤	1.154+0.04137+3.604+0.468+1.968+0.36+0.358=7.95톤	7.95		7.95				
44	철골세우기	저층 및 중층	톤	1.154+0.04137+3.604+0.468+1.968+0.36+0.358=7.95톤	7.95		7.95				
45	고장력 볼트 본조임		톤	1.154+0.04137+3.604+0.468+1.968+0.36+0.358=7.95톤	7.95		7.95				
46	아연도금량		톤	1.154+0.04137+3.604+0.468+1.968+0.36+0.358=7.95톤	7.95		7.95				
47	앵커볼트설치	M24-1000	개	8+9=72	72		72				
48	고장력 6각볼트,너트,와샤	M16 L-50mm(아연피막)	조	72+168=240	240	0.03	247				
49	STS볼트,너트,스프링와샤	M10 L-40mm	조	(63+70)+4=532	532	0.05	558				
50	STS볼트,너트,스프링와샤	M6 L-25mm	조	8+18+8=1,152	1,152	0.05	1,209				
51	철근가공조립	D19	톤	D19:(10+1.2+5+1.4+8+0.9)+9+2.25kg/m=530kg	0.638		0.63				
52				D13:(5+(0.88+2)+5+(0.33+2))+9+0.995kg/m=108kg 계:0.638톤							
53	콘크리트(1:2:4)	철근 인력	m3	(0.4+1.52+0.96+0.96+1.0+0.4)+9=8.70	8.700		8.70				
54	버림콘크리트(1:3:6)	인력	m3	0.16+1.52+0.96+9=2.10	2.100		2.10				
55	합판거푸집	4회	m2	(0.96+0.1+2+0.96+0.4+2+1.52+0.5+2+0.96+0.5+2)+9=30.96	30.960		30.96				
56	터파기	인력	m3	1.6/6+((2.1+1.5+1.1)+2.0+(2.1+1.1+1.5)+1.7)+9=35.95	35.950		35.95				
57	되메우기	인력	m3	35.95-(8.7+2.1+0.1+1.0+9)=24.25	25.250		25.25				
58	잔토처리	인력	m3	35.95-24.25=11.70	11.700		11.70				
59	**3. 주요 자재비**										
60	태양전지	165W	장	18+8=144	144		144				
61	계통연계형 인버터	25KVA(3상4선식)	식	1	1		1				

	품명	규격	단위	수량	재료비		노무비		경비		합계	
					단가	금액	단가	금액	단가	금액	단가	금액
4	제1호표 철골가공조립(30톤미만) TON											
5	산소	99.9%	M3	7.00	1.31	9.1	0	0.0	0	0.0	1.3	9.0
6	아세치렌	98% 용접용	KG	3.50	7,900.00	27,650.0	0	0.0	0	0.0	7,900	27,650.0
7	철골공		인	10.240	0.00	0.0	94,733	970,065.9	0	0.0	94,733	970,065.0
8	[합 계]					27,659		970,065		0		997,724
9												
10	제2호표 철골세우기 (지상 및 중층)											
11	비계공		인	0.4000			98,529	39,411.6		0.0	98,529.0	39,411.0
12	철골공		인	0.067			94,733	6,347.1		0.0	94,733.0	6,347.0
13	[합 계]					0		45,758		0		45,758
14												
15	제3호표 고장력볼트 본 조임 본당(20본 미만/ TON) 본당											
16	철골공		인	0.68			94,733	64,418.4		0.0	94,733.0	64,418.0
17	[합 계]					0		64,418		0		64,418
18												
19	제4호표 앵커볼트설치,24Φ 개당											
20	앵커볼트(이연용융도금)	M24 L=1000	개	1.05	6,020	6,321.0					6,020	6,321.0
21	철골공		인	0.23			94,733	21,788.5		0.0	94,733	21,788.0
22	[합 계]					6,321		21,788		0		28,109
23												
24	제5호표 철근가공조립 보통, Ton											
25	철근	D19	TON	1.03	450,000	463,500.0					450,000	463,500.0
26	결속선	0.9mm,보통	KG	6.50	960.00	6,240.0					960	6,240.0
27	철근공		인	3.80			94,733	359,985.4			94,733	359,985.0
28	보통인부		인	2.20			55,252	121,554.4			55,252	121,554.0
29	기구손료	품+2%	식	1.00	9,630.78						9,631	9,630.0
30	[합 계]					469,740		481,539		0		960,909
31												
32	제6호표 콘크리트 타설 1:2:4(인력비빔, 철근구조물),19MM M3당											
33	시멘트		KG	320	102.5	32,800.0					102.50	32,800.0

1 페이지

	품 명	규 격	단위	수량	재료비		노무비		경비		합계		비고
					단가	금액	단가	금액	단가	금액	단가	금액	
4	1. 태양광 설비공사												
5	와상형 열감지선	ELP 600	M	75	620	46,500					620	46,500	
6	합성수지 전선관	HI P/C 540	M	52	1,835	95,420					1,835	95,420	
7	합성수지 전선관	HI P/C 160	M	617	257	158,569					257	158,569	
8	케이블	F-CV 60°×2C	M	126	7,428	935,928					7,428	935,928	
9	케이블	F-CV 16°×4C	M	9	5,696	45,565					5,696	45,565	
10	케이블	F-CV 4°×1C	M	1,112	546	607,152					546	607,152	
11	케이블	F-CV 4°×2C	M	126	1,175	148,050					1,175	148,050	
12	케이블	F-CVV-S-100-1.25°	M	126	2,742	345,492					2,742	345,492	
13	케이블	F-CVV-S-60-1.25°	M	20	1,884	37,680					1,884	37,680	
14	접지선	F-GV 10°	M	8	972	7,776					972	7,776	
15	접지선	F-GV 16°	M	16	1,290	16,290					1,290	16,290	
16	접지봉	16-1,800 8본	조	2	14,700	29,400					14,700	29,400	
17	데이터 전송함	태양광용	식	1	4,801,955	4,801,955	1,264,467	1,264,467			6,066,422	6,066,422	제1호표
18	적산전력량계	단상4선 220V 60(20)A	개	1	176,000	176,000					176,000	176,000	
19	컴퓨터	P4 3.06 512MB 120G	대	1	1,046,000	1,046,000					1,046,000	1,046,000	
20	모니터	TFT-LCD 17인치	대	1	460,000	460,000					460,000	460,000	
21	일사량계	LI-200SA(Pyranometer)	대	2	1,100,000	2,200,000					1,100,000	2,200,000	
22	온도센서	PT 100Ω	개	2	75,000	150,000					75,000	150,000	
23	배관 잡자재	배관비의 15%	식	1	279,969	41,996					279,969	41,996	
24	잡재료비	배관 재료비의 2%	식	1	2,426,642	48,566					2,426,642	48,566	
25	노무비	내선전공	인	47.42			81,460	3,862,440			81,460	3,862,440	
26		저압케이블전공	인	28.42			98,042	2,776,073			98,042	2,776,073	
27		통신내선공	인	47.60			86,741	4,960,949			86,741	4,960,949	
28		보통인부	인	0.40			55,252	22,100			55,252	22,100	
29	공구손료	노무비의 2%	식	1	10,621,967	212,461					10,621,967	212,461	
30													
31													
32													
33													
34													
	[합 계]					8,489,187		11,884,004		0		20,472,191	

36	3. 태양전지 지지대 제작 및 설치												
37	구조용 강관(백관)	165.2×4.5mm	m	67.90	25,829	1,753,789					25,829	1,753,789	
38	구조용 강관(백관)	89.1×3.2mm	m	6.40	7,446	47,671					7,446	47,671	
39	H형강	150×150×7×10	톤	2.25	990,000	2,271,900					990,000	2,271,900	
40	H형강	150×75×5.2×6t											
41	ㄱ형강	75×75×6t	톤	2.06	560,000	1,156,600					560,000	1,156,600	
42	철판	12mm	톤	0.49	584,000	286,470					584,000	286,470	
43		16mm	톤	0.49	584,000	286,470					584,000	286,470	
44	철골가공조립	80톤 미만	톤	7.96	27,658	219,859	970,066	7,712,016			997,724	7,941,905	제1호표
45	철골세우기	기둥 및 보등	톤	7.96			46,763	664,776			46,763	664,776	제2호표
46	고장력 볼트 본조임		톤	7.96			64,338	512,126			64,338	512,126	제3호표
47	아연도금비		톤	7.96	400,000	3,180,000					400,000	3,180,000	
48	앵커볼트설치	M24-1000	개	72	6,321	455,112	21,788	1,568,736			28,109	2,023,848	제4호표
49	고장력 6각볼트,너트,와샤	M16 L-60mm(아연도금)	조	247	484	119,601					484	119,601	
50	6각볼트,너트,스프링와샤	M10 L-40mm	조	433	411	178,963					411	178,963	
51	6각볼트,너트,스프링와샤	M6 L-25mm	조	1,209	83	100,347					83	100,347	
52	철근가공조립	D13, D16	톤	0.64	469,740	296,966	481,539	606,669			951,279	899,604	제5호표
53	콘크리트(1:2:4)	철근 인력	㎥	8.70	51,700	449,790	162,629	1,414,872			214,329	1,864,662	제6호표
54	버림콘크리트(1:3:6)	인력	㎥	2.10	42,290	88,809	162,629	341,520			204,919	430,329	제7호표
55	합판거푸집	4회	㎡	60.96	5,278	164,406	16,992	612,449			21,860	675,855	제8호표
56	터파기	기계80%+인력20%	㎥	45.95	255	9,664	6,466	124,494	619	11,455	4,090	145,595	제11호표
57	되메우기	인력	㎥	25.25			6,625	169,606			6,625	169,606	제12호표
58	잔토처리	인력	㎥	11.70			11,060	129,235			11,060	129,235	제14호표
59													
60													
61													
62													
63													
64													
65	[합 계]					11,014,962		12,795,146		11,455		23,821,563	
66	4. 주요 자재비												
67	태양전지	165W	장	144	926,000	162,912,000						162,912,000	
68	계통연계형 인버터	25kW(3상4선식)	대	1	25,000,000	25,000,000						25,000,000	
69													

집 계 표

[공사명] 태양광 발전 시설공사

품 명	규 격	단위	수량	재료비		노무비		경 비		합 계	
				단가	금액	단가	금액	단가	금액	단가	금액
1. 태양광 설비공사		식	1	8,489,187	8,489,187	11,883,004	11,883,004	0	0	20,372,191	20,372,191
2. 태양전지 지지대 제작 및 설치		식	1	11,014,962	11,014,962	12,798,146	12,798,146	11,468	11,468	23,824,576	23,824,576
[합 계]		식	1	19,504,149	19,504,149	24,681,150	24,681,150	11,468	11,468	44,196,767	44,196,767
주 요 자 재 대		식	1	158,912,000	158,912,000					158,912,000	158,912,000

1 페이지

비목		구분	금액	구성비	비고
순	재	직접재료비	19,504,149		
	료				
	비	소계	19,504,149		
공	노	직접노무비	24,681,150		
	무	간접노무비	2,418,752	9.80%	직노
	비	소계	27,099,902		
사		기계경비	11,468		
		안전관리비	547,897	1.24%	재료+직노
	경	산재 보험료	921,396	3.40%	노무
		기타경비	1,118,497	2.40%	재료+노무
원		고용 보험료	181,569	0.67%	노무
		1 페이지			
가	비				
		소계	2,780,827		
계			49,384,878		
일반관리비			1,975,395	4.00%	재료+노무+경
소계			51,360,273		
이윤			1,400,455	4.42%	노무+경비+일반
소계			52,760,728		
주요자재비			158,912,000		
소계			211,672,728		
부가세			21,167,273		
총원가			232,840,000		

전압강하 계산법

- 직류 및 단상2선식 e = 35.6 * L * I / (1,000 * A)
- 3상 3선식 e = 30.8 * L * I / (1,000 * A)
- 단상 3선식 및 3상 4선식 e = 17.8 * L * I / (1,000 * A)

여기서 e : 각 선간의 전압강하(V)

L : 전선의 길이(m)

I : 전선의 전류(A)

A : 전선의 단면적(mm^2)

전압강하율(%) = 전압강하 / 송전전압(최대출력전압)

* 예 : 5층건물 옥상에서 태양전지를 설치하고 지하전기실에 인버터 설치 경우 전선 굵기

태양전지 용량 : 26.4kWp(태양전지 165W, 8개 직렬 20조 병렬)

태양전지 접속반 설치(출력선 F-CV 35"-2C), 총길이 75M 경우

I = 최대출력전류(4.72A * 20 = 94.4A), 최대출력전압=35.0 * 8 = 280V

e = 35.6 * L * I / (1,000A) = 7.2V

전압강하율(%) = 7.2/(35.0 * 8) = 2.57%

* 어레이에서 인버터입력단간 및 인버터출력단과 계통연계점간 전압강하는 3%를 초과하여서는 아니된다.

(산자부 고시)

가. 간 선 계 산 서

공사명 : 태양광 발전 시설공사

구분	구간		간선특성			부하특성				사용전선			전압강하 계산		개폐기,차단기		배관	
	~에서	~까지	배전 방식	배전 전압 [V]	거리 부하 [M]	연결 부하 [W]	수용율 [%]	수용 부하 [W]	전류 [A]	종류	굵기 [㎟]	허용 전류 [A]	[V]	[%]	종류	규격	종류	규격
1	태양전지	접속반	직류	280	50	1,320	100	1,320	4.72	F-CV	4/1C	60	1.53	0.55	퓨즈브레커	10A		
2	접속반	인버터	직류	280	122	23,760	100	23,760	85.0	F-CV	50/2C	170	7.38	2.64	MCCB	150A		
3	분전반	인버터	교류	380	5	23,760	100	23,760	36.1	F-CV	16/4C	91	0.23	0.06	MCCB	100A		

직류2선식 및 단상2선식 $e = \frac{35.6 \times L \times I}{1,000 \times A}$

3상3선식 $e = \frac{30.8 \times L \times I}{1,000 \times A}$

직류3선식, 1Φ3W, 3Φ4W $e' = \frac{17.8 \times L \times I}{1,000 \times A}$

e = 각 선간의 전압강하(V)

e' = 외측선 또는 각상의 중성선과의 사이의 전압강하(V)

A = 전선의 단면적(㎟)

L = 전선의 길이(m)

I = 전류(A)이다

⇨ 위의 양식내용은 수험생의 이해를 돕기 위한 이미지입니다.
신뢰여부는 수험생의 몫입니다.

총 괄 설 계 내 역 서

공 종	명 칭	규 격	합 계	노 무 비	재 료 비	경 비
	2. 산재보험료		119,822,849	(직접노무비+간접노무비) x 3.7%		
	3. 고용보험료		25,583,797	(직접노무비+간접노무비) x 0.79%		
	4. 건강보험료		50,323,347	직접노무비 x 1.7%		
	5. 연금보험료		73,708,902	직접노무비 x 2.49%		
	6. 노인장기요양보험료		3,296,179	건강보험료 x 6.55%		
	7. 퇴직부금비		68,084,528	직접노무비 x 2.3%		
	8. 산업안전보건관리비	A) 관급재/1.1제외 적용	118,692,577	A) <(직노+재료비) x 1.88%>의 1.2배 = 118,692,577 B) (직노+재료비+관급재/1.1) x 1.88% = 172,532,990		
	9. 기타경비		382,222,350	(직접노무비+간접노무비+재료비) x 6.9%		
	10. 하도급대금지급보증 수수료		4,422,299	(재료비 + 직접노무비 + 산출경비) x 0.069%		
	11. 환경보전비		32,045,645	(재료비 + 직접노무비 + 산출경비) x 0.5%		
나.	소 계		7,565,590,161			
	12. 일반관리비		416,107,458	(나.소 계) x 5.5%		
다.	소 계		7,981,697,619			
	13. 이 윤		681,302,381	(다.소계 - 재료비) x 12% = 681,683,840		
라.	공급가액		8,663,000,000			
	14. 부가가치세		866,300,000	공급가액 x 10%		
마.	도급공사비		9,529,300,000			
	15. 관급자재대		4,307,700,000			
바.	총공사비		13,837,000,000			

7. 공사 원가계산

(1) 공사비 산정기준 근거

(가) 직접산출 가능한 비목은 직접계산

- 직접재료비·직접노무비·기계경비·운반비·가설비 등.

(나) 수행된 실적공사비로서 중앙관서의 장이 인정한 가격.

- 공인기관(건설협회), 조달청 회계통첩에 의거 산정한 완성공사 실적분석치의 경비율.
  (기타경비에 해당하는 7개 비목 및 간접노무비율)

(다) 통계작성 승인기관이 조사·공표한 가격

- 공사직종별 시중노임단가 : 대한건설협회 조사, 공표.
- 공사부문별 시중노임·평균단가 : 대한건설협회 조사, 공표.
- 완성공사 원가구성분석 경비율(7개비목) 및 간접노무비율.
  - 공사종류별·규모별·기간별로 분석.
  - 위(2)항의 분석치와 병행 검토됨.

(라) 최근년도 원가계산자료(결산서류)의 수치활용.

- 완성공사 원가구성 분석치·한국은행 기업경영분석치와 상호 보완적 활용.
- 기준분석치 적용 곤란시는 해당 결산서류에 의한 직접 분석 적용.

(마) 표준품셈 적용.

- 중앙관서장 또는 지정단체가 제정한 표준품셈. (재료비·직접노무비·경비 등의 품셈)
- 품셈적용 할 수 없는 경우는 직접조사、적용.

(바) 법령에 의한 요율 적용. (관계법규 또는 지침)

- 안전관리비·산재보험료·일반관리비·이윤 등.

(2) 공사원가계산 요율 적용 요령

〈대한건설협회 자료 및 조달청 적용 기준〉

(가) 계산방법

- 간접노무비 : (직접노무비)×요율
- 산재보험료 : (노무비)×요율
- 안전관리비 : (재료비+직접노무비+관급자재비)×요율+(기본비용)
  단, 관급재 반영요율은(재료+직·노)×요율의 1.2배 이내에서 적용

- 기타 경비 : (재료비+노무비)×요율
- 일반관리비 : (재료비+노무비+경비)×요율
- 이 윤 : (노무비+경비+일반관리비-외주가공비 및 기술료)×요율
- 공사손해보험료 : (순원가+일반관리비+이윤+관급자재비)×요율

〈※ 공사원가계산적용 일반관리비율〉

시 설 공 사		전문, 전기, 전기통신, 소방공사 및 기타공사	
공사원가	일반관리비율(%)	공사원가	일반관리비율(%)
5억원 미만	6.0	5천만원 미만	6.0
5억원 ~ 30억원미만	5.5	5천만원 ~ 3억원미만	5.5
30억원 이상	5.0	3억원 이상	5.0

(나) 기준요율

- 관계기관 또는 공인단체에서 발표하는 공사 업종별·공사비 규모별·공사 기간별로 정한 해당공사의 "요율표" 참조.

(다) 근 거

• 근거법규

- 국가계약법시행령 제9조제①항제3호. (실적공사비에 의한 예가결정)
- 국가계약법시행규칙 제7조. (원가계산 할 때 단위당 가격의 기준)
- 재경부 회계통첩(회계제 2210-591 : '89.3.8.)에 따라 대한건설협회(통계작성 승인기관)에서 조사·공표한 자료에 의거, 조달청 등 적용자료.
- 간접노무비율 : 회계예규·원가계산준칙 제9조제②항 대한건설협회 조사·공표한 연도의 적용비율.
- 산재보험료 요율 : 노동부 고시의 시행일자 산재보험요율. (산업재해보상보험법 시행령 의거)
- 안전관리비 요율 : 노동부 고시의 시행일자 안전관리비율. (산업안전보호법 시행령 의거)
- 기타경비요율 : 대한건설협회 조사·공표 연도의 적용비율.
- 일반관리비율 : 회계예규·원가계산준칙 제19조. (공사 일반관리비율)
- 이 윤 율 : 회계예규·원가계산준칙 제42조. (공사 이윤율)
- 공사손해보험료 : 보험개발원 및 보험회사 요율.

※ 기타경비내용 : 수도광열비, 복리후생비, 소모품 및 사무용품비, 여비, 교통

통신비, 도서인쇄비, 지급수수료, 세금과 공과등 7개 비목.

(3) 공사비 원가 산출 요약

※ 회계예규, 원가계산준칙 제3장 제14조~제20조의 2에 의함

원가 요소	원 가 비 목	내 용	산 출 기 준
재료비	1. 직접재료비	기본구조물·매입부품·수입부품·외장재료, 외주품, 재료매입부대비	품셈·일위대가(산출내역서)
	2. 간접재료비	소모성재료·소모공구기구비품·비계, 거푸집, 동바리등 가설재료비	품셈·일위대가(산출내역서)
	3. 작업설·부산물(공제)	시공중 발생되는 것, 매각 또는 이용가치 공제	직접계산
노무비	1. 직접노무비	현장 직접작업자의 노임	품셈·일위대가(산출내역서)
	2. 간접노무비	현장 관리·감독·보조자의 노임	완성공사실적 분석치
경 비	1. 전 력 비	시공에 직접 소요되는 것	일위대가에서 주로 재료비에 계산
	2. 수도광열비	시공에 직접 소요된 것	완성공사실적 분석치
	3. 운 반 비	원재료·반제품·기계기구 등 운반비 및 조작비	품셈·일위대가(산출내역서)
	4. 기계 경비	정부 표준품셈상 건설기계의 사용료	품셈·일위대가(산출내역서)
	5. 특허권원사용료	타인 특허권사용료로 사용비례계산	직접계산
	6. 기 술 료	시공에 필요한 노하우 및 부대비용으로 이연상각 사용비례 배분	직접계산
	7. 연구개발비	기술개발·연구·시험연구비·기술용역비·작업훈련비등 이연상각 사용비례배분(특별상각가능)	직접계산
	8. 품질관리비	계약조건에 요구된 품질시험 비용	직접계산
	9. 가 설 비	시공에 필요한 현장사무소·창고·식당·기숙사.·화장실등 가설물 비용	품셈·일위대가(산출내역서) 또는 외주 설치비
	10. 지급임차료	토지·건물·기계기구(건설기계제외)등 사용료	직접계산
	11. 보 험 료	산재보험·고용보험·손해보험 등	산재보험요율 반영
	12. 복리후생비	의료위생약품대·치료비·급식피복비·건강진단비 등 작업조건 유지비	완성공사실적분석치
	13. 보 관 비	재료·기자재 등 창고사용료	직접계산

원가요소	원 가 비 목	내 용	산 출 기 준
경 비	14. 외주가공비	재료의 외부가공비용(재료비 계상분 제외)	직접계산
	15. 안전관리비	산재 및 건강장해예방 비용	안전관리비율반영
	16. 소 모 품 비	문구·장부대 등 소모품(간재 계상분 제외)	완성공사실적분석치
	17. 여비교통통신비	여비·차량유지비·전신전화 우편료 등	완성공사실적분석치
	18. 세금과공과	재산세·차량세·공공단체공과금 등	완성공사실적분석치
	19. 폐기물처리비	오물·잔재물·폐기물 등 처리비	직접계산
	20. 도서인쇄비	참고서적·인쇄·사진·시공기록 책자 등	완성공사실적분석치
	21. 지급수수료	법령에 의한 비용	완성공사실적분석치
	22. 환경보전비	법령에 의한 환경오염방지 시설비	직접계산
	23. 보 상 비	시공상 도로·하천 등 훼손 보상비 (용지보상비제외)	직접계산
	24. 안전점검비	건설안전 전문기관 의뢰 점검비	직접계산
	25. 퇴직공제 부 금 비	법령상 건설근로자 퇴직공제가입 소요비용 (별도 퇴직충당금은 제외)	직접계산
	26. 기타법정경비	법령에 의한 기타 경비	직접계산
순 원 가		위까지 합계(재료비+노무비+경비)	
일 반 관 리		(순원가)×5~6%	법정비율
이 윤		(노무비+경비+일반관리비)×15%	법정비율
공 사 손 해 보 험 료		공사일반조건 10조관련 공사손해보험료 (순원가+일반+이윤+관급)×요율	보험개발원·보험회사요율
총 원 가		위까지 합계(순원가+일반관리비+이윤+공사손해보험료)	

주1. 각 비목중 해당되는 비목을 선정 계산

주2. 완성공사 실적분석치(7개비목) : 수도광열비·복리후생비·소모품비·여비교통, 통신비(기타경비)·세금과공과·도서인쇄비·지급수수료

주3. 세부적인 산출방법은 해당법규 및 요율자료 참조

(4) 공사 원가계산 집계 예시

공 사 원 가 계 산 집 계 표

공사명 : ○○○공사　　　　　　　　　　사 양 :

단　위 : 원/식

원가항목		산출방법	금　액	비　고
원가요소	원가비목			
재 료 비	직 접 재 료 비	직접산출		
	간 접 재 료 비	직재×요율		
	작 업 설 (공제)	직접산출		
	(소　　계)			
노 무 비	직 접 노 무 비	직접산출		
	간 접 노 무 비	(직노)×요율		
	(소　　계)			
경　비	기 계 경 비	직접산출		
	운 반 비	직접산출		
	가 설 비	직접산출		
	산 재 보 험 료	(노무)×요율		
	산업안전관리비	(재료+직노+관급)×요율		
	고 용 보 험 료	(노무)×요율		
	퇴직공제부금비	(직노)×요율		
	기 타 경 비	(재료+노무)×요율		
	(소　　계)			
순 원 가		위까지 합계(재료비+노무비+경비)		
일 반 관 리 비		(순원가)×요율		
이 윤		(노무+경비+일반)×요율		
공 사 손 해 보 험 료		(보험가입대상공사부분총원가)×요율		부가세 제외
총 원 가		위까지 합계(순원가+일반관리비 +이윤+공사손해보험료)		
부 가 가 치 세		(총원가)×10%		
합 계		위까지 합계		
관 급 자 재 비		별도내역서		

출제 기준에 따른 실기 필답형 예상문제

문제 Ⅰ

신재생 발전설비 등 감리원의 주 업무에 대하여 설명하시오!

풀 이

감리원 주업무 : 유지관리 지침서 작성 제출, 인수인계 계획 수립, 준공도면 확인 지도감독, 시운전 계획 및 실시, 공사 감리용역완료보고.

문제 Ⅱ

(　　　)은 기성검사 과정에 입회하도록 하고, 준공 검사과정에는 소속 직원을 입회시켜 준공검사자가 계약서, 설계설명서, 설계도서 등 관계 서류에 따라 준공검사를 실시하는지 여부를 확인하여야 하며, 필요시 완공 된 시설물 인수기관 또는 유지관리기관의 직원에게 검사에 입회·확인할 수 있도록 조치하여야 한다 – (　　　)의 내용은?

풀 이

발주자

문제 Ⅲ

(　　)은 천재지변 등 불가항력으로 인해 검사기간을 준수할 수 없을 때에는 검사에 필요한 최소한의 범위에서 검사기간을 연장할 수 있으며 이를 발주자에게 통보하여야 한다. (　　)의 내용은?

풀 이

감리업자

문제 IV

- 감리업자는 해당 감리용역이 완료된 때에는 ( )일 이내에 공사감리 완료보고서를 협회에 제출 하여야 한다.
- 감리원은 발주자(설계자) 또는 공사업자(주요설비 납품자) 등이 제출한 시설물의 유지관리지침 자료를 검토하여 유지 관리 지침서를 작성. 공사 준공후 ( )일 이내에 발주자에게 제출하여야 한다! ( )안의 들어갈 각각의 숫자는?

풀 이

첫번째 15일, 두번째 14일

문제 V

( )은 해당 공사 완료 후 준공검사 전에 사전 시운전 등이 필요한 부분에 대하여는 공사업자에게 시운전을 위한 계획을 수립하여 시운전 ( )일 이내에 제출하도록 하고, 이를 검토하여 발주자에게 제출하여야 한다. ( )에 들어갈 내용은?

풀 이

첫번째 감리원, 두번째 30일

- 감리원은 해당 공사 완료 후 준공검사 전에 사전 시운전 등이 필요한 부분에 대하여는 공사업자에게 시운전을 위한 계획을 수립하여 시운전 30일 이내에 제출하도록 하고, 이를 검토하여 발주자에게 제출하여야 한다.
  - 시운전 일정
  - 시운전 항목 및 종류
  - 시운전 절차
  - 시험장비 확보 및 보정
  - 기계·기구 사용계획
  - 운전요원 및 검사요원 선임계획

제 2 편

태양광 발전설비 운영 및 유지

제 1 장

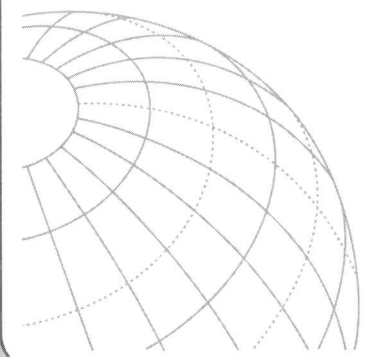

태양광 발전 모니터링 시스템

제1장

태양광 발전 모니터링 시스템

제1절 태양광 발전 모니터링 시스템

1. 설계 조건

태양광 발전설비의 효율적인 운영을 위하여, 발전설비전반에 대하여 원격감시 예방 진단, 차단 시스템을 도입하여, 시스템의 운영 및 셀, 모듈 고장예지 진단 및 감시, 경보, 상황을 웹 또는 휴대폰을 통하여 긴급 통보 기능을 수반하는 장비이어야 한다.

가. 태양광 발전 고장 예지 및 감시 설비의 구성

태양광 예지운전 및 감시 차단 기능을 수반한 모니터링 시스템의 구성은 태양광발전 변환 통합시스템 내부에 e-체커 및 MCCB 설비에 의해 측정되는 데이터들을 통신 포트를 통하여 태양광 지능형 통합 시스템에 정보를 저장시킨 후 전용 소프트웨어를 이용하여 표시 장치에 나타낸다.

나. 감시 및 측정 기능(현장 여건에 따라 변경 가능)

(1) 발전 진단

- 현재 발전전력, 누적 발전전력
- 금일 전력량, 금월 전력량, 전월전력량, 이산화탄소 절감량
- 설비용량, 설비이용률

(2) 고장 진단

- 직렬회로 상태 표시(전압, 전류, 전력, 스위치상태, 현재발전량, 평균발전율)
- 직렬회로 고장 진단, 설비 용량
- 직렬회로 고장 진단이력(고장일자, 고장시간, 해제일자, 해제시간)
- 직렬회로 제어 이력(제어일자, 제어시간, 제어구분, 제어방법)

- 인버터 감시, 인버터 이상 유무 진단
- 인버터분석(직류/교류 전압, 직류/교류 전류, 직류/교류 전력, 주파수, 전력량)

(3) 경보 현황
- 진행 경보 및 내역 조회(경보일자, 경보시간, 측정값, 경보내용)

(4) 기록 및 통계 기능
- 시간대, 월별, 주간별, 월별 정기적 자료 기록
- 경보발생 이력에 대한 기록

(5) 정보 분석

각 감시 요소별 아날로그 값을 라인, 막대, 면적 등 입체적으로 표시하여야한다.
- 인버터 분석(전압, 전류, 전력, 전력량, 설비이용률)
- 직렬회로 분석(전압, 전류, 전력, 평균발전량, 설비이용률)

(6) 보고서 화면
- 시간대별 발전 현황 표시, 부하현황 최대값과 최소값 표시, 누적 발전량 표시, 보고서 출력(일보)
- 일별 발전 현황, 부하현황 최대값과 최소값, 누적 발전량, 보고서 출력(일보)

(7) 에너지원별 에너지생산량

○ 태양광 - 0.292 toe/kW
- 태양광발전전력량(kWh) = 운전시간(h) * 설치용량(kW) * 이용율(%)

※ 광주실증단지 데이터를 기준으로 이용율은 15.5%(신재생 통계의 공식수치)
- 설치용량 10kW 기준 계산 예
  • 일년 발전량 = 8,760h * 10kW * 15.5% = 13,578kWh.

○ 태양열 - 0.064 toe/m² · yr
- 단위면적당 연간 집열량(kcal/m² · yr)
  = 일평균 일사량(kcal/m^2. day) * 연간시스템 가동율(%) * 태양열시스템 효율(%) * 365(day)

※ 일평균 일사량은 3,569kcal/m² · day연간시스템 가동율은 90%, 태양열시스템 효율은 44%(신재생통계의 공식수치)
- 설치용량 100m^2 기준 계산 예

- 단위면적당 연간 집열량 = $100m^2$ * 3,569kcal/㎡ · day * 90% * 44% * 365day = 51,586,326kcal/㎡ · yr

○ 지열 - 0.618 toe/RT(=0.177 toe/kW)

○ 풍력 - 0.377 toe/kW

- 풍력발전전력량(kWh) = 운전시간(h) * 설치용량(kW) * 이용율(%)

  ※ 풍력설비 이용율은 20.0%(신재생통계의 공식수치)

- 설치용량 100kW 기준 계산 예

  • 일년 발전량 = 8,760h * 100kW * 20.0% = 175,200kWh

(8) 태양광 모듈 모니터링 시스템 단점

태양광 발전 시스템을 운영 및 유지보수 관리를 위한 모듈별 통신 방안 관한 것으로서, 더욱 상세하게는 태양전지모듈의 전압 및 전류 값으로 태양광 발전 상황을 모니터링 할 수 있으며 이상유무를 판단할 수 있는 시스템에 관한 것이다. 기존 태양광 발전용 시스템은 다수개의 태양전지 모듈을 직렬 연결로 스트링으로 구성되었으며, 이러한 구조의 시스템의 효율은 95%이상으로 성능이 우수하지만 발전 시스템내 셀간, 모듈간, 스트링간에 발생하는 전압 불일치로 발생하는 발전량 손실률은 5~25%에 달하고 있다. 이 전압 미스매치의 원인으로는 구름 및 건물의 그림자, 오염, 셀 열화 및 소손 등을 발생 되므로 발전소 수명 및 안전에 많은 문제점으로 야기된다.

위와 같이 태양광 발전의 시스템이 다양해지고 있으며 대규모로 설치 운용되고 있어서 발전 설비의 유지보수와 감시를 효율적으로 할 필요가 강하게 대두되었으며, 많은 태양광 발전 시스템에서 이러한 요구를 해결하기 위해 다양한 방법이 제시되고 있는 실정이다.

【태양광 발전 모니터링 시스템에서는 다음과 같은 문제점이 존재】

첫째, 기존의 태양광 발전 설비 모니터링 기술에 대한 문제점은 인버터 중심으로 모든 측정이 이뤄지고 있기 때문에 발전설비의 가장 많은 비중을 차지하고 있는 태양전지 모듈의 자세한 정보를 알 수 없다.

둘째, 태양광 발전 설비를 추가로 증축하거나 전력 용량을 증가시키는 경우는 모니터링 설비를 추가해야하며, 초기 비용도 부수적으로 증가하게 되어 있어서 구조적으로 설계 변경 시 유연하게 대응하기 어렵다.

셋째, 태양광 발전설비의 유지 보수 과정에서 발생되는 부분적인 통신선로의 고장과 쥐 등에 의한 선로의 파괴 또는 누설전류의 발생 등과 같은 실질적으로 발생하는 장해에 대해 대응하기 어렵다.

넷째, 태양광발전시스템의 태양전지 모듈 개별 모니터링의 어려움으로 개별 모듈의 노후화 및 고장여부 확인은 접속반 어레이에서 확인하여 모듈로 찾아가야 하므로 시간 소요가 많다.

제 2 절 모니터링 설비 설치기준

1) 설비 해당 여부에 대한 기준

신재생에너지설비 지원기준 및 지침 제 7조에 태양광 설비의 시공기준 및 모니터링 설비의 시공기준에 대해 규정하였으며 모니터링 설비의 경우 50킬로와트 이상의 발전설비에 대해 의무적으로 설치하도록 규정하였다.

2) 모니터링설비 요구사항

의무적으로 설치해야하는 모니터링설비는 다음의 사항에 따라 설치하여야 한다.

가. 설비요건

모니터링설비의 계측설비는 아래 표를 만족하도록 설치하여야 한다.

[표 계측설비별 요구사항]

계측설비	요구사항	확인방법
인버터	CT 정확도 3% 이내	• 관련 내용이 명시된 설비 스펙 제시 • 인증 인버터는 면제
온도센서	정확도 ±0.3℃(−20~100℃) 미만	• 관련 내용이 명시된 설비 스펙 제시
	정확도 ±1℃(100~1000℃) 이내	
유량계, 열량계	정확도 ±1.5% 이내	• 관련 내용이 명시된 설비 스펙 제시
전력량계	정확도 1% 이내	• 관련 내용이 명시된 설비 스펙 제시

나. 측정위치 및 모니터링 항목

상기 표의 요건을 만족하여 측정된 에너지 생산량 및 생산시간을 누적으로 모니터링 하여야 한다.

[측정 및 모니터링 항목]

구 분	모니터링 항목	데이터(누계치)	측정 항목
태양광, 풍력 수력, 폐기물 바이오	일일발전량(kWh)	24개(시간당)	- 인버터 출력
	생산시간(분)	1개(1일)	

3) 전기설비의 정의 및 발전사업 허가

산업통상자원부 장관은 전기설비의 안전관리를 위하여 필요한 기술기준을 정하여 고시하여야 하며 이를 변경하는 경우에도 또한 같다고 규정하고 있다. 전기설비라 함은 발전·송전·변전·배전 또는 전기사용을 위하여 설치하는 기계·기구·댐·수로·저수지·전선로·보안통신선로 기타의 설비(「댐건설 및 주변지역지원 등에 관한 법률」에 의하여 건설되는 댐 및 저수지와 선박·차량 또는 항공기에 설치되는 것 기타 대통령령이 정하는 것을 제외한다)로서 아래와 같이 규정하고 있다.

가. 전기사업용전기설비

나. 일반용전기설비

다. 자가용전기설비

저압, 고압 그리고 특고압에 대해 전기사업법 시행규칙에서는 "고압"이라 함은 직류에서는 750볼트를 초과하고 7천볼트 이하인 전압, 교류에서는 600볼트를 초과하고 7천볼트 이하인 전압으로 규정하며 "특고압"이라 함은 7천 볼트를 초과하는 전압으로 규정하고 있다.

발전사업 허가의 경우 전기 사업을 하고자 하는 자가 전기 사업의 종류별로 산업통상자원부장관의 허가를 받아야 하며 허가받은 사항 중 산업통상자원부령이 정하는 중요사항을 변경하고자 하는 경우에도 또한 같으며 그 기준에 대해 아래와 같이 규정 하고 있다.

가. 전기사업을 적정하게 수행하는 데 필요한 재무능력 및 기술능력이 있을 것

나. 전기사업이 계획대로 수행될 수 있을 것

다. 배전사업 및 구역전기사업에 있어서는 2 이상의 배전사업자의 사업구역 또는 구역전기사업자의 특정한 공급 구역 중 그 전부 또는 일부가 중복되지 아니할 것

또한 전기사업법 시행규칙에서는 이에 대해 전기사업허가신청서 (전자문서로 된 신청서를 포함한다.) 에 각종 서류(전자문서를 포함한다. 이하 같다)를 첨부하여 산업통상자원부 장관에게 제출하여야 이 경우 발전설비용량이 3천 킬로와트 이하인 발전사업의 경우, 시, 도지사에게 그 이상인 경우 산업통상자원부 장관에게 허가를 받아야 하며 허가를 받고자 하는 자는 법률상 규정된 신청서 및 제반서류를 제출하여야 하며 신청된 발전사업 허가에 대해 심사 후 사업허가증을 교부하게 된다.

– 재무능력의 심사기준과 기술능력의 심사기준 –

가. 재무능력 : 신용평가가 양호할 것, 소요재원 조달계획이 구체적일 것

나. 기술능력 : 전기설비의 건설 및 운영계획이 구체적일 것

다. 전기설비를 건설, 운영할 수 있는 기술인력 확보계획이 구체적으로 적시되어 있을 것

전기사업법 시행규칙에서는 발전 사업 허가를 받은 후 공가계획 인가를 받아야 한다고 규정하며 관련한 절차는 상기와 유사하다. 등에 대해 등의 신청) ①법 제61조 및 법 제62조의 규정에 의한 공사계획의 인가 또는 변경인가를 신청하고자 하는 자는 별지 제25호서식의 공사계획인가(변경인가)신청서에 별표 8의 공사계획의 인가신청방법에 따라 작성한 서류를 첨부하여 제출대상기관에 제출하여야 한다.

4) 사용 전 검사

전기안전기술지침에서는 태양광 발전설비의 시설 및 설치공사는 기본적으로 전기공사업 등록을 필한 전문기업에 의해 감전, 화재 그 밖에 사람에게 위해를 주거나 물건에 손상을 줄 우려가 없도록 시설되어야 한다. 또한, 태양광과 관련된 전기설비는 사용목적에 적절하고 안전하게 작동하고 그 손상으로 인하여 전기 공급에 지장을 주지 않아야 하며 다른 전기설비, 그 밖의 물건의 기능에 전기적 또는 자기적인 장해를 주지 않도록 시설해야 한다.

전기사업법에서는 사용 전 검사에 대해 전기설비의 설치공사 또는 변경공사를 한 자는 령이 정하는 바에 따라 산업통상자원부장관 또는 시 · 도지사가 실시하는 검사에 합격한 후에 이를 사용하여야 한다고 규정하고 있으며 동법 시행규칙에서는 사용 전검사를 받아야 하는 대상에 대해 공사계획의 인가를 받거나 신고를 하고 설치 또는 변경공사를 하는 전기설비(원자력발전소의 전기설비를 제외한다)로 규정하고 있으며 아래 경우에는 예외를 인정하고 있다.

가. 전기설비를 시험하기 위하여 일시 사용하는 경우

나. 전기설비의 일부가 완성된 경우에 다른 전기설비를 시험하기 위하여 그 완성된 부분

을 일시 사용할 필요가 있는 경우

다. 전기설비의 공사내용과 설치장소의 상황에 비추어 볼 때 산업통상자원부장관이 안전상 지장이 없다고 인정하여 고시하는 경우

동법 시행규칙에서는 그 시기 및 절차에 대해 사용전 검사는 전기설비의 설치공사 또는 변경공사가 완료된 후 전기를 공급 받기전에 받아야 하며 사용전점검신청서에 규정된 각종 서류를 첨부하여 점검을 받고자 하는 날의 3일전까지 안전 공사 또는 전기판매사업자에게 제출하여야 한다.

안전공사 또는 전기판매사업자는 사용전 점검결과 적합한 경우에는 지체 없이 사용전 점검 필증을 점검신청인에게 교부하여야 하며 부적합한 경우에는 그 내용 및 사유를 지체 없이 점검신청인에게 통지하여야 한다고 규정하고 있다. 아래 표에 동법 시행규칙에서 정한 전압의 범위와 표준주파수 및 허용오차 그리고 사용전 검사 시 기준에 대해 표현하였다.

【전압의 범위와 표준주파수 및 허용오차】

표준전압	허용오차
110볼트	110볼트의 상하로 6볼트 이내
220볼트	220볼트의 상하로 13볼트 이내
380볼트	380볼트의 상하로 38볼트 이내

2. 표준주파수 및 허용오차

표준전압	허용오차
60헤르츠	60헤르츠 상하로 0.2헤르츠 이내

【사용전 검사 점검 항목】

점검 항목	점검기준 및 방법
절연저항	주회로 및 분기회로 배선과 대지 간의 절연저항 측정치가 다음과 같을 것 ○ 대지전압 150볼트 이하 : 0.1메가옴 이상 ○ 대지전압 150볼트 초과 300볼트 이하 : 0.2메가옴 이상 ○ 사용전압 300볼트 초과 400볼트 미만(비접지 계통) : 0.3메가옴 이상 ○ 사용전압 400볼트 이상 : 0.4메가옴 이상
인입구 배선	다음 사항을 육안으로 점검할 것 ○ 규격전선의 사용 여부 ○ 전선 접속 상태 ○ 전선피복의 손상 여부 ○ 배선공사방법의 적합 여부

옥내배선(옥외·옥측 배선을 포함한다)	다음 사항을 육안으로 점검할 것 ○ 규격전선의 사용 여부 ○ 전선피복의 손상 여부 ○ 배선공사방법의 적합 여부
누전차단기	○ 설치 여부 ○ 작동 여부 ○ 열화 및 손상 여부
개폐기(차단기를 포함한다)	○ 개폐기의 설치 여부 ○ 개폐기 설치 위치의 적합 여부 ○ 개폐기의 열화 및 손상 여부 ○ 정격퓨즈의 사용 여부 ○ 개폐기의 결선 상태 ○ 다선식 전로의 각극 개폐장치 여부
접지저항	전기기계기구의 금속제 외함과 대지 간의 접지저항 측정치가 다음과 같을 것 ○ 제3종접지 : 100옴 이하 ○ 특별제3종접지 : 10옴 이하
그 밖의 항목	그 밖에 전기설비의 안전관리를 위하여 지식경제부장관이 정하는 사항

5) 기타 참고자료

1. 신재생에너지의 석유환산톤(toe) 계산

에너지원	세부구분	환산계수	비 고
태양열		0.064 toe/㎡·년	시스템효율 44%
태양광	사업용	실제 발전량(MWh)	–
	자가용	0.292 toe/kW	이용율 155%
바이오	바이오가스(전기)	실제 발전량(MWh)	–
	바이오가스(열)	실제 발생열량(Gcal)	–
	매립지가스(전기)	실제 발전량(MWh)	–
	매립지가스(열)	실제 발생열량(Gcal)	–
	바이오디젤	9,050 kcal/L	경유 발열량 기준
	우드칩	실제 발생열량(Gcal)	–
	성형탄	0.42 toe/ton	평균 발열량 기준
	임산연료	2,800 kcal/kg	신탄 발열량 기준
풍력	사업용	실제 발전량(MWh)	–
	자가용	0.377 toe/kW	이용율 20%
수력	사업용	실제 발전량(MWh)	–
	자가용	실제 발전량(MWh)	–

연료전지	사업용	실제 발전량(MWh)	–
	자가용	1.789 toe/kW	이용율 95%
폐기물	폐가스	539,000 kcal/ton	증기발생량 기준
	산업폐기물	539,000 kcal/ton	증기발생량 기준
	폐목재	539,000 kcal/ton	증기발생량 기준
	생활폐기물	539,000 kcal/ton	증기발생량 기준
	대형도시쓰레기	실제 발생열량(Gcal)	–
	시멘트킬른보조연료	7,650 kcal/kg	폐타이어, 폐고무 등
	RDF / RPF	실제 발생열량(Gcal)	–
	정제연료유	9,900 kcal/L	벙커 C유 기준
지열	냉방	0.174 toe/RT	부하율 60%
	난방	0.444 toe/RT	부하율 70%

※ TOE(Ton of Oil Equivalent)란 국제에너지기구(IEA)에서 정한 단위로 석유 환산톤임. TOE는 107 kcal로 정의하는데, 이는 원유 1톤의 순발열량과 매우 가까운 열량임.

출제 기준에 따른 실기 필답형 예상문제

문제 Ⅰ

신재생에너지설비 지원기준 및 지침 제 7조에 태양광 설비의 시공기준 및 모니터링 설비의 시공기준에 대해 규정하였으며 모니터링 설비의 경우 몇 킬로와트 이상의 발전설비에 대해 의무적으로 설치하도록 규정 하였나?

풀 이

50킬로와트

문제 Ⅱ

TOE (Ton of Oil Equivalent) 란 국제에너지기구 (IEA) 에서 정한 단위로 석유 환산 톤 이며 TOE는 107kcal로 정의하는데, 이는 원유 1 톤의 순발영량과 매우 가까운 열량이다. TOE 대비 태양열 시스템 효율은 얼마인가?(단 0.064 toe/m² · 년)

풀 이

44 %

문제 Ⅲ

태양열집열장치를 100m² 설치하였을 때 단위면적당 연간 집열량은 얼마인가?
(단, 0.064 toe/m² · 년, 일평균 일사량은 3,569kcal/m² · day, 연간시스템 가동율은 90%)

풀이

* 태양열 연간 = 0.064 toe/㎡ · yr
  - 단위면적당 연간 집열량(kcal/㎡ · yr) = 일평균 일사량(kcal/m^2. day) * 연간시스템 가동율(%) * 태양열시스템효율(%) * 365(day)
    ※ 일평균 일사량은 3,569kcal/㎡ · day연간시스템 가동율은 90%, 태양열 시스템 효율은 44%(신재생통계의 공식수치)
  - 설치용량 100m2 기준 으로 계산하면,
    * 단위면적당 연간 집열량 = 100m^2 * 3,569kcal/㎡ · day * 90% * 44%
    * 365day = 51,586,326kcal/㎡ · yr

문제 IV

설치 용량 10kW 기준으로 일년 발전량을 계산하시오! (단, 이용율은 15.5%)

풀이

- 태양광발전전력량(kWh) = 운전시간(h) * 설치용량(kW) * 이용율(%)
  이용율은 15.5%
- 설치용량 10kW 기준
- 일년 발전량 = 8,760h * 10kW * 15.5% = 13,578kWh.

문제 V

전기 사업자가 두종류 이상의 전기사업을 할 수 있는 경우가 있다. 모두 쓰시오!

풀이

- 도서지역에서 전기사업을 하는 경우
- 배전사업과 전기판매사업을 겸하는 경우
- "집단에너지사업법" 제48조에 따라 발전사업의 허가를 받은 것으로 보는 집단에너지 사업자가 전기판매사업을 겸업하는 경우

문제 Ⅵ

태양광 발전용 시스템은 다수개의 태양전지 모듈을 직렬연결로 스트링으로 구성되었으며, 이러한 구조의 시스템의 효율은 95%이상으로 성능이 우수한 장점도 있지만, 그 단점도 있다. 단점을 기술하시오!

풀이

발전 시스템내 셀간, 모듈간, 스트링간에 발생하는 전압 불일치로 발생하는 발전량 손실률은 5~25%에 달하고 있다. 이 전압 미스매치의 원인으로는 구름 및 건물의 그림자, 오염, 셀 열화 및 소손 등을 발생 되므로 발전소 수명 및 안전에 많은 문제점이 있다.

문제 Ⅶ

태양광 발전 모니터링 시스템의 극복해야 할 여러가지 문제가 있다. 그 문제점을 아는대로 기술하시오!

풀이

【태양광 발전 모니터링 시스템의 문제점】

첫째, 기존의 태양광 발전 설비 모니터링 기술에 대한 문제점은 인버터 중심으로 모든 측정이 이뤄지고 있기 때문에 발전설비의 가장 많은 비중을 차지하고 있는 태양전지 모듈의 자세한 정보를 알 수 없다.

둘째, 태양광 발전 설비를 추가로 증축하거나 전력 용량을 증가시키는 경우는 모니터링 설비를 추가해야하며, 초기 비용도 부수적으로 증가하게 되어 있어서 구조적으로 설계 변경 시 유연하게 대응하기 어렵다.

셋째, 태양광 발전설비의 유지 보수 과정에서 발생되는 부분적인 통신선로의 고장과 쥐 등에 의한 선로의 파괴 또는 누설전류의 발생 등과 같은 실질적으로 발생하는 장해에 대해 대응하기 어렵다.

넷째, 태양광발전시스템의 태양전지 모듈 개별 모니터링의 어려움으로 개별 모듈의 노후화 및 고장여부 확인은 접속반 어레이에서 확인하여 모듈로 찾아가야 하므로 시간 소요가 많다.

문제 Ⅷ

모니터링대상물과 모니터링 장비사이의 통신방식의 종류를 기술 하시오!

풀이

모니터링 대상물과 모니터링 장비사이의 통신방식은 광통신, 시리얼통신, RF통신 등을 포함할 수 있다.

제 2 장

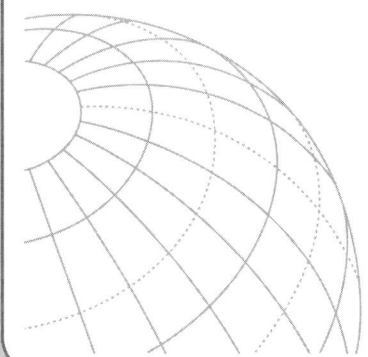

태양광 설비 보수 관련

제2장 태양광 설비 보수 관련

제1절 태양광 발전설비의 점검에 관한 기본개념

1. 서 론

가. 점검의 목적 및 정의

점검이란 현장에서 발전과정에 관련된 기계, 기구, 공구, 동력 등이 모든면에서 이상이 있는지를 일정한 양식에 의거해서 찾아내는 제반활동을 말한다. 점검은 인간의 오감 또는 점검기구를 이용해서 설비의 이상 유무의 확인은 물론 설비의 현재 상태와 향후의 성능예측을 통하여, 설비의 수명유지 및 안전운전을 기하는 것이다. 전기설비는, 낙뢰나 회로의 개폐에 의한 이상전압, 염진 등에 의해 열화되므로 보수, 점검 등을 철저히 실시하여 전기설비의 안전운전을 기하는 동시에 고장을 사전에 발견하는 것이 중요하며, 여기에서 순시, 보수, 점검을 통상 보수업무라고 하고 있으며, 점검이라 볼 수 있다.

나. 점검의 종류

점검을 효과적으로 수행하기 위해서는 이들의 용어와 내용을 적절히 분류, 정리하며, 각각 실시기준이 되는 방법, 빈도 등을 정할 필요가 있으며, 이를 점검의 정도와 시기에 따라 다음과 같이 분류한다.

1) 일상점검

일상, 수시로 전기설비를 순시하면서 주로 육안에 의한 목측으로 점검하는 것으로 설비의 운전 중에 이상한 냄새, 이상음, 변색, 파손등을 확인하는 동시에 전압, 전류 역률 등을 점검하여 운전 상태를 감시하는 것이다.

2) 정기점검

일정기간을 정하여 전기설비의 각 항목을 정기적으로 정밀하게 점검하는 것으로

월차, 분기 및 연차점검 등으로 구분하며, 이때에는 전기설비를 정전시켜 일상점검에서 측정할 수 없었던 항목에 대해 측정, 시험을 하는 것이다. 예를 들면, 접지저항, 절연저항의 측정, 보호계전기의 동작 시험, 전기설비의 분해점검 등이 이에 속한다. 월차점검은 태양광의 운전 중인 전기설비에 대하여 육안에 의해 점검하는 것이나, 수용가의 요청이 있을 시 또는 담당자가 필요하다고 판단될 경우 절연 및 접지저항 측정 등 필요한 점검을 실시하여 전기설비기술기준(이하 "기술기준" 이라 한다)에 적합 여부를 확인하는 점검이다. 분기점검은 매분기 1회 이상 부하설비의 운전을 정지하거나 운전 상태에서 절연저항의 측정 또는 누설 전류 등을 측정하며 매분기 1회 이상 접지 저항 측정을 병행하여 기술 기준에 적합여부를 확인하는 점검이다. 연차점검은 매년 1회 이상 전기 설비의 운전을 정지하고 수전설비 및 부하설비에 대하여 세분적인 정밀 점검을 실시하여 기술기준에 적합여부를 확인하는 점검이다. 연차점검은 연1회 이상 실시하며 12개월 정도의 주기를 유지한다. 분기점검은 분기 1회 이상 실시하며 3개월 정도의 주기를 유지한다. (참고 관련법령 및 규정 : 전기사업법 시행규칙, 기술업무 요령 제4조)

3) 특별점검

전기사고나 전기설비의 이상이 발생했을 때 점검, 측정, 시험을 통해 원인을 조사하여 재발 방지 대책을 세우기 위한 점검으로 임시점검 이라고도 한다. 또한 장마철, 태풍 내습 전에 특별 점검을 해서 전기 사고를 미연에 방지하기 위한 점검도 이에 속한다.

다. 점검의 실시

1) 준비사항

점검을 실시할 경우에는 점검대상에 대해 경험이 풍부하고 이론적 지식과 실무가 많은 사람을 점검자로 선정해야 한다. 또한, 점검시에는 육안검사 외에 검사기기를 활용하여 검사결과가 확실한 데이터로써 활용 될 수 있도록 함은 물론, 안전사고 예방을 위하여 보호구의 사전준비가 필요하며, 특히 감전사고 또는 오조작에 의한 설비 사고를 일으키지 않도록 주의해야 한다.

2) 점검 방법

점검은 운전 중에 오감에 의해 하는 점검과 정지 상태에서 하는 외관 점검, 촉수점검 또는 각종 측정기기를 통해서 정밀하게 실시하는 점검방법 등이 있다.

(1) 오감에 의한 점검

전기설비의 소리, 진동, 냄새, 변색, 온도 등을 간단한 청음 봉이나 테스타, 메가 등을 가지고 눈으로 보고, 귀로 듣고, 손으로 만져보고 코로 냄새를 맡는 이른바 오감에 의해 점검하는 것을 말한다.

① 소리, 진동 감지

모든 전기설비는 운전 중에 고유한 소리나 진동을 발생하고 있으며, 그 음이나 진동을 주의 깊게 관찰하여 그의 고저, 강약, 음색의 변화에 따라 설비의 이상 유무를 감지하는 것으로 다음과 같은 방법이 있다.

㉮ 귀로 듣는 방법

㉯ 청음 봉을 이용하는 방법

㉰ 점검해머를 이용하는 방법

㉱ 손으로 만져보고 촉각을 이용하는 방법

② 온도 변화 감지

전기설비가 전기적 또는 기계적으로 어떤 이상이 있을 때에는 온도가 정격 온도 이상으로 상승되며, 이는 때로는 전기기기의 수명을 현저히 단축시키는 요인이 될 수 있다.

㉮ 촉수에 의한 방법

㉯ 시온테이프나 측온도료를 이용하는 방법

㉰ 부착된 온도계를 이용하는 방법

③ 냄새변화 감지

전기설비의 절연물이 연소할 때 발생하는 냄새는 특이해서 구별이 가능 하며, 평상시와는 다른 냄새를 느꼈을 때, 그것은 트러블의 전단계로 보고 정밀한 검사를 실시해야 한다.

④ 외관, 변색의 감지 전기설비의 외관의 파손, 변형, 누설, 부식, 마모, 변색 등은 그 설비의 고장 또는 고장의 전단계로 볼 수 있으므로 육안을 통하여 발견할 수 있는 외관, 변색현상 등은 고장발생의 원인으로 볼 수 있다.

(2) 계측기에 의한 점검

전기설비를 점검하는 경우에 제1차 점검으로서 5감에 의한 점검 즉, 초기점검을 실시하고 경우에 따라 계측기를 이용한 정밀점검을 실시하게 되는데 소요되는 계측기는 다음과 같다.

① 회로시험기

저 압회로의 전압, 전류, 저항 값 등을 측정할 수 있으며, 회로의 도통시험, 제어회로의 점검 등에 사용된다.

② 절연저항계

회로나 기기의 절연저항을 측정하며, 지락, 단락시의 고장개소를 찾는데 사용된다.

③ 크램프 온 메타

저압회로의 전류 또는 누설전류를 측정해서 전기설비 또는 부하의 상태를 관리하는 것이다.

④ 검전기

일상 점검 시에 충전부의 확인, 정전작업시의 정전여부 확인에 사용된다.

⑤ 보호계전기의 시험기

보호계전기의 동작시험을 하기 위한 것으로 저항기, 슬라이닥, 싸이클 카운터 등으로 구성되어 있다.

⑥ 절연내력 시험기

절연내력시험은 내전압 시험 이라고도 하며, 전로와 대지간(케이블은 심선간)에 시험 전압을 일정시간을 가해 절연의 파괴여부를 판정하는 것이다.

3) 태양광발전설비 점검요령

일상적인 전기설비의 안전점검은 보수업무의 기본으로 확실하게 실행되도록 습관화하는 것이 필요하다. 전기설비 점검 포인트는 설비의 규모가 크건 작건 별 차이는 없다. 다만, 규모가 클 경우에는 순회점검 방법 을 표준화하여 순회점검 개소와 점검주기가 정해져 있으므로, 각 항목 에 대하여 누락되지 않도록 순회 점검로에 따라 실시한다. 수배전 설비는 변압기, 차단기를 주체로 한 정지기기의 집합체로 소모 부분이 적고 고장 발생률도 비교적 적어 일상 점검 시에 매너리즘에 빠지기 쉬우므로 주의해야 한다. 사용이 오래된 설비는 과거의 보수경험과 서고기록에 의해 고장이 나기 쉬운 곳, 또는 기기의 특성을 파악해 둘 필요가 있다. 일상 점검은 가동 통전 중인 설비를 점검하는 것이므로, 감전사고가 일어나지 않도록 안전을 확보하는 것이 중요하다. 일상점검은 주로 관찰점검(시각, 청각 등에 의한 점검)에 의하여, 이의 착안점은 다음과 같다. 온도에 이상이 없는가, 이상한 냄새가 나는 것은 없나, 이상한 소리, 진동 하는 곳은 없는가, 기름이 새는 곳은 없는가, 가스가 새는 곳은 없는가, 오손, 녹슨곳, 파손개소는 없는가, 다른 물질이 개재하지 않았나, 온도계, 유면계, 가스 압계, 위치 지시계(탭워치), 표시등 등의 확인.

- 일상점검 시의 요령은 다음과 같다.

(1) 사전준비

전기설비의 배치도, 결선도 등 설비의 개요파악과 전회의 점검기록 등을 참고할 수 있다. 주의사항으로는 점검의 중점이나, 예상 소요시간을 생각한다.

(2) 보호구 등의 준비

복장은 안전하고 간편하게 하고, 안전모, 절연장갑, 공구류 등을 휴대한다. 휴대공구류로는 절연저항계, 클램프 전류계, 벤치, 드라이버, 플라이어, 회중전등이 있다.

(3) 순시경로 확정

순시경로는 가장 효과적으로 점검할 수 있게 정한다. 일반적으로 인입구에서 변전실 부하설비의 순서로 점검한다. 경로가 적당치 않으면 중복 되거나 점검이 빠지는 일이 있다.

(4) 점검표의 이용

전기설비에 적합한 체크 리스트를 준비해서 점검하면 점검 누락이 없다.

(5) 전기설비의 외관점검

목측에 의해 운전상태, 이상의 유무점검 이상냄새, 이상음, 외부의 균열, 손상, 변색 등을 점검 한다. 고압 충전부에 접근할 때는 안전모, 절연 장갑 등의 보호구를 착용하여 점검한다.

(6) 계기류의 감시와 운전상황의 관리

전압계, 전류계, 전력계, 역률계 등의 지시를 확인해 과부하나 이상의 유무를 조사한다. 전력이나 역률에서 전기 사용의 합리화를 검토한다. 전압, 전류의 현저한 언밸런스는 없는지, 역률의 개선, 부하율의 향상을 생각한다.

(7) 부하설비의 운전상황감시

전동기 등 과부하 운전이나 단상운전이 되지 않았는지 여부와 누전차단기나 모터 브레이커는 장착되었는지 확인하고, 단자나 접속부의 과 열, 변색 여부를 확인한다.

(8) 순시점검 결과의 기록

순시점검 결과는 운전일지나 체크리스트에 기록한다. 그날의 일기, 온도, 시간등도 기록한다.

2. 태양광 발전설비의 점검의 방법

작업자의 안전을 위하여 기기의 구조 및 운전에 관한 내용을 사전에 숙지하여야 하며 안전에 대해서는 각별한 주의를 하여야 한다. 안전작업에 대한 대표적인 사항은 아래와 같다.

가. 점검시의 안전관리

1) 고압이상 연차 및 고장수리 등의 경우에는 안전모를 착용한다.
2) 고압이상 전로에 검전기를 사용할 때에는 절연장갑을 착용하여야 한다.
3) 전로를 차단하였을 때라도 검전기로 각 상마다 충전여부를 확인하여야 한다.
4) 작업장 또는 점검 장소의 출입을 제한시킬 필요가 있을 때는 구획로프를 설치 또는 "출입금지" 표시찰을 부착한다.
5) 작업 중 개폐기의 개방을 금지시킬 필요가 있을 때는 "투입금지" 또는 "조작금지" 표시찰을 부착한다.
6) 작업 중 개폐기의 개방을 금지시킬 필요가 있을 때는 "개방금지" 또는 "시험중" 표시찰을 부착한다.
7) 주상작업을 할 때에는 안전허리띠 등 필요한 안전장구를 착용 한다
8) 책임분계점 개폐기의 조작은 긴급한 경우를 제외하고는 한전과 협의후에 조작한다.
9) 고압 또는 특고압 충전부에 근접할 때는 고압 60cm, 특고압 90cm이상의 안전거리를 유지하여야 한다.
10) 고압이상 설비에 대한 작업시는 전로의 개방을 확인한 후에 단락 접지용구로 전로를 단락접지 시켜야 한다.
11) 콘덴서 및 케이블이 설치되어 있는 전로는 전로의 개방을 확인한 후 작업 착수전에 잔류전하를 방전시켜야 한다.

12) 제반 측정시는 접지측을 먼저 연결한 후 전로측을 연결해야하며 제거시는 측정시의 역순으로 한다.

13) 변류기 2차측을 개방할 때는 2차측 단자를 단락(Short)시킨후 분리 하여야 한다.

14) 기타 필요한 것은 안전관리요령 및 안전작업수칙을 참조하여 실시한다.

나. 점검 전 유의 사항

1) 준비철저 : 어레이 군별 회로구성, 주요간선 구성 등의 확인

2) 사전에 면밀한 계획을 수립하여 필요한 측정기구 및 점검공구 등을 준비하여야 한다.

3) 회로도에 의한 검토

(1) 태양전지판의 경우 햇빛을 받으면 발전하므로 사전에 검전 및 감전 사고에 유의한다.

(2) 전원계통이 가압 중인 경우, 각종전원 확인, 차단기 1, 2차측의 통전 등을 확인한다.

4) 연락 : 관련부서와 긴밀하고 확실하게 연락할 수 있는가를 확인한다.

5) 무전압 상태확인 및 안전조치

주 회로를 점검할 때 안전을 위하여 아래 사항을 점검한다.

(1) 관련된 차단기를 열고 주 회로에 무전압이 되게 한다.

(2) 검전기로 무전압 상태를 확인하고, 필요 개소에 접지를 행한다.

(3) 인버터 정지, 접속반의 메인 차단기를 오프 상태를 유지하고 "점검중"이라는 표지판을 부착한다.

(4) 각 접속반의 차단기가 꺼짐 상태 일 때도 특히 태양광 어레이의 각 군은 발전 중이므로 감전사고에 유의한다.

6) 잔류 전압에 대한 주의

어레이 회로를 점검 할 경우에 잔류 전압을 유무를 확인 후 점검 한다.

7) 오조작 방지 : 전원의 쇄정 및 주의표시 부착

8) 절연용 보호기구 준비

9) 쥐, 곤충 등의 침입대책 : 쥐, 곤충 등에 대해서는 적당한 대책을 세운다.

다. 점검 시 유의 사항

1) 태양광발전시설은 햇빛을 받으면 발전하는 소자로 구성되어 있어 접속반의 차단기를 개방시켰다 하더라도 통전 상태이므로 감전에 주의하여야 한다.

2) 인버터는 계통 연계판넬(태양광) 및 접속반을 끄면 자동으로 정지하게 되어있으나 인버터 정지를 확인 후 점검을 한다.

3) 흐린 날, 낮은 구름이 많은 날 등은 일사량의 급격한 변화가 있다. 이 경우에 인버터의 MPPT 제어의 실패로 인한 인버터 정지현상이 발생할 수 있으며 인버터는 일정시간이 경과 후 자동으로 재기동한다. 인버터 고장이 의심 되더라도 이러한 현상이 있음을 유의하여 점검한다.

4) 태양과 어레이부근에서 건축공사 등을 시행하는 경우에는 먼지나 이물질 등이 태양전지판 에 부착되면 전력생산의 저하와 수명에 직접적인 영향을 있으므로 주의하여야 한다.

라. 점검 후의 유의 사항

1) 접지선의 제거

점검 시 안전을 위하여 접지한 것을 점검 후에는 반드시 제거하여야한다.

2) 최종확인

(1) 작업자가 태양광 어레이 내, 함내에서 작업 중인지를 확인한다.

(2) 점검을 위한 임시로 설치한 설치물의 철거가 지연되지 않았는가 확인한다.

(3) 볼트 조임을 다시 한번 모두 재점검한다.

(4) 공구 등이 시설물 내부에 방치되어 있지 않은지 확인한다.

(5) 쥐, 곤충 등이 침입되어 있지 않은가 확인한다.

3) 점검의 기록

일상 순시점검 또는 임시점검을 할 때는 반드시 점검 및 수리한 요점 및 고장의 상황, 일자 등을 기록하여 기점검시 참고 자료로 활용할 수 있도록 보관을 철저히 한다.

마. 일상 순시점검에 의한 처리

태양광발전시설의 일상 점검은 아래와 같으며, 점검 시 항상 안전에 주의하여야 한다.

1) 어레이 발전출력 (DC전류, DC전압, 일사량 및 온도)

2) 전선관, 케이블 노출부의 손상 및 이탈 등을 점검 조치한다.

3) 이상음, 냄새 및 외관 상태

4) 접속반에서 각군 출력 전류를 감시하고 이상 시 함내에 퓨즈의 단선 여부를 확인, 조치한다.

5) 접속함의 지시계 및 기타 장치 등의 동작상태를 확인하고 이상 시 교체한다.

6) 태양전지판 표면에 이물질, 주변 수목의 그늘 등이 발생 하였을 경우 그 원인을 제거 한다.

바. 정기 점검

태양광발전시설의 정기 점검은 운전 상황 및 주위 조건에 따라 다르나, 1년 주기로 간단한 청소 및 외형 상태, 계측기 검측을 한다.

1) 태양전지판의 점검

(1) 태양전지판의 표면에 먼지, 새의 분비물, 기타 이물질이 쌓여있는 상태를 점검하며, 정도가 심할 경우는 청소하여 준다. (보통 의 경우 자연현상에 의해 청소됨)

(2) 먼지 등이 너무 많이 쌓이면 발전량 감소와 열화현상으로 인해 수명에 영향을 미친다.

(3) 태양전지판의 이탈, 깨짐 등이 있는지 육안으로 점검하며 이상 시에는 동일한 태양전지판으로 교체한다. 이때 (+), (-) 극성에 유의하여 결선해야 한다.

(4) 태양전지판의 절연 및 접지저항 : 태양전지판은 햇빛을 받으면 발전이 된다. 이에 정확한 절연 저항값을 얻기 위해서는 일몰 후에 절연저항을 측정하여야 한다.

2) 접속반의 점검

(1) 함내 기기류의 정상동작 여부를 확인, 조치한다. (차단기, 지시계기, 퓨즈 등)

(2) 케이블 접속부의 볼트조임 상태 및 과전류에 의한 소손 흔적 등을 점검한다.

3) 인버터의 점검

[표 3-1] 인버터의 이상 및 대책

보호기능	표시 LCD LED	내용	이상 원인	대책
과전류	Over Currentl OC1	인버터의 출력전류가 인버터정격전류의약 200% (H/W) 이상이 되면 인버터의 출력을 차단한다.	1) 부하 GD2에 비해 가감속 시간이 지나치게 빠르다 2) 인버터의 부하가 정격보다 크다. 3) 모터Free run 중에 인버터 출력이 증가되었다. 4) 출력단락 및 지락	1) 가감속 시간을 크게 한다. 2) 인버터용량을 키워준다. 3) 전동기가 정지된 후에 운전 한다. 4) 출력배선을 확인한다. 5) 기계브레이크동작을 확인한다. 6) 냉각팬을 조사한다. (주의) IGBT 소손을 일으킬 수 있기 때문에 원인을 제거 한 후에 재운전을 한다.

			이 발생 되었다. 5) 모터의 기계브레이크 동작이 빠르다. 6) 냉각팬의 고장으로 주회로소자가 가열되었다.	
지락전류 보호	Ground Fault GF	인버터의 출력측에 지락이 발생하여 지락 전류가 인버터의 내부 설정 레벨 이상이 되면 인버터의 출력을 차단한다. 낮은 지락 저항으로 발생한 지락 은 과전압 트립에 의하여 보호가 되는 경우도 있다.	1) 인버터 출력선의 지락 되었다. 2) 모터의절연이 열화되었다.	1) 인버터출력배선을 조사한다. 2) 모터를 교체한다.
과전압 보 호	Over Voltage OV	모터감속시나 발전부하에 의한 회생에너지에 의하여 주회로직류 전압이 규정치 이상 증가하면 인버터의 출력을 차단한다. 전원계통에 발생하는 써지전압에 의해 발생하는 경우도 있다.	1) 부하 GD2에 비해 감속시간이 너무 짧다. 2) 회생부하가 인버터 출력측에 있다. 3) 전원전압이 높다.	1) 감속시간을 크게 한다. 2) 회생저항 옵션을 사용한다. 3) 전원전압을 확인한다.
과부하 트립 (과부화 보호)	Over Load OL	인버터의 출력전류가 모터정격전류의 180%(공장 출하시), 과부하 트립시간 이상이 되면 인버터의 출력을 차단한다.	1) 인버터의 부하가 정격보다 크다. 2) 인버터 용량설정이 잘못되었다. 3) V/F 패턴설정이 잘못되었다.	1) 전동기, 인버터의 용량을 크게 한다. 2) 인버터 용량을 올바르게 설정 한다. 3) V/F패턴을 올바르게 설정한다.
Fuse 소손	Fuse Open FUSE	주회로 IGBT가 고장시 배선이단락전류로 소손되지 않도록 퓨즈의 오픈으로 보호하여 인버터의 출력 을 차단한다.	1) 과전류보호의 반복에 의한 소손 2) 과여자 상태에서의 급감속 소손	Fuse를 교환한다. (주의) Fuse Open Trip시에는 IGBT가 소손된 경우가 많다.

히트 싱크 과열	Over Heat OH	냉각팬의 고장이 나 냉각팬의 이물질등에 의해 히트싱크가 과열하면 온도 검출에 의해 인버터의 출력을 차단한다.	1) 냉각팬 고장 및 이물질 삽입 2) 냉각계통에 이상이 있다. 3) 주위온도가 높다.	1) 냉각팬의 교체 및 이물질 을 제거한다. 2) 히트싱크의 이물질 삽입을 확인한다. 3) 주위온도를 40° 이하로 한다.
전자써멀	E-Thermal EtH	모터과 부하운전시 모터의 과열을 인버터 내장의 전자써멀이 판단하여 인버터의 출력을 차단한다. 다극모터나 복수대상의 모터를 구동하는 경우는 보호할 수 없기 때문에 모터마다 써 멀릴레이나 써멀 보호기를 고려해야 한다. 과부하 내량: 150% 1분간	1) 모터가 과열되었다. 2) 인버터의 용량설정이 잘못되었다. 3) ETH 설정 레벨이 낮다. 4) 인버터 용량설정이 잘못 되었다. 5) V/F패턴설정이 잘못되었다. 6) 저속에서 장시간 운전	1) 부하나 운전빈도를 줄인다. 2) 인버터의 용량을 키운다. 3) ETH 레벨을 적절하게 조절한다. 4) 인버터 용량을 올바르게 설정한다. 5) V/F패턴설정을 올바르게 설정한다. 6) 별도 전원의 팬을 부착한다.
외부고장 A	External -A ExtA	외부고장신호에 의하여 인버터출력을 차단하고 싶을 때 사용한다. 모터의 과부 하보호를 인버터 내의 외부고장단자로 검출하여 인버터의 출력을 차단한다.	외부고장이 발생하였다.	외부고장단자에 연결되는 회로이상 또는 외부이상입력의 원인을 제거한다.
외부고장 B	External -B ExtB	외부고장 신호에 의하여 인버터출력을 차단하고 싶을 때 사용한다.	외부고장이 발생하였다.	외부고장단자에 연결되는 회로 이상또는외부이상입력의 원인을 제거한다.
저전압 보 호	Low Voltage LV	인버터의 전원전압이 저하하면 토크 부족이나 모터 과열을 일으키기 때문에 검출레벨 이하로 되면 인버터의 출력을 차단 한다.	1) 전원전압이 낮다. 2) 전원계통에 전원용량보다 큰 부하가 접속되었다(용접기, 시동전류가 큰 전동기의 직입등) 3) 전원측 전자접촉기의 고장 및 불량	1) 전원전압을 확인한다. 2) 전원용량을 키운다. 3) 전자접촉기를 교체한다.

과전류2	Over Current2 OC2	IGBT arm단락이나 출력 단락이 발생하면 인버터의 출력을 차단 한다	1) IGBT 상하간 단락이 발생되었다. 2) 인버터 출력단락이 발생되었다. 3) 부하 GD2에 비해 가감속시간이 지나치게 빠르다.	1) IGBT를 체크한다. 2) 인버터 출력단락을 확인한다. 3) 가속시간을 늘려준다.
출력결상	Out Phase Open OPO	인버터의 출력(U,V,W) 결상이 발생하면 인버터 출력을 차단한다. 인버터 출력전류를 검출하여 결상을 체크한다.	1) 출력측 전자접촉기의 접촉불량 2) 출력배선 불량	1) 인버터출력측 전자접촉기를 확인한다. 2) 출력배선을 확인 한다.
오버 스피드	Over Speed OSP	전동기가 (최대속도+20Hz) 이상의 속도로 회전할 경우 인버터의 출력을 차단한다.	1) 엔코더 배선불량(A, B상이 바뀜) 2) 엔코더 파라미터 설정이 잘못됨 3) SUB-B 보드 또는 속도 엔코더 불량	1) 인버터와 속도 엔코더 간의 배선을 확인 2) EXT-14,EXT-15, EXT-16의 설정값을 확인한다. 3) SUB-B 보드,속도 엔코더를 교체한다.
M/C 고장	MC Fail MCF	입력전원이 들어오지 않거나 인버터 내부의 M/C 가 고장인 경우에 발생한다.	1) M/C의 동작 검출 접점이 고장이다, 2) M/C가 고장이다.	1) M/C의 동작 검출 접점을 확인한다. 2) M/C가 정상 동작 하는지 확인 후 교체한다.
인버터 H/W 이상	HW-Diag HU	인버터 회로에 에러가 발생하는 경우 고장신호를 출력한다. 이 에러 에는 WDOG에러, EEP 에러, ADD Offset, 입력결상 등이 있다.	1) Wdog 에러(CPU 이상), EEP에러(기억소자의 이상), ADC Offset(전류 피드백 회로이상) 2) 입력결상	1) 인버터를 교체한다. 2) 입력전원배선을 확인한다.
통신에러	COM Error CPU· Error Err	인버터 메인과 로더간의 통신이 되 지 않으면 COM Error, CPU Error(LCD로더), Error(70 세크먼 트로더)가 표시된다.	1) 인버터 메인과 로더 컨넥터 접촉불량이다. 2) 인버터 메인의 CPU 고장이다.	1) 컨넥터를 교체한다. 2) 인버터를 교체한다.

주파수 지령 상실시 운전방법	LOP/LOR /LO V/LOI/LO X/L P/Lr/Lu/ Li/LS	주파수 지령 상실 시 운전 선택방법(i/o-48)에 따라 계속 운전, 감속 정지 및 프리런 정지 세가기 모드가 있다.	LOP(옵션에 의한 지령상실) LOR(리모) LOV(VI)LOL(I)LO X(Sub-V2,ENC)	고장원인을 제거한다.
인버터 과부하	Inv.OLT IOLE	인버터의 정격전류가 규정레벨(150% 1분, 200% 0.5초) 이상이 되면 인버터 출력을 차단 한다.(반한시 특성)	1) 인버터의 부하가 정격보다 크다. 2) 인버터 용량 설정이 잘못되었다.	1) 전동기, 인버터 용량을 크게 한다. 2) 인버터 용량을 올바르게 설정한다.

[표 인버터의 일상점검 및 정기점검]

점검장소	점검항목	점검사항	점검주기			점검방법	판정기준	계측기
			일상	정기 1년	정기 2년			
전체	주위환경	주위온도, 습도, 분진 등이 없는가를 확인한다.	○			주위사항 참조	주위온도 -10~40℃ 동결 등이 없을 것. 주위습도 50% 이하 이슬이 없을 것	온도계, 습도계, 기록계
	장치전체	이상진동이나 이상음은 없는가	○			시각이나 청각에 의함	이상이 없을 것	
	전원전압	주회로 전압은 정상인가	○			인버터 단자대 R,S,T 상 사이 전압측정		디지털 멀티미터/테스터
주회로	전체	1) 메거체크(주회로단자와 접지단자 사이) 2) 고정부분의 빠짐은 없는가. 3) 각 부품의 과열 흔적은 없는가. 4) 청소		2) ○ 3) ○ 4) ○	1) ○	1) 인버터 접속을 풀고 단자 R,S,T, U,V,W를 단락한 후 이 부분과 접지단자 사이를 메러로 측정한다. 2) 나사를 조여준다. 3) 눈으로 확인한다.	1) 5MΩ 이상일 것 2),3) 이상이 없을 것	DC500V급 메거
	좁 속도 ^1/전선	1) 도체에 부식은 없는다 2) 전선피복의 파손은 없는가		1) ○ 2) ○		눈으로 확인한다.	이상이 없을 것	

	단자대	손상되어 있지 않은가		O		눈으로 확인한다.		
	IGBT 모듈/다이오드 모듀	각 단자사이 저항 확인			O	인버터의 접속을 풀고 단자 RST ㅋP, N사이 U,W,W^P,N 사이를 테스터로 측정한다.	이상이 없을 것	디지털 멀티미터/아날로크스터
	평활 콘덴서	1) 내부의 액이 새지는 않았는가 2) 안전구는 나와 있지 않은가 3) 정 전용량 측정	O O		O	1) 눈으로 확인한다. 2) 눈으로 확인한다. 3) 용량측정기로 측정	1) 이상이 없을 것 2) 이상이 없을 것 3) 이상이 없을 것	용량계
	릴레이	1) 동작시에 채터링음은 없는가 2) 접점에 손상은 없는가		O O		1) 귀로 확인한다. 2) 눈으로 확인한다.	이상이 없을 것	
	저항기	1) 저항기 절연물의 손상은 없는가 2) 단선 유무 확인		O O		1) 눈으로 확인한다. 2) 한쪽의 연결을 떼어내고 테스터로 측정	1) 이상이 없을 것 2) ±10% 이내의 오차 범위 내에 있을 것	디지털 멀티미터/아날로크스터
제어회로 보호회로	동작확인	1) 인버터운전 중에 각 상간 출력전압의 불평형 확인 2) 시퀀스 보호동작 시험을 실시한 수 표시회로에 이상이 없을 것		O O		1) 인버터 출력 단자 U. V. W 사이 전압을 측정 2) 인버터 보호회로 출력을 강제로 단락 또는 개방한다.	1) 상간전압 벨런스 200V(400V)용은 4V(8V) 이내 2) 시퀀스 대로 이상 회로가 동작할 것	디지털 멀티미터/정류형 전압계
냉각계통	냉각팬	1) 이상진동이나 이상음은 없는가 2) 고정부분의 헐거움은 없는가	O		O	1) 전원을 ON시킨 상태에서 진동을 확인한다. 2) 고정나사를 조여준다.	1) 부드럽게 회전할 것 2) 이상이 없을 것	
표시	메터	지시값은 정상인가	O			판넬 미터류의 지시값 확인	규정값, 관리값을 확인할 것	전압가P/전류계 등
모터	전체	1) 이상진동이나 이상음은 없는가 2) 이상 냄새는 없는가	O O			1) 귀, 손, 눈으로 확인 2) 과열, 손상 등의 이상을 확인	이상이 없을 것	
	절연저항	메거체크(출력단자와 접지단자 사이)			O	U,V,W의 접속을 풀고 모터 배선을 묶는다.	5MΩ 이상일 것	500V급 메거

[표 안전관리 점검 항목]

구분		연차	반기	분기
저압	절연저항	○	- 설비상태점검 ※ 특별관리 고객 임시전력 고객, 상가, 대규모점포	누설전류 발생시 측정
			측정	
	접지저항	○	○	
	누설전류		○	○
고압	절연저항	○		
	접지저항	○		
	변압기 절연유	○		
	절연내력, 계전기	정기검사 주기		
특고압	운전시험	○	무부하 운전	
	절연저항	○		
	접지저항	○	○	
	축전장치	○		

4) 수배전반 점검

[표 : 한류 표즈붙이 고압 기중부하개폐기]

외관점검항목	점검사항
절연물(수지부)	① 표면의 먼지, 물방울, 기타 이물질이 부착되어 있지 않은가 ② 균열, 파손등과 같은 이상은 없는가
한류퓨즈	① 애관표면에 먼지, 물방울 기타 이물 부착은 없는가 ② 애관에 균열, 파손등과 같은 이상은 없는가 ③ 명판등에 과열로 인한 변색은 없는가 ④ 용단표시의 상태는 좋은가 ⑤ 예비품은 확보 되었는가
소호실	변형, 변색은 없는가
기구부	①녹등 과 같은 이상은 없는가 ②투입래치 가 벗겨져 있지 않은가
조작제어부	①조작,제어회로 단자 접속부의 느슨해짐 변색의유무 ②개폐동작기구상태의점검 ③동작상태 점검확인
기타	평상시와 상이한 이상음은 없는가

[표 고압기기별 내용년한 경과 교체기준]

기기종류	수명(년)	
	한전 자산단위 물품표 기준	일본전기공업 협회
개폐기	15	15
차단기(부속설비포함)	15	15
변압기(전압조정장치, 냉각기, 열교환기기포함)	15	15
단로기(조작용전동기포함)	15	20
계기용변성기(부속설비포함)	15	15
피뢰기(금구, 지지대, 방전계수기 포함)	10	15
콘덴서(리액터부속설비포함)	15	15
보호계전기	15	15
정류기(부속설비포함)	10	–
배전반(표시경보장치, 초작개폐기, 부속설비포함)	15	–
축전지(연결단자, 전해액 배선부속설비포함)	5	–
고압케이블관로식(선로 및 지지장치포함)	30	–
Cable Head(부속설비포함)	15	–
모선(단자, 애자, 모선지지물 포함)	5	–
PT	5	15
CT	5	15

[표 : 개폐기, 차단기의 보수 기준]

점검항목	점검내용(방법)	순시점검	보통점검	정밀점검
외부일반	• 개폐표시기, 개폐표시 등의 표시	○	○	
	• 이상한소리와 냄새발생유무	○	○	
	• 단자부의과열변색유무	○	○	
	• 부싱, 애관의 균열, 파손유무 및 오손상태	○	○	
	• 설치케이스, 가대 등의 도장상태, 녹발생 손상유무	○	○	
	• 온도이상 유무(온도계)	○	○	
	• 부싱단자의 조임상태(기계적 체크)	○	○	
	• 고정밸브상태	○	○	
조작	• 압력계의 지시(공기, 기름, 가스압력계)	○	○	○

장치 및 제어반	• 동작횟수계의지시(조작장치, 오일펌프, 가스컴프레서)		○	○
	• 조작함및반내의습윤, 물고임, 녹발생유무 및 오손상태		○	
	• 급유, 청소		○	
	• 저압회로 배선의 조임상태	○	○	○
	• 개폐표시의 상태확인		○	○
	• 조작전후의 압력계지시(공기, 오일, 가스압계)		○	○
	• 공기누설, 오일누설 유무		○	○
	• 스프링의 녹발생, 변형, 손상유무(보수)	○	○	○
	• 스트로크 연결부의 점검 (조정 : LBS는 가급적 조정하지 않는다)	○	○	○
	• 각 부착 핀류 의 이상유무		○	○
	• 보조개폐기점검(손질)		○	○
측정-시험	• 절연저항측정		○	○
	• 접촉저항측정			○
	• 히터단선유무		○	○
	• 계전기작동시험		○	○
	• 개폐특성시험(투입, 개극시간, 3상 불일치 측정 및 시험)		○	○
	• 최저동작압력, 전압측정		○	○
	• 트립자유시험		○	○
	• 압력개폐기시험(공기, 기름, 가스)		○	○
	• 압력계체크(실정, 오차시험)		○	○
	• 공기, 기름, 가스의 소비측정		○	○
	• 공기누설시험			○

[표 : 진공차단기의 일상점검 항목]

점검항목	점검	점검방법	조치
개폐표시기	정상작동확인	육안	원인조사수리
제어회로	컨넥터접속상태확인	육안	원인조사수리
개폐도수계	동작횟수확인	육안	동작횟수 10,0003] 이상 교체
기타	비정상적소음, 냄새확인	육안	주전원을 차단하고 원인조사, 수리

NO	점검항목	점검방법
1	차단기가 여러번 단락전류를 차단시	진공밸브 접점소모 상태 확인
2	동작 중 이상징후가 발견시	결손부분 점검

[표 : 진공차단기의 특별점검 항목]

점검개소	수시점검	정기점검	점검항목	요 점
변압기본체	○		유온	주위온도와 부하량 및 온도계지시를 기록하여 과거 데이터와 비교한다.
	○		유면	오일온도와 유면관계를 유면계로 체크, 기록한다.
	○		오일누설	오일누설 유무를 육안으로 점검한다.
	○		조임부	접지단자, 밸브등의 이완여부를 확인한다.
	○		이상현상	비정상적인 음향, 냄새, 진동, 변색, 변형에 주의한다.
		1회/년	변압기권선	절연저항측정
		적당히		유전정접측정
		1회/년	절연유	절연파괴전압측정
		1회/년		전산가 측정
		적당히		수분 측정
		1회/년		유중가스분석(필요시 부분 방전시험)
냉각장치	○		냉각팬 송유펌프 유류계 밸 브 방열기	이상음, 이상진동, 오일누설유무, 회전 상황, 유류계 등의 지시, 진애등의 부착을 체크한다.
호흡기			호흡상황	변색, 기포발생상태, 외관이상을 체크한다.
부싱		1회/년	단자	과열, 변색, 이완 등을 체크한다.
		1회/년	애관	파손이나 균열, 진애나 염분부착에 의한 오손, 방전 흔적의 유무를 체크한다.
보호계전기		1회/년	외부케이스	오일누설, 부식, 나사이완유무를 체크한다.
		1회/년	단자부	빗물침입, 단자이완유무를 체크한다.
		1회/년	절연저항	500V 메가로 2MQ 이상을 확인한다.
		1회/년	접점의 동작	시험단자 또는 접점을 단락하여 동작을 확인한다.
방압장치		1회/년	방압판	파손, 오일누설유무를 체크한다.
활선부유기	○		운전상황	이상음, 진동, 각부의 동작상태를 체크한다.
	○		지시기	압력계, 온도계지시를 체크한다.
		1회/3년	스트레이너	스트레이너의 막힘유무를 체크한다.
	○		오일누설	오일누설유무를 체크한다.
무전압탭전환 기		1회/년	전환동작	무전압상태로 탭을 전환, 동작의 원활성을 체크한다.
부하시 탭전환장치	제작자의취급설명서를보고제작자와상담한다.			

[표 : 몰드 변압기의 점검 항목]

점검 개소	순시 점검	정기 점검	점검항목
변압기 본체	○	1회/년	온도, 이상음, 진동, 이상한냄새, 절연의 균열, 방전, 흔적, 변색, 부품등의파손, 결락유무, 진애부착, 녹 발생, 변색
			진애제거, 절연저항측정, 도장보수, 온도계 접점확인
냉각장치	○	1회/년	송풍기 이상음, 진동, 에어필터의 막힘, 흡·배기구의 풍량
			진애제거, 도장보수, 에어필터 청소 또는 교환
단자	○	1회/년	과열, 변색
			단자조임, 시온테이프 교환, 필요시 연마, 재도금
큐비클	○	1회/년	외관(진애, 녹발생, 부식등)
기타			방전흔적, 권선, 절연물 균열등의 보수는 제조자와 합의하여 처리한다.

[표 : 각종 절연의 허용 최고 온도]

절연의 종류	허용 최고 온도(℃)
A	105
E	120
B	130
F	155
H	180
C	180 이상

[표 : 유입변압기의 온도 상승한도]

변압기의 부분		온도측정방법	온도상의 한도
권선	절연유자연순환	저항법	55
	절연유강제순환	저항법	60
절연유	본체 탱크내의 절연유가 직접 외기와 접촉하는 경우	온도계법	50
	본체 탱크내의 절연유 가 직접 외기와 접촉하지 않는 경우	온도계법	55
철심외의 금속부분의 절연물에 근접한 표면		온도계법	근접절연물이 손상하지 않는 온도

5) 누전차단기의 점검

[표 : 누전차단기의 점검항목과 점검방법]

점 검 항 목	점 검 방 법	조 치
1. 개폐	상시 폐로 되어있는 누전차단기는 몇 회 개폐를 하여 그리스의 굳음 등에 의한 마찰 증가를 방지하며 접점의 접촉저항을 안정시킨다.	개폐가 유연하지 않으면 조기에 신품과 교환한다.
2. 감도전류의 측정	누전차단기용테스터를 사용하여 감도전류를 측정하여 정격동작전류와 정격감도전류 사이에 있는가를 확인한다.	이 범위를 벗어나면 신품과 교환한다.
3. 동작시간의 측정	누전차단기용 테스터를 사용하여 동작시간을 측정하고 0.03초 이내 에 동작하는가를 확인한다.	0.03초를 초과하는 경우 신품과 교환한다.
4. 절연저항	500V 메거로 상간, 대지간의 절연저항을 측정한다. 부하를 분리하여 측정한다.	5MΩ 이하의 것은 신품과 교환한다. 제어전원의 상간은 0MΩ이 정상임.
5. 온도상승	부하상태 에서의 확인사항 - 외함은 70℃를 초과하지 않을 것 - 연기, 냄새의 발생이 없을 것	이상이 있으면 신품으로 교환한다.

6) 감시제어시스템 점검

7) 금속 부분에 녹이 발생하는 경우

(1) 기구부 등에 녹이 발생되어 회전이 원활하게 되지 않는다고 생각 되는 개소(함류의 문)

(2) 녹이 발생되어 접촉사항이 변화하여 통전부에 지장이 생기는 부위

(3) 용접부의 침식 등으로 기계적 강도가 떨어질 염려가 있는 부위

8) 도장의 벗겨짐

옥외 주위의 환경 조건이 나쁜 경우에는 도장이 벗겨진다거나 손상이 일어난 부분에서는 특히 조기에 보수를 실시하고 동일한 도장을 칠해야 한다.

3. 설치 사용시 주의사항

1) 태양광 시스템은 인체에 치명적인 전압을 사용한다. 모든 수리와 서비스는 반드시 공인된 서비스 요원에 의해 실시되어야 한다. 시스템의 내부는 일부 사용자가 수리할 수 있는 부분이 없다.

2) 전기적인 충격이나 화재의 위험을 감소시키기 위하여 시스템을 온도와 습도가 적당한 곳에 설치하여야 한다.
3) 시스템은 내부에 DC전압 링크용의 전해콘덴서가 내장되어 있다. 따라서 입력이 끊긴 후에도 일정시간은 위험한 전압이 존재한다.
4) 시스템은 태양전지를 사용하여 전력을 공급한다. 따라서 시스템의 입력 단자에는 고압의 전압이 존재한다.
5) 이 장치를 설치하기 전에 보관할 필요가 있는 경우에는 서늘하고 건조한 곳에 보관해야 하며 직사광선이나 비, 습기 등을 피하여 한다.
6) 시스템을 사용하기 위한 적정온도는 15~30℃ 이다. 그러나 시스템은 0~40℃에서도 정상 작동이 가능하다.
7) 습도는 95%이하를 유지하여야 한다. 습기의 응결을 피해야한다.
8) 먼지, 쓰레기, 금속성 부스러기 등의 오염된 환경은 피해야 한다.
9) 시스템의 공기 유입 및 배출이 원활한 곳이어야 한다.
10) 조작반을 보고 조작할 수 있어야 한다.
11) 시스템에 대한 서비스접근이 가능해야 한다.

제 2 절 설비별 점검 사항

가. 저압설비

1) 인입구 배선
   (1) 인입전선의 피복손상 및 지지점 탈락여부
   (2) 애자, 애관의 파손 및 탈락여부
   (3) 전선상호간 및 조영재와 이격거리 적정여부
   (4) 전선 지지방법 걱정여부
   (5) 전선피복 손상여부

2) 배,분전반(외함)

(1) 오손, 파손, 부식 및 내부 이물질 침입여부

(2) 취부상태 및 개폐조작 용이여부

(3) 주위에 인화물질이나 발열체 설치여부

(4) 접지선 탈락 및 미설치 여부

3) 배선용 차단기(ELB, MCCB MG S/W)

(1) 오손, 파손 및 용량 적정여부

(2) 동작상태 및 결선상태 적정여부

(3) 부착상태의 견고성여부

(4) 필요개소에 미설치 여부

4) 나이프스위치

(1) 접촉부의 접촉상태(과열, 변색, 파손여부 등)

(2) 개폐기용량 적정여부

(3) 옥외시설 개폐기의 경우 방수등의 방호시설여부

(4) 3상4선, 1상3선배선의 중성선 개폐기 설치여부

5) 퓨우즈

(1) 규격품 및 용량적정 여부

(2) 중성선에 퓨우즈 사용여부

(3) 접촉불량으로 인한 과열 변색여부

6) 애자사용배선

(1) 규격전선 사용 및 용량적정 여부

(2) 전선 상호간 및 전선과 조영재의 이격거리 적정여부

(3) 지지애자 탈락 및 지지경간 적정여부

(4) 피복손상 및 전선접속부분 노출여부

(5) 가배선, 불용전선 방치여부

7) 전선관 사용 배선

(1) 전선관의 파손 및 부식여부

(2) 전선 인출부의 단말처리 적정여부

(3) 금속관 및 이에 준하는 경우 접지선 시설 또는 탈락여부

(4) 규격전선 사용 및 용량 적정여부

(5) 관내 전선접속 및 접속부분의 적합여부

8) 케이블

(1) 용량적정 및 파열여부

(2) 지지거리 및 지지방법 적정여부

(3) 외피손상 여부 및 충격, 압력으로 인한 합선, 단선 위험여부

9) 비닐코드 배선

(1) 전선피복 손상 여부

(2) 사용할 수 없는 개소에 비닐코드배선 사용여부

(3) 규격전선 사용 및 용량 적정여부

(4) 접속부분의 안전성 및 테이핑여부

(5) 배선연장 및 스테이플로 고정 사용여부

10) 이동전선

(1) 전선피복 손상여부

(2) 규격전선 사용 및 용량 적정여부

(3) 물기있는 장소에서 이동용 기기를 사용하는 경우 지락보호장치 시설여부

(4) 전기 기계기구와 접속개소에 삽입접속기등 기타 유사한 기기 사용여부

11) 접촉전선

(1) 지지애자의 손상 및 지지간격 적정 여부

(2) 전선상호간 및 전선과 조영재의 이격거리 적정여부

(3) 규격전선 사용 및 용량 적정여부

(4) 접촉부분 접촉상태 적정여부

12) 배선기구(콘센트, 점멸기, 기타)

(1) 콘센트, 점멸기, 로우젯, 리셉터클, 기타기구의 파손, 변형 및 부식 여부

(2) 옥외에 시설된 점멸기, 접속기, 기타 배선기구의 방호장치 시설

(3) 메탈라이드, 와이어라이드 등과 배선기구 금속부분의 접촉여부

(4) 충전부분의 노출여부

(5) 물기, 습기있는 장소의 방습기구 사용여부

13) 전동기

(1) 전동기, 기타 회전기기까지의 전선 또는 인출선 손상 및 기기 파 손여부

(2) 고열, 소음, 이취, 진동여부

(3) 조작 개폐기의 과열, 파손 및 용량 적정여부

(4) 과부하 보호장치의 작동여부

(5) 접지선 미시설 및 탈락여부

14) 전열장치

(1) 전열장치까지의 전선 또는 인출선의 손상 및 기기 파손여부

(2) 가연물질과 이격거리 적정여부

(3) 조작 개폐기의 과열, 파손 및 용량 적정여부

(4) 접지선 미시설 및 탈락여부

15) 전기 용접기

(1) 용접기까지의 전선, 인출선 및 2차측 전로의 손상여부

(2) 외함 부식, 파손 및 접지선 미시설 또는 탈락여부

(3) 조작 개폐기의 과열, 파손 및 용량적정여부

(4) 용접작업자의 절연장갑 및 절연화 착용여부

(5) 사용전압의 적정 및 보호장치 시설여부

(6) 자동전격 방지장치의 설치여부

16) 콘덴서

(1) 외함의 파손 변형, 부식, 누유, 과열 및 이음 이취여부

(2) 콘덴서까지의 전선 용량적정 및 피복손상 여부

(3) 콘덴서간의 이격거리 적정여부

(4) 접지선 미시설 및 탈락여부

(5) 해당부하에 대한 콘덴서 용량적정 및 결선상태 적정여부

17) 가전기기

(1) 당해전로와 부속전선의 용량적정 및 결선상태 적정여부

(2) 오손, 파손, 변형, 부식여부

(3) 접지선 미시설 및 탈락여부

(4) 불량 전기용품 사용여부(형식승인 미표시 제품등)

18) 조명장치

(1) 당해전로와 부속전선의 용량적정 및 피복손상 여부

(2) 기구의 오손, 파손 및 부식여부

(3) 설치상태의 적정 및 가연성 물질과 이격거리 적정여부

(4) 가스, 유류등 위험물 취급 및 인화성물질이 있는 장소의 사용 등 기구 적정여부

19) 기타 기기

(1) 당해전로의 전선, 인출선의 용량적정 및 피복손상 여부

(2) 조작개폐기의 과열, 파손 및 용량 적정여부

(3) 가연성 물질과 이격거리 적정여부

(4) 접지선 미시설 및 탈락여부

20) 구내 전선로(가공전선)

(1) 지지물(철주, CP주, 목주 등) 경사도 및 이에 부착된 각종 금구류, 지선, 발판못의 파손, 부식여부

(2) 애자류의 파손, 탈락 및 이에 부착된지지 금구류의 이완, 부식여부

(3) 이도의 과대 및 지상고 적정여부

(4) 전선 상호간 및 전선과 조영재의 이격거리 걱정여부

21) 구내 전선로(가공 케이블)

(1) 외피의 손상 및 합선, 단선 위험 여부

(2) 전기설비기술기준에 관한 고시에 적합한 규격케이블 사용여부

(3) 이도의 과대, 지지방법 및 단말처리 적정여부

(4) 각종 전기설비 및 조영재와 이격거리 적정여부

22) 구내 전선로(지중 케이블)

(1) 매설부 인입, 인출 부분 방호장치 및 매설표시 여부

(2) 단말처리의 적정여부

(3) 전기설비기술기준에 관한 고시에 의한 규격케이블 사용여부

23) 발전설비

(1) 설치장소 및 방호시설의 적정여부

(2) 상용 전원과의 절체장치 적정여부

(3) 배, 분전반 및 보호시설의 적정여부

(4) 접지선 미시설 및 탈락여부

(5) 충전장치 및 축전장치의 적정여부

(6) 내연기관의 속도 및 냉각수온도의 계측장치시설여부

(7) 내연기관의 입구 압력 및 출구 윤활유 온도계측 장치 시설 여부

(8) 발전기의 과전류 차단장치 설치여부

나. 고압설비

1) 책임분계점 개폐기, 인입구 개폐기, 수전용 개폐기

(1) 개폐기의 파손 및 붓싱, 애자류의 손상여부

(2) 취부 금구류의 손상여부

(3) 절연유 사용기기의 누유여부

(4) 충전부분과 조영재의 이격거리 적정여부

2) 자가 및 구내전선로(가공전선, 가공케이블, 지중케이블)

(1) 가공전선

① 지지물(철탑, 철주, CP주, 목주등)의 경사도 및 이에 부착된 각종 금구류, 지선발판못의 파손 부식여부

② 애자류의 파손 탈락 및 전선로의 지상고 적정여부

③ 이도의 과대 및 지상고 적정여부

④ 전선로와 각종 전기설비 및 식물, 기타 조영재와 이격거리 적정여부

(2) 가공케이블

① 이도의 과대 및 취부상태의 적정여부

② 외피의 손상 및 동차폐층 접지선 탈락여부

③ 맷센져와이어 및 행거의 이상 또는 접지선탈락이나 미시설여부

④ 단말처리의 적정여부

⑤ 전기설비기술기준에 관한 고시에 적합한 규격 케이블 사용여부

(3) 지중 케이블

① 매설표지 설치 및 매설부분 무단굴착 여부

② 케이블 동차폐층 접지선탈락 및 미시공 여부

③ 단말처리 적정여부

④ 전기설비기술기준에 관한 고시에 적합한 규격 케이블 사용여부

⑤ 맨홀의 적정 여부

3) 배선(모선)

(1) 전선굵기(용량)의 적정여부

(2) 지지애자류의 파손, 탈락, 부착 금구류의 이완 및 부식여부

(3) 전선 접속부위의 이상여부

(4) 전선상호간 및 전선과 조영재의 이격거리 적정여부

4) 피뢰기

(1) 외부손상 및 취부위치 적정여부

(2) 충전부분과 조영재의 이격거리 및 지상고 적정여부

(3) 주위 가연물질 적재여부

(4) 접지선 탈락 및 굵기 적정 여부

(5) 디스콘넥타의 부착 및 파손여부

5) 변성기류

(1) 외함 및 붓싱의 부식, 파손, 누유 여부

(2) 충전부분과 조영재의 이격거리 및 지상고 적정여부

(3) 접지선의 탈락 및 미시공 여부

(4) 배율 및 과전류 강도의 적정여부

(5) 유입기기는 누유 여부

6) 전력 퓨우즈(PF, COS, FDS)

(1) 개폐기의 파손 및 손상여부

(2) 충전부분과 조영재의 이격거리 및 취부위치 적정여부

(3) 몸체와 퓨우즈링크(LINK)접촉부의 접촉상태

(4) 퓨우즈 용량의 적정여부

7) 변압기

(1) 외함, 붓싱의 부식 및 누유여부

(2) 유량부족 및 과열여부

(3) 1, 2차 전선 접속점의 접촉상태

(4) 외함 및 제2종접지 미시설 또는 탈락여부

(5) 충전부 노출부분을 취급자가 쉽게 접촉할 수 없는지 여부

8) 수,배전반(수전반, 배전반 및 취부기기)

(1) 외함 및 철구류의 부식, 손상여부

(2) 각종 지시 계기 및 표시램프 동작상태

(3) VS, AS, CS의 작동여부 및 전압, 전류 불평형 여부

(4) 접지선 및 이면배선 탈락여부

(5) 습기제거용 히터의 전선과 혼촉 여부

9) 계전기(OCR, OCGR, GR, OVR, UVR, OVGR, SGR 기타)

(1) 탭 및 레버(LEVER)위치의 적정여부

(2) 내부에 먼지등 이물질 침입여부

(3) 사고로 인한 계전기 동작 및 오동작 여부

(4) 이면배선 탈락 및 오결선여부

(5) 과전류(OCR) 및 지락과전류(OCGR) 계전기의 임의 정정 여부

10) 수, 배전용 차단기(OCB, MOCB, ACB, VCB, GCB 기타)

(1) 차단기외함 및 붓싱류의 오손, 파손여부

(2) 취부 금구류의 부식, 이완 또는 취부상태

(3) 차단기의 이음, 누유여부

(4) 조작회로 및 조작기구의 적정여부

(5) 충전부분과 배전함 및 기타 전기설비의 이격거리

(6) 접지선 탈락 및 미시공 여부

11) 전력용콘덴서

(1) 붓싱, 외함의 파손, 부식 및 누유여부

(2) 충전부분과 기타 전기설비의 이격거리

(3) 접지선 탈락 및 미시공 여부

(4) 외부의 충격전압 등으로 인한 외형상의 변형여부

(5) 용량의 적정여부

(6) 보호설비의 적정여부

12) 각종 단로기

(1) 지 지애자류의 파손 및 금구류의 부식 여 부

(2) 접촉불량으로 인한 변색, 과열여부

(3) 조작 적정여부

13) 건물

(1) 누수, 습기로 인한 각종 전기설비 손상여부

(2) 적정 조명 유지여부

(3) 조작에 지장을 초래하는 장애물 방치여부

14) 보호시설

(1) 파손, 부식 및 위험 표시 부착여부

(2) 충전부분과 이격거리

(3) 접지선 탈락 및 미시공 여부

(4) 위험표시판 부착여부

(5) 소화기 비치여부

15) 안전용구

- 조작봉(DS봉, COS봉), 사다리, 절연대, 절연장갑, 안전모 등의 비치 및 관리상태

16) 부하설비(기동장치, 전동기)

(1) 외함, 붓싱의 파손, 부식 및 누유여부

(2) 인출선의 손상, 과열여부

(3) 과부하 여부

(4) 접지선탈락 및 미시공 여부

(5) 전선굵기의 적정여부

(6) 보호시설의 적정여부

[표 : 태양광발전설비 점검표]
(수용가명 방문일 : 2012년 ×월 ×일)

구분	점검항목	점검요령	확인 및 조치사항
모듈	유리등 표면의 오염 및 파손	조류배설물 등에 의한 오염 및 돌등에 의한 파손이 없을 것	
	가대의 부식 및 녹	부식 및 녹이 없을 것	
	외부배선(접속케이블)의 손상	접속케이블에 손상이 없을 것	
	접지선의 접속 및 접속단자의 풀림	접지선에 확실하게 접속되어 있을 것 나사의 풀림이 없을 것	
	지지대의 고정 및 접지(100Ω 이하)	볼트 및 너트의 풀림이 없을 것	
접속반	외함의 부식 및 손상	부식 및 손상이 없을 것	
	외부배선(접속케이블)의 손상 및 접속단자의 풀림	배선에 이상이 없을 것, 나사에 풀림이 없을 것	
	접지선의 손상 및 접지 단자의 풀림	접지선에 이상이 없을 것, 나사에 풀림이 없을 것	
	퓨즈 및 다이오드소손	퓨즈 및 다이오우드 확인	
	어레이 출력확인	스트링의 출력전압(개방전압)이 사양서와 크게 차이가 없을 것	
	방수처리	내부에 습기침투의 흔적이 없을것	
인버터	외함의 부식 및 파손	외함의부식. 녹이 없고 충전부가 노출되어 있지 않을 것	
	외부배선(접속케이블)의 손상	파워컨디셔너에 접속된 배선에 손상이 없을 것	
	접지선의 파손 및 접속단자의 풀림	접지선에 이상이 없을 것, 나사의 풀림이 없을 것	
인버터	환기확인 (환기구멍, 환기필터)	환기구를 막고 있지 않을 것, 환기필터가 막혀 있지 않을 것	
	이상음, 악취, 발열 및 이상과열	운전시의 이상음, 이상한 진동, 악취 및 이상한 과열이 없을 것	
	표시부의 이상표시	표시부에 이상코드 이상을 표시하는 램프의 점등점멸등이 없을 것	
	발전상황	표시부의 발전상황에 이상이 없을 것	
모니터링	모니터링시스템	인터넷(ISP)의 정상운용을 확인(다른 PC를 통한 인터넷 상태확인) 인버터의 통신 배선단의 배선 상태 확인, 공유기의 전원 유무와 배선상태 확인	

[표 : 인버터 이상신호 시 조치]

모니터링	인버터표시	현상설명	조치사항
태양전지 과전압	Solar cell OV fault	태양전지전압이 규정 이상일 때발생, H/W	태양전지전압점검 후 정상시 5분후 재기동
태양전지 저전압	Solar cell UV fault	태양전지전압이 규정 이하일 때발생, H/W	태양전지전압점검 후 정상시 5분후 재기동
태양과전압 제한초과	Solar cell OV limit fault	태양전지전압이 규정 이상일 때발생, S/W	태양전지전압점검 후 정상시 5분후 재기동
태양저전압 제한초과	Solar cell UV limit fault	태양전지전압이 규정 이하일 때발생, S/W	태양전지전압점검 후 정상시5분후 재기동
한전계통 역상	Line phase sequence fault	계통전압이 역상일 때 발생	상회전 확인후 정상시 재운전
한전계통R상	Line R phase fault	R상 결상시 발생	R상확인후 정상시재운전
계통S 상	Line S phase fault	S상 결상시 발생	S상확인후 정상시재운전
계통T 상	Line T phase fault	T상 결상시 발생	T상확인후 정상시재운전
한전 압력전원	Utility line fault	정전시 발생	계통전압 확인후 정상시 5분 후 재기동
한전 과전압	Line over voltage fault	계통전압이 규정치 이상일 때 발생	계통전압 확인후 정상시 5분 후 재기동
한전 부족전압	Line under voltage fault	계통전압이 규정치 이하일 때 발생	계통전압 확인후 정상시 5분 후 재기동
한전 저주파수	Line under frequency fault	계통주파수가 규정치 이하 일 때 발생	계통주파수 점검후 정상시 5 분후 재기동
한전계통 과주파수	Line over frequency fault	계통주파수가 규정치 이상 일 때 발생	계통주파수 점검후 정상시 5 분후 재기동
인버터 과전류	Inverter over current fault	인버터 전류가 규정값 이상으로 흐를 때 발생	시스템정지후 고장부분수리 또는 계통 점검후 운전
인버터 과온	Inverter over temperature	인버터과온시발생	인버터및팬점검 후운전
인버터 MC 이상	Inverter M/C fault	전자접촉기고장	전자접촉기교체 점검후 운전
인버터 출력전압	Inverter voltage fault	인버터전압이 규정전압을 벗어났을 때 발생	인버터및계통전압 점검후 운전
인버터 퓨즈	Inverter fuge fault	인버터퓨즈 소손	퓨즈교체 점검후 운전
위상 : 한전-인버터	Line inverter async fault	인버터와 계통의 주파수가 동기되지 않았을 때 발생	인버터점검 또는 계통 주파수 점검후 운전
누전발생	Inverter ground fault	인버터의 누전이 발생 했을 때 발생	인버터및부하의 고장부분 을 수리 또는 접지저항 확인 후 운전
RTU 통신계통이상	Serial communication fault	인버터와 MMI의 통신이 되지 않는 경우에 발생	연결단자 점검(인버터는 정상운전)

다. 태양전지모듈 취급 주의사항

1) 모듈은 견고하게 제작이 되었지만, 공구나 어떤 물체에 의해 충격 을 받으면 유리가 깨질 수 있고, 모듈이 발전을 하지 않을 수 있다. 또한 모듈의 직렬연결 결합이 망가지기 때문에 이상전압이 발생 될 수 있다.
2) 시스템은 반드시 자격이 있는 전문기업이나 전문가에 의해 설치되어져야 한다. 안전수칙을 잘 모르거나, 시스템에 대한 지식이 없는 작업자는 위험할 수 있다.
3) 프레임은 특수 코팅된 알루미늄이므로, 다른 구조물과 마찰 시 코팅 이 벗겨져 추후 프레임에 녹 발생이나 강도 약화 등 이상이 발생할 수 있으므로, 설치 시 주의가 필요하다.
4) 모듈 후면의 백시트 손상에 유의해야 한다. 특히 날카로운 공구로 백시트로 손상을 입힐 경우 안전사고의 위험이 발생할 수 있다.
5) 모듈은 장기간 사용할 수 있고, 또한 별도의 유지보수가 불필요하게 설계되었다. 자연적인 환경조건과 비로 유리표면을 충분히 깨끗하게 유지 시킬 수 있다. 혹시 모듈이 지저분하거나, 바로 청소가 되지 않을 때는 부드러운 천을 사용하여 물이나 중성세정제를 이용하여 청소해 주면 된다. 모듈의 후면을 청소할 때는 백쉬트에 물이나 세제가 침투하지 않도록 주의가 필요하다. 1년에 한번 정도 모듈결선을 확인하고 전선이 늘어지면 모듈 또는 어레이에 피해를 줄 수 있다.

라. 정기점검 주요내용

정기점검의 주기로는 일간, 주간, 월간 및 연간으로 구분할 수 있다.

▶ 일간점검내용

- 태양전지모듈 주위에 그림자가 발생하는 물체(장애물)가 있는가?
- 설치된 태양전지모듈 주변에 폭발 및 화재위험 가능성이 있는 물체가 있는가?

▶ 주간점검내용

- 태양전지모듈 표면이 파손되었는가?
- 태장전지모듈 표면에 불순물이 존재하는가?

▶ 월간점검내용

- 태양전지모듈 외부의 변형이 발생하였는가?
- 태양전지모듈 결선상 탈선된 부분은 없는가?

▶ 연간점검내용은
- 태양전지모듈과 구조물간의 이격이 발생하였는가?
- 태양전지모듈 내부 및 외부에 부식이 발생하였는가?

【정기점검 시의 요령】

1) 사전준비

정전작업이므로 실시 일시에 대해서는 기관장의 승인을 얻어 관계 부서에 통지한다. 시험용 전원이 필요한 경우에는 사전에 준비하거나 발전기를 준비한다. 사전에 점검 작업의 순서를 정한다. 작업은 여러 작업원이 하므로 안전측면에서의 검토와 작업 책임자를 지명한다. 정전, 송전시에는 사전에 전력회사와 연락을 해 둔다. 사전에 결선도와 설비를 대조 한다.

주의사항으로는 작업원의 안전에 충분한 주의한다. 정전할 수 없는 부하설비(컴퓨터, 냉장고 등)가 있을 때는 타전원을 준비한다.

2) 접지저항의 측정

제1종, 제2종, 제3종별로 측정한다. 보조접지를 하는 방향에 주의한다. 측정일시, 일기, 농도를 반드시 기입한다.

3) 절연저항의 측정

고압측은 1000V메가, 저압측은500V메가를 사용한다. 케이블 등의 절연저항 측정에는 가드 단자를 사용한다. 변압기 2차측의 절연저항측정 은 제2종 접지를 떼고, 마그넷 스위치의 2차측 부하의 측정을 잊지 말 것.

4) 보호계전기의 동작시험

과전류 계전기, 저락 계전기의 동작시험을 한다. (통상 차단기와 연동시험 실시) 전력회사의 보호계전기와 동작협조가 되었는지를 확인한다. 계전기의 전류탭, 시한탭의 이완을 점검한다.

5) 차단기, 고압부하 개폐기의 내부점검

부싱의 균열, 손상, 오손의 유무, 차단부의 아크에 의한 손상, 탄화물의 부착, 볼트, 넛트의 이완, 조작장치의 접속부, 활동면, 스프링, 볼트, 넛트의 이완, 오일차단기에서는 유조의 발청, 손상, 기름 누설을 점검한다. 절연유가 변색, 열화 되지 않았는지 확인한다.

고압용 차단기의 절연저항은 차단기 단체에서 각상-대지간, 각상간에서 1000V 메거로 500MΩ 이상이 기준이다. 개폐 표시는 양호한지 확인한다.

6) 변압기의 점검

부싱의 균열, 손상, 변색의 유무, 권선, 리드선의 손상, 변압기 탭의 손상, 이완, 절연유는 변색, 열화되지 않았는지 확인한다. 저압측 부싱, 단자의 과열, 변색에 주의한다.

7) 진상 컨덴서

부싱의 균열, 손상의 유무, 외함의 변형, 손상, 기름, 누설의 점검, PCB 사용의 컨덴서는 취급에 주의 한다. 컨덴서는 회로에서 분리해도 잔류전하가 있으므로 반드시 방전시킨다. 절연저항은 1000V메거로 1000MΩ 이상이 기준이다.

8) 모선

단자, 접속부의 과열, 변색, 이완을 점검한다. 애자의 균열, 손상, 케이블 단말의 균열, 손상, PT, CT, 배전반에 손상 유무를 점검한다. PT퓨즈는 끊기지 않았는지 점검한다. 모선일괄의 절연저항은 1000V메거로 100MΩ 이상, 배전반 표시등은 끊기지 않았는지 확인한다.

[표 : 전기설비의 안전점검 예]

전기설비			일상점검		정기점검		정밀점검, 측정	
설비명		점검개소	점검내용	주기	점검내용	주기	점검내용	주기
수전설비	단로기	칼받이와 칼접촉부	과열, 변색 및 벌어짐	1 주	접촉, 벌어짐, 오손의 형태	1 년	절연저항 측정	1 년
		외관	오손, 오물 부착	1 주	진동장치의 기능	1 년		
	차단기 OCB	외관	외부점검, 오손, 기름 누설, 균열, 과열, 녹슬음, 손상	1 주	각부의 손상, 부식, 과열, 녹슬음, 변현이완	1 년	절연저항 측정	1 년
							접지저항 측정	1 년
							절연유 내압시험	2 년
		기타	지시, 점등	1 주	조작용 기구	1 년	차단속도 측정	3 년
			기타필요 사항	1 주	부속장치의 상태기름의 오손상태접지 선접속부	1 년 1 년 1 년	동작특성 (필요시)	수시

수전설비	모선	모선의 높이			높이, 이환, 타물과의 이격거리, 부식, 손상, 과열	1 년	절연저항 측정	1 년
		접속부분, 크램프류			부식, 손상, 과열, 이완	1 년	절연저항 측정	1 년
		애자류 지지물			부식, 손상, 변형이완	1 년		
	변압기	본체	외부점검, 누유, 오손, 진동, 음향, 온도	1 주	각부의 손상, 부식, 녹슬음, 이완, 오손, 유량	1 년	절연저항 측정접지 저항측정 절연유내 압시험	1 년 1 년 1 년
		접지선			접지선접속부	1 년	내부점검	5 년
							(코일, 접속부리드선, 철심 등)	5 년
	계기용변성기	외관	손상, 부식, 녹슬음, 변형오손, 온도, 음향, 퓨즈 등	1 주	좌동	1 년	절연저항 측정	1 년
		접지선			접지선 접속부	1 년	접지저항	1 년
	피뢰기	외관	손상, 균열, 이완, 오손	1 주	손상, 균열, 오손, 컴파운드 이상	1 년	절연저항 측정	1 년
		접지선			접지선, 접지부	1 년	접지저항 측정	1 년
	배전반	본체	계기, 표시 등, 절환 개폐기 등의 이상	1 주	이면배선의 먼지, 오손, 손상, 과열, 이완, 단선	1 년	각부의 손상, 과 열, 이완, 단선, 접촉 탈락	2 년
		기타			접지선, 접속부	1 년	계기교정, 시퀀스 시험절연 저항측정 접지저항 측정보호계전기 동작측정	2 년 1 년 1 년 1 년

수전설비	전선및지지물		전선의 높이 및 타설 비, 수목 등과의 이격 거리	1 주	전주, 완목, 애자지선, 보호망등의 손상, 부식	1 년	절연저항 측정	1 년
			표시, 보호 울타리 등의 이상 유무	1 주	전선취부상태	1 년		
		케이블	헤드, 접속함등의 접속부과열, 손상 및 컴파운드기름누유, 포설부의 무단굴착, 타설비와의 이격거리	1 주 1 주 1 주	베이블부식, 균열, 손상	1 년	절연저항 측정	1 년
	콘덴서	본체	액면, 침전 물, 색상, 극판굴곡, 격리판, 단자의 이완, 손상전지의 전압, 비중, 온도측정	1 중 1 일	애자의부식, 손상, 내산도료의 벗겨짐, 바닥면의 부식, 손상	1 년	비중측정액의 온도 측정각 전지의 전압측정충전장 치의 내부	1 월 1 월 1 월 3 년
부하	회전	외관	음향, 과열, 냄새, 진동 등	1 일	음향, 진동, 온도, 오손, 이완, 손상,	3 월	내부분해 점검	3 년
설비	기기전동기등	정류자 브러쉬 등	정류자, 브러시, 집전 황상태	1 주	전달장치의 이상 제어장치 접지선, 접속부	1 년 1 년	전자인출점검 및 청소) 절연저항 측정 접지저항 측정	1 년 1 년
	전열기등	외관	온도변형, 손상등 접속부 변색, 과열, 열선의부식, 접속부등	1 일 1 주	각부위의변형, 손상, 이완, 가연물과의 이격거리	1 년	절연저항 측정	1 년
	조명설비	조명 설비	이음, 오손, 부점등	1 일	조명효율, 오손, 손상, 음향, 온도, 누설등	1 년	절연저항 측정	1 년

[표 고장구간 자동 개폐기 보수 및 점검]

구분	점검항목	점검방법	조 치
일상점검	붓싱손상 또는 변형여부 절연유누유여부 축전지 및 충전부전압측정 Cable 접속상태(단자포함) 동작표시기동작유무 기타(비정상적 소음, 냄새 등)	육안검사 육안검사 Tester 이완상태 육안확인 육안확인 육안확인	손상 또는 변형이 심한경우, 붓싱 또는 제품교체 누유부위 보수 또는 제품교체 축전지 및 충전부점검 과축전지충전 또는 교환 상태점검 및 신규체결 체결상태 재확인 및 수리 전원차단, 원인조사 및 수리
정기점검	동작계수기상태 및 동작횟수 절연유절연내력 투입 및 개방동작상태 충전부와 대지간 절연저항 기능정정SW 확인(상.지락) 각종SW 및LED 동작상태	육안확인 절연내력측정 동작시험 절연저항측정 정정여부확인 동작시험	부품체결상태 확인 및 필요시 부품교체 급격히저하시 정밀점검 및 수리 동작불량시수리, 부품 또는 제품교환 본체500M 2/제어함5MQ이상 확인 및 정밀점검 해당부위수리 또는 부품교체 해당부위수리 또는 부품교체
특별점검	개폐기가 빈번하게 동작했 을 때(절연유절연내력 포함) 동작중에 이상 징후가 있을 때	주회로저항 측정 및 절연내력 측정 기구부 및내부 확인	수리 및 부품교체 급격히 저하시 정밀점검 및 수리 Motor 포함 정밀점검 및 수리

[표 : 진상용 콘덴서의 일상 점검 요령 및 판단기준]

점검항목	점검방법	점검요령	점검주기	판단기준
기름누설	육안검사	본체에 기름으로 더러워진 곳은 없는가 기기하부에 기름으로 더러워진 곳은 없는가	1 회/주	기름이 부착한 부분을 한번 닦아 내고 그후도 기름으로 더럽혀지는 경우
이상음·소음	청각검사	통상 운전중에 충격음 등의 이상음은 없는가 평상시에 비해 갑자기 크게 느끼는 일은 없는가		
주위온도	온도계	주위 온도가 비정상적으로 높지 않은가		주위온도가 40℃ 이상이 되는 경우

전류계의 지시	전류계	전류계의 지시가 과대 해지지 않는가 삼상이 평형되어 있는 가 지시에이상한변동은 없는가		전류계 지시가 정격치의 120%를 초과하는 경우(통상정격의 110% 정도 흐른다) 각상간의 불평형이 삼상 평균치에 대해서 20% 이상이 되는 경우
전압계의 지시	전압계	특히 경부하시에 있어 서모선전압이 과대해 지지 않은가		모선전압이 정격전압의 109% 이상이 되는 경우(직렬리액터L=6%인경우, L=13%인 경우는 115% 이상이 되는 경우)
보호장치의 동작	육안검사 외			
단자부 이 완	더조임	단자부의 과열은 없는가 변색되어 있는 곳은 없는가 단자부분에서 기름누설은 없는가		
단자부 과열	육안검사	변색되어 있지 않은가 애자상부로부터의 누설은 없는가		90도가 한도 다른 곳과 비교하여 단자부의 색이 다른 경우
기름 누설	육안검사	애자부분 용접개소 유량조정 장치커버 밖으로의 있지 않은가		기름이 부착된 부분을 한번 닦아냈는데, 그후에도 기름으로 더러워지는 경우
애자 손상	육안검사	애자의 과손은 없는가 애자부분에 기름이 부착되어 있지 않은가		
용기등의 녹발생	육안검사	단자부에 녹이 생긴 곳은 없는가 용접개소에 녹이 생긴 곳은 없는가		
이상한 냄새	후각검사			타는 냄새가 나는 경우
기기 온도	온도계	시온라벨을 사용하면 편리		
보호장치 동작	육안검사	단자대의 녹 발생 리드선의 체부상태		직렬리액터의 온도가 85℃를 초과하는 경우 과거의 데이터에 비해 급변한 경우
절연저항 측정	절연저항계	주회로와 외함 또는 대지간 애자를 청소한 후에 실시한다.		100MΩ 이하의 경우 과거의 데이터에 비해 급변한 경우

[표 : 설비별 표준점검표]

설비명칭	점검내용			비고
	착안사항	양호	불량	
책임분계점	1. 오손 · 파손 2. 누유 3. 이격거리			
인입선로	1. 애자상태 2. 이도지상고 3. 전선피복 4. 케이블헤드 5. 규격용량 6. 접지상태			
개폐기	1. 누유 2. 오손 · 파손 3. 개폐상태			
모선	1. 규격용량 2. 애자상태 3. 이격거리			
피뢰기	1. 오손 · 파손 2. 취부상태 3. 접지상태			
변성기	1. 오손 · 파손 2. 설치상태 3. 누유 · 변색 4. 적정용량 5. 접지상태			
변압기	1. 오손 · 파손 2. 누유 · 붓싱 3. 온도 · 결선상태 4. 접지상태			
수배전반	1. 발청오손 2. 표시램프, Ry 3. Ry tap, lever			
콘덴서	1. 오손 · 파손 2. 이음 · 누유 3. 설치상태			
기타설비	1. 방호상태 2. 이물접척			

[표 : 점검 종류별 점검항목]

구분	전기설비		점검 및 시험항목	점검종류			
				월차	분기	연차	임시
수·배전설비	인입자 가전설로	가공전	외관점검	○	○	○	필요한모점점검 및 시험
		선로	절연저항측정			○	
		지중 전선로	외관점검 (노출부분)	○	○	○	
			절연저항측정			○	
			접지저항측정			○	
			절연진단시험			○	
	지지물		외관점검	○	○	○	
	지지금구류		외관점검	○	○	○	
			접지저항측정			○	
	모선		외관점검	○	○	○	
			절연저항측정			○	
	개폐기류(LS, ASS, INT, S/W, OS, DS 등)		외관점검	○	○	○	
			용량적정여부			○	
	전력용 휴즈 (PF, COS, FDS 등)		외관점검	○	○	○	
			용량적정여부			○	
수·배전설비	변성기류(MOF, PT, GPT, CT, ZCT)		외관 점검	○	○	○	필요한모점점검 및 시험
			절연저항 측정			○	
			접지저항 측정			○	
			비율, 용량 적정여부			○	
	피뢰기		외관 점검	○	○	○	
			절연저항 측정			○	
			접지저항 측정			○	
	차단기		외관 점검	○	○	○	
			절연저항 측정			○	
			접지저항 측정			○	
			절연유내압 시험			○	
			절연유산가시험			○	
			계전기와의 연동시험			○	
	계전기		외관 점검	○	○	○	
			절연저항 측정			○	
			동작 및 연동 시험			○	
			특성 시험			○	

수·배전설비	변압기		외관 점검	○	○	○	
			절연저항 측정			○	
			접지저항 측정			○	
			절연유내압 시험			○	
			절연유산가 시험			○	
			절연진단 시험			○	
수·배전설비	고압 콘덴사등 기타고압 및 특고압기기		외관 점검	○	○	○	
			용량적정 여부	○	○	○	
			절연저항 측정			○	
			접지저항 측정			○	
	구 내 전선로	가공 전선로	외관 점검	○	○	○	
			절연저항 측정			○	
		지중 전선로	외관점검 (노출부분)	○	○	○	
			절연저항 측정			○	
			접지저항 측정			○	
			절연진단 시험			○	
부하설비	인입구배선		외관 점검	○	○	○	
	옥내배선		외관 점검	○	○	○	
			전선용량적정 여부	○	○	○	
			절연저항 측정		○	○	
	배·분전반		외관 점검				
			접지저항 측정				
	누전차단		외관 점검	○	○	○	
			동작 시험			○	
			특성 시험			○	
	배선기구(개폐기, 과전류 차단기, 접속기등)		외관점검	○	○	○	
			용량적정 여부	○	○	○	
	전동기, 전열기, 전기용접기, 콘덴사, 조명장치, 기타기기		외관 점검	○	○	○	
			설치상태	○	○	○	
			용량적정여부	○	○	○	
			절연저항 측정	○	○	○	
			접지저항 측정		○	○	
부하설비	구내 전선로	가공 전선로	외관점검	○	○	○	
			절연저항 측정		○	○	
		지중 전선로	외관 점검	○	○	○	
			절연저항 측정		○	○	
			접지저항 측정		○	○	
			절연저항 측정			○	
예비 발전기	원동기, 발전기, 배전장치 및 축전장치		외관 점검	○	○	○	
			절연저항 측정		○	○	
			접지저항 측정		○	○	
			운전 시험		○	○	
			축전장치 점검			○	
기타	건물		누수및 환기상태	○	○	○	
	보호설비		설치상태	○	○	○	
			접지저항 측정		○	○	
	조작용구		외관 점검	○	○	○	
			비치 및 정비상태	○	○	○	

출제 기준에 따른 실기 필답형 예상문제

문제 I

태양광발전시스템 설치후 유지보수에 대한 주의사항을 모두 열거하시오!

풀이

1. 수리와 서비스는 반드시 공인된 서비스 요원에 의해 실시
   - 태양광시스템은 인체에 치명적인 전압 사용
   - 시스템 내부는 사용자가 수리 할 수 있는 부분이 없음
2. 시스템은 온도와 습도가 적당한 곳에 설치
   - 전기적인 충격이나 화재 위험 감소
   - 직사광선과 습기가 없는 공간
3. 감전 주의
   - 시스템 내부에 DC전압 링크용의 전해콘덴서가 내장
   - 전원이 단락된 경우에도 일정 시간동안 위험한 전압이 존재
4. 태양광시스템의 입력단자에 높은 전압이 존재
   - 태양전지를 사용하여 전력을 공급
5. 설치 전 직사광선이나 비, 습기 등을 피할 수 있는 장소에 보관
   - 서늘하고 건조한 장소
6. 시스템 가동 조건
   - 적정온도는 15~30℃
   - 0~40℃에서도 정상 작동 가능
   - 습도는 95% 이하를 유지
   - 습기의 응결이 없는 공간
7. 먼지, 쓰레기, 금속성 부스러기 등이 없는 장소
8. 시스템의 공기 유입 및 배출이 원활한 장소
9. 조작반 확인과 조작이 용이한 장소
10. 시스템에 대한 서비스접근이 가능한 장소

문제 Ⅱ

태양광발전시스템 운영방법에 대한 빈칸을 채우시오!

구 분		운 영 메 뉴 얼
공통	시설용량 및 발전량	o 태양광발전설비의 용량은 부하의 용도 및 부하의 적정 사용량을 합산하여 (　　　) 사용량에 따라 결정된다. o 태양광발전설비의 발전량은 봄, 가을에 많으며, 여름, 겨울에는 기후여건 에 따라 현저하게 감소한다. o 태양광발전설비의 발전량을 초과하는 전기사용은 과도한 전기요금이 발생할 수 있다.
관리	모듈	o 모듈표면 은 특수처리된 강화유리 로 되어 있으나 강한 충격시 파손된다. o 모듈표면에 그늘이지거나 나뭇잎등이 떨어져있는 경우 전체적인 발전효율 저하요인이다. o (　　　　　), 공해물질 은 발전량 감소의 요인이다.

풀이

(월평균), (황사 및 먼지)

문제 Ⅲ

태양광발전시스템 운영방법에 대한 빈칸을 채우시오!

구 분		운영 메뉴얼
관리	모듈	o 고압분사기를 이용하여 정기적으로 물을 뿌려주거나 부드러운 천으로 이물질 제거 　– 발전효율 향상 　– 모듈 표면에 흠이 생기지 않도록 주의 o 모듈표면 온도가 높을수록 발전효율이 저하 　– 모듈온도 상승시에 물을 뿌려 온도조절 o 풍압이나 진동으로 인하여 모듈과의 연결부위가 느슨해지는 경우가 있으므로 정기적으로 점검
	인버터 및 접속함	o 태양광발전설비의 고장요인은 대부분 (　　　)에서 발생 o 접속함은 누수 또는 (　　　)여부를 정기적으로 확인 　– 역저지다이오드, 차단기, 단자대등이 내장

풀이

인버터, 습기

문제 Ⅳ

태양광설비 모니터링 설비 등 접지설비의 관리의 방범시스템에 대하여 논하시오!

구 분		운영 메뉴얼
기타	구조물 및 전선	o 구조물이나 구조물접합 자재의 부식 여부확인 o 부분적인 (　　　　)시 페인트, 은분, 스프레이 등으로 도포처리 o 전선피복 이나 전선연결부에 문제가 없는지 정기적으로 점검 　- 문제 발생시 반드시 보수
응급조치		o 태양광발전설비가 작동되지 않는 경우 　- 접속함내부차단기 off 　- 인버터off 후 점검 　- 점검후 인버터, (　　　) 순서로 on

풀이

노습현상, 차단기

문제 Ⅴ

태양광 발전시스템 점검의 유형에 대한 내용을 기술하시오!

풀이

□ 일상 순시 점검
- 시각, 청각, 후각을 이용하여 시설물 외부에서 점검
- 이상 상태를 발견한 경우 이상의 정도를 확인
- 이상 상태의 내용을 기록하여 정기 점검 시 참고 자료로 활용

□ 임시 점검
- 일상 순시 점검 등에서 이상을 발견한 경우 및 사고가 발생할 경우
- 대형사고 시 사고의 영향을 확인하기 위한 태양광 발전시스템 점검

□ 정기 점검
- 원칙적으로 무전압 상태에서 시스템 점검[전원 off]
- 필요 시 기기를 분해하여 점검

문제 Ⅵ

태양광 발전시스템 점검시 유의사항을 열거하시오!

풀이

1. 감전에 주의
   - 태양광발전시설은 햇빛을 받으면 발전하는 소자로 구성
   - 접속반의 차단기를 개방시켰다 하더라도 통전 상태
2. 인버터 정지 확인 후 점검
   - 계통 연계판빌 [태양광] 및 접속반을 OFF 시키면 자동 정지
   - 정상적인 발전이 되지 않는 경우에도 정지
3. 인버터 고장여부는 신중이 판단
   - 일사량의 급격한 변화[흐린 날, 낮은 구름이 많은 날]가 있는 경우 인버터 정지현상이 발생
   - 일정시간 경과 후 자동으로 재가동
4. 태양광발전소 부근의 공사여부 확인
   - 먼지나 이물질 등이 태양전지판에 부착되면 전력생산의 저하
   - 수명에 영향

문제 Ⅶ

태양광 발전시스템 점검후 유의사항을 열거하시오!

풀이

1. 접지선 제거
   - 점검 후에는 반드시
2. 최종 확인
   - 접속함, 분전함 에서의 작업 여부
   - 점검을 위해 임시로 설치된 설치물이 철거되었는지 여부
   - 볼트 조임을 재 점검
   - 공구 등이 시설물 내부에 방치되어 있지 않은 지 확인
   - 쥐, 곤충 등이 침입되어 있지 않은가 확인
   - 예비 부품 여부
3. 점검일지 기록 내용 확인
   - 순시 점검 또는 임시 점검 시는 점검 및 수리한 요점 및 고장의 상황, 처리 여부, 일자 등을 기록
   - 정기점검 시 참고 자료로 활용할 수 있도록 보관

문제 VIII

태양광 발전시스템 일상점검항목 및 점검요령을 열거하시오!

풀 이

구분	점검항목		판정내용
태양전지 어레이	육안점검	1] 유리등 표면의 오염 및 파손	
		2] 가대의 부식 및 녹	
중계단자함 [접속함]		1] 외부배선[접속케이블]의 손상	
		2] 외함의 부식 및 손상	
인버터		1] 외부배선[접속케이블의 손상]	
		2] 환기확인[환기구명, 환기필테]	
		3] 이상음, 악취, 발연 및 이상과열	
		4] 표시부의 이상표시	
		5] 발전상황	

문제 IX

태양광 발전시스템 점검전 유의사항을 모두 기술하시오!

풀 이

1. 준비철저
   - array 군별 회로구성, 주요간선 구성 등의 확인
2. 사전에 면밀한 계픽 수립
   - 필요한 공구 등을 준비
   - 예비 부품 확인
3. 회로도에 의한 검토
   - 태양전지 모듈의 경우 햇빛을 받으면 발전하므로 사전에 검전 및 감전 사고에 유의
   - 전원계통이 가압 중인 경우 각종 전원 및 차단기 1, 2차 측의 통전 등을 확인
   - 관련부서와 긴밀하고 확실하게 연락할 수 있는가를 확인
4. 무전압 상태 확인 및 주 회로 점검 시 안전조치
   - 차단기를 열고,
   - 검전기로 주 회로의 무전압 상태 확인
   - 필요 개소에 접지 시행.
5. "점검중"표지판 부착
   - 인버터 정지

- 접속반의 메인 차단기 OFF 상태 유지
6. 감전사고 유의
   - 각 접속반의 차단기가 OFF인 경우 태양전지 모듈은 발전
7. 잔류 전압에 대한 주의
   - 점검 시 잔류전압 유무를 확인
8. 절연용 보호기구 준비
9. 쥐, 곤충 등의 침입 방지 대책
10. 2인 1조

문제 X

태양광 발전시스템 정기점검 부위와 내용을 모두 기술하시오!

풀이

1. 태양전지 모듈의 점검
   - 태양전지 모듈 표면에 먼지, 새의 분비물, 기타 이물질 여부 점검
   - 정도가 심할 경우는 청소
     ▶ 발전량 감소
     ▶ 열화현상으로 수명에 영향
   - 보통의 경우 자연현상에 의해 청소됨
2. 태양전지 모듈의 이탈, 깨짐 등이 있는 지 육안으로 점검
   - 이상 시에는 동일한 태양전지 모듈로 교체
   - 교체 시 [+], [-] 극성에 유의하여 결선
     * 감전에 주의
   - 태양전지 모듈은 햇빛을 받으면 발전
   - 일몰 후 절연저항 측정
3. 접속함 점검
   - 함내 기기류의 정상동작 여부 확인, 조치
   - 차단기, 지시계기, FUSE 등
4. 케이블 접속부의 볼트 조임 상태 확인
5. 과전류에 의한 소손 은적 점검
6. 인버터의 점검
7. 수 · 배전반 점검
8. 감시 제어 시스템 점검
9. 도장의 벗겨짐 또는 녹 발생 점검
   - 보수 실시
   - 동일한 도장칠

문제 XI

태양광 발전시스템 정기점검 내용 및 조치사항에 대해 모두 기술하시오!

풀이

주기	점검 내용	조치사항
일간	o 태양전지모듈주위에 그림자가 발생하는 물체가 있는가? o 설치된 태양전지 모듈주변에 폭발 및 화재위험 가능성이 있는 물체가 있는가?	제거 및 이동
주간	o 태양전지모듈 표면이 파손 되었는가? o 태양전지모듈 표면에 불순물이 존재하는가?	모듈교체 및 물청소
월간	o 태양전지모듈 외부의 변형이 발생 되었는가? o 태양전지모듈 결선상 탈선된 부분은 없는가?	모듈 교정 및 교체
연간	o 태양전지모듈 과 구조물간의 이격이 발생하였는가? o 태양전지모듈 내부 및 외부에 부식이 발생하였는가?	조임 및 보정 모듈교체

문제 XII

태양전지 모듈 취급시 유의사항을 열거하시오!

풀이

▶ 태양전지 모듈 파손 유의
▶ 모듈 결선 확인
▶ 시스템은 자격이 있는 전문기업이나 전문가에 의해 설치, 보수
▶ 안전 수직 준수
▶ 프레임 코팅 손상 주의
  - 코팅이 벗겨지는 경우 녹 발생
  - 프레임 강도 약화
▶ 모듈 후면의 백시트[back sheet] 손상 유의
  - 날카로운 공구에 의한 손상 시 안전사고 위험
  - 물 청소 시 백시트에 물 또는 중성세제가 침투하지 않도록 주의

문제 XIII

태양발전시스템 운영시 사후관리요령에 대하여 열거하시오!

풀이

- ▶ 모듈 표면의 황사 및 이물질은 발전 효율 저하 요인
  - 물 또는 중성세제를 사용하여 모듈 표면의 황사 및 이물질 제거
  - 표면세적 시 부드러운 스펀지 이용
- ▶ 정기적인 시스템 동작 상태 확인
  - 인버터, 계량기 등
- ▶ 자연, 인공 재해 시 모듈 상태 점검
  - 태풍, 우박, 재해, 화재 등
- ▶ 겨울철 폭설
  - 모듈 표면 긁힘 현상 주의

문제 XIV

태양발전시스템의 장애 및 고장확인 방법을 열거하시오!

풀이

- ▶ 날씨가 좋은 날 계량기의 역회전이 없는 경우
  - 단, 전기사용량이 많은 가정은 적용이 않될 수 있음
- ▶ 날씨가 좋은 날 인버터의 LCD가 작동되지 않는 경우
- ▶ 추가 전력 사용이 없어도 전기요금이 평상시와 다르게 부과되는 경우

제 3 장

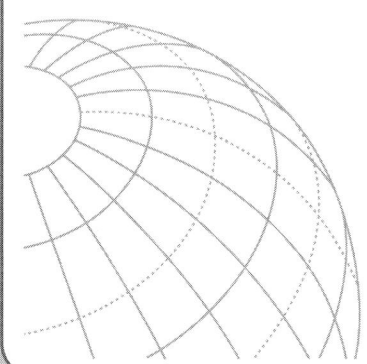

긴급보수에 따른 유지보수 상태 및 점검방법

제3장 긴급보수에 따른 유지보수 상태 및 점검방법

제1절 유지보수 및 시험방법

1. 육안에 의한 외관점검

(1) 태양전지 모듈·어레이 점검

태양전지 모듈은 현장 이동 중 실수로 파손되어 있을 수도 있으므로 시공 시 반드시 외관점검을 실시해야 한다. 태양전지 모듈을 고정형이나 추적형으로 설치할 경우 세부 점검이 곤란하므로 공사 진행 중 각 각 설치 직전과 시공 중에 태양전지 셀에 금이 가거나 부분적인 파손이 있는지 또는 변색 등이 있는지를 점검한다. 그리고 태양전지 모듈 표면 유리의 금, 변형, 이물질에 의한 오염과 프레임 등의 변형 및 지지대 등의 발청 유무를 반드시 점검해야 한다.

(2) 배선 케이블 등의 점검

태양광 발전시스템은 일단 설치하고 나면 장기간 그대로 사용하게 되므로 전선·케이블 등이 설치공사 당시의 손상이나 비틀림 등의 원인으로 인해서 절연저항의 저하나 절연파괴를 일으킬 수 있다. 따라서 공사가 완료되면 확인할 수 없는 부분에 대해서는 공사 도중에도 외 관점검 등을 실시하여 반드시 기록을 남겨두고 일상점검이나 정기점검의 경우에는 육안점검으로 배선의 손상 유무를 확인한다.

(3) 접속함·인버터

접속함·인버터 등의 전기설비는 운반 중에 진동에 의해 접속부의 볼트 단자가 풀리는 경우가 있다. 또한 공사현장에서 배선 접속을 한 것에 관해서도 가접속 상태 그대로인 것이나 시험 등을 위해 일시적으로 접속을 벗기는 경우가 있다. 따라서 시공 후 태양광 발전시스템을 운전할 때는 전기설비 및 접속함 등의 케이블 접속부를 확인해야 한다. 또한, 양극(+ 또는 P 단자), 음극(− 또는 N 단자) 간에 잘못된 것, 또는 직류회로와 교류회로의 접속 혼동 등은 중대사고의 원인이 될 수도 있으므로 반드시 확인해 두어야 한다.

일상점검이나 정기점검의 경우에는 육안점검에 따라 접속단자의 풀림이나 손상 유무를 확인한다.

(4) 축전지 및 기타 주변설비의 점검

축전지 등 그 외의 주변장치가 있는 경우는 상기와 동일한 방법으로 점검하고 동시에 설비 제작사에서 권장하는 항목으로 점검한다.

2. 운전상황의 확인

(1) 이음, 이상진동, 이취에 주의

운전 중 이상한 소리와 냄새 등을 확인하고 평상시와 다른 느낌이 들 경우에는 정밀점검을 실시한다. 설치자가 점검할 수 없는 경우에는 설비 제작사 또는 전문가에게 의뢰하여 점검하는 것이 바람직하다.

(2) 운전상황의 점검

주택용 태양광 발전시스템의 경우에는 전압계, 전류계 등의 계측장 비는 없지만 최근에는 소형 모니터가 보급되어 발전전력, 발전전력량 등이 표시된다. 이들 데이터가 평상시와 크게 다른 값을 나타낸 경우에는 설비 제작사 또는 전문가에게 의뢰하여 점검하는 것이 바람직하다. 또한, 공공 · 산업용이나 발전사업자용의 태양광 발전시스템은 전기 안전관리자에 의해 정기적으로 점검받도록 한다. 공공 · 산업용 태양광 발전시스템이나 발전사업용 태양광 발전시스템은 계측장치, 표시장치의 설치도 많으므로 일상의 운전상황 확인은 여기에서 할 수 있다.

(3) 태양전지 어레이의 출력 확인

태양광 발전시스템은 소정의 출력을 얻기 위해 다수의 태양전지 모듈을 직·병렬로 접속하여 태양전지 어레이를 구성한다. 따라서 설치장소에서 접속작업을 하는 개소가 있고 이런 접속이 틀리지 않았는지 정확히 확인할 필요가 있다. 또한 정기점검의 경우에도 태양전지 어레이의 출력을 확인하여 불량한 태양전지 모듈이나 배선 결함 등을 사전에 발견해야 한다.

㉮ 개방전압의 측정

태양전지 어레이의 각 스트링의 개방전압을 측정하여 개방전압의 불균일에 따라 동작 불량의 스트링이나 태양전지 모듈의 검출 및 직렬 접속선의 결선 누락사고 등을 검출하기 위해 측정해야 한다. 예를 들면 태양전지 어레이 하나의 스트링 내에 극성을 다르게 접속한 태양전지 모듈이 있으면 스트링 전체의 출력전압은 올바르게 접속한 경우의 개방전압보다 상당히 낮은 전압이 측정된다. 따라서 제대로 접속된 경우의 개방전압은 카탈로그나 설명서에서 대조한 후 측정값과 비교하면 극성이 다른 태양전지 모듈이 있는지를 쉽게 확인할 수 있다. 일사조건이 나쁜 경우 카탈로그 등에서 계산한 개방전압과 다소 차이가 있는 경우에도 다른 스트링의 측정결과와 비교하면 오접속의 태양전지 모듈의 유무를 판단할 수 있다.

【개방 전압을 측정할 때 유의해야 할 사항】

① 태양전지 어레이의 표면을 청소할 필요가 있다.

② 각 스트링의 측정은 안정된 일사강도가 얻어질 때 실시한다.

③ 측정시각은 일사강도, 온도의 변동을 극히 적게 하기 위해 맑을 때, 남쪽에 있을 때의 전후 1시간에 실시하는 것이 바람직하다.

④ 태양전지 셀은 비오는 날에도 미소한 전압을 발생하고 있으므로 매우 주의하여 측정해야 한다.

개방전압은 직류전압계로 측정하며, 측정회로의 예를 그림에 나타내었다.

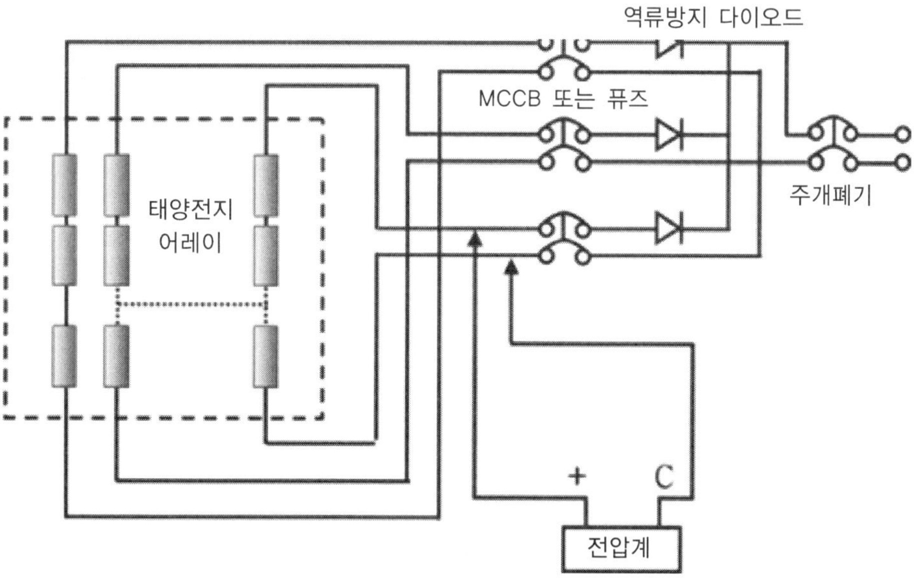

【개방전압의 측정순서】

① 접속함의 주개폐기를 개방(off)한다.

② 접속함의 각 스트링의 MCCB 또는 퓨즈를 개방(off)한다.(있는 경우)

③ 각 모듈이 그늘져 있지 않은지 확인한다.

④ 측정하는 스트링의 MCCB 또는 퓨즈를 개방(off)하여(있는 경우), 직류전압계로 각 스트링의 P-N 단자 간의 전압을 측정 한다. 테스터 이용 시 실수로 전류 측정 레인지에 놓고 측정하면 단락전류가 흐를 위험이 있으므로 주의해야 한다. 또한, 디지털 테스터를 이용할 경우에는 극성을 확인해야 한다. 이같은 순서로 측정한 각 스트링의 개방전압 값이 측정 시의 조건하에서 타당한 값인지 확인한다.(각 스트링의 전압 차가 모듈 1 매분 개방전압의 1/2보다 적은 것을 목표로 한다)

㉯ 단락전류의 확인

태양전지 어레이의 단락전류를 측정함으로써 태양전지 모듈의 이상 유무를 검출할 수 있다. 태양전지 모듈의 단락전류는 일사강도에 따라 크게 변화하므로 설치장소의 단락전류 측정값으로 판단하기는 어려우나 동일 회로조건의 스트링이 있는 경우는 스트링 상호의 비교에 의해 어느 정도 판단이 가능하다. 이 경우에도 안전한 일사강도가 얻어질 때 실시하는 것이 바람직하다.

(4) 절연저항의 측정

태양광 발전시스템의 각 부분의 절연상태를 운전하기 전에 충분히 확인할 필요가 있다. 운전 개시나 정기점검의 경우는 물론 사고시에도 불량개소를 판정하고자 하는 경우에 실시한다. 운전 개시에 측정된 절연저항 값이 이후의 절연상태의 기준이 되므로 측정결과를 기록하여 보관한다.

㉮ 태양전지 회로

태양전지는 낮에 전압을 발생하고 있으므로 사전에 주의하여 절연저항을 측정해야 하며 이와 같은 상태에서 절연저항 측정에 적당한 측정장치가 개발되기까지는 다음의 방법으로 절연저항을 측정하는 것을 권장한다.

측정할 때는 낙뢰 보호를 위해 어레스터 등의 피뢰소자가 태양전지 어레이의 출력단에 설치되어 있는 경우가 많으므로 측정 시 그런 소자들의 접지측을 분리시킨다. 또한 절연저항은 기온이나 습도에 영향을 받으므로 절연저항 측정시 기온,

온도 등도 측정값과 함께 기록해 둔다. 아울러 우천시나 비가 갠 직후의 절연저항 측정은 피하는 것이 좋다.

절연저항은 절연저항계로 측정하며, 이밖에도 온도계, 습도계, 단락용 개폐기가 필요하다. 절연저항 측정회로(P-N 간을 단락하는 방법)의 그림은 아래와 같다.

【절연저항 측정순서】

① 주개폐기를 개방(off)한다. 주개폐기의 입력부에 SA를 취부하고 있는 경우는 접지단자를 분리시킨다.

② 단락용 개폐기(태양전지의 개방전압에서 차단전압이 높고 주 개폐기와 동등 이상의 전류 차단능력을 지닌 전류개폐기의 2차측을 단락하여 1차측에 각각 클립을 취부한 것)를 개방(off) 한다.

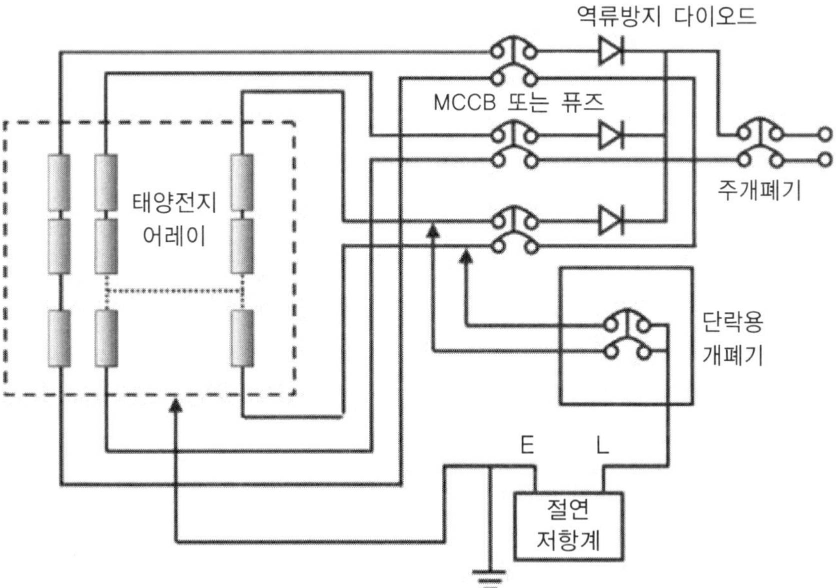

【그림 절연저항 측정회로】

③ 전체 스트링의 MCCB 또는 퓨즈를 개방(off)한다.

④ 단락용 개폐기의 1차측(+) 및 (−)의 클립을, 역류방지 다이오드에서도 태양전지측과 MCCB 또는 퓨즈의 사이에 각각 접속 한다. 접속 후 대상으로 하는 스트링의 MCCB 또는 퓨즈를 투 입(on)으로 한다. 마지막으로 단락용 개폐기를 투입(on)한다.

⑤ 절연저항계의 E측을 접지단자에, L측을 단락용 개폐기의 2차 측에 접속하고 절연저항계를 투입(on)하여 저항값을 측정한다.

⑥ 측정 종료 후에 반드시 단락용 개폐기를 개방(off)하고 MCCB 또는 퓨즈를 개방(off)한 후 마지막에 스트링의 크립을 제거한다. 이 순서를 반드시 지켜야 한다. MCCB 또는 퓨즈에는 단락전류를 차단하는 기능이 없으며 또한 단락상태에서 클립을 제거하면 아크방전이 발생하여 측정자가 화상을 입을 가능성이 있다.

⑦ SA의 접지측 단자를 복원하여 대지전압을 측정해서 잔류전하의 방전상태를 확인한다.

㈏ 주의 사항

① 일사가 있을 때 측정하는 것은 큰 단락전류가 흘러 매우 위험하므로 단락용 개폐기를 이용할 수 없는 경우에는 절대 측정하지 말아야 한다.

② 태양전지의 직렬수가 많아 전압이 높은 경우에는 예측할 수 없는 위험이 발생할 수 있으므로 측정하지 말아야 한다.

이상과 같이 태양전지 어레이의 절연저항을 측정할 수 있다. 아울러 측정 시에는 태양전지 모듈에 커버를 씌워 태양전지 셀의 출력을 저하시키면 보다 안전하게 측정할 수 있다. 또한, 단락용 개폐기 및 전선은 고무절연막 등으로 대지절연을 유지함으로써 보다 정확한 측정값을 얻을 수 있다. 따라서 측정자의 안전을 보장하기 위해 고무장갑이나 마른 목장갑을 착용할 것을 권장한다. 측정결과는 표 4.3의 전기설비기술기준에 따라 판정한다.

【표 절연저항의 측정기준】

전로의 사용전압 구분		절연저항값 [MΩ]
400V 미만	대지전압(접지식 전로는 전선과 대지 간의 전압, 비접지식 전로는 전선 간의 전압을 말한다. 이하 같다)이 150V 이하인 경우	0.1 이상
	대지전압이 150V 초과 300V 이하인 경우(전압측 전선과 중성선 또는 대지 간의 절연저항)	0.2 이상
	사용전압이 300V 초과 400V 미만인 경우	0.3 이상
400V 이상		0.4 이상

㈐ 인버터 회로(절연변압기 부착)

측정기구로서 500V의 절연저항계를 이용하고 인버터의 정격전압 이 300V를 넘고 600V 이하인 경우는 1,000V의 절연저항계를 이용한다. 측정개소는 그림과 같이 인버터의 입력회로 및 출력회로로 한다.

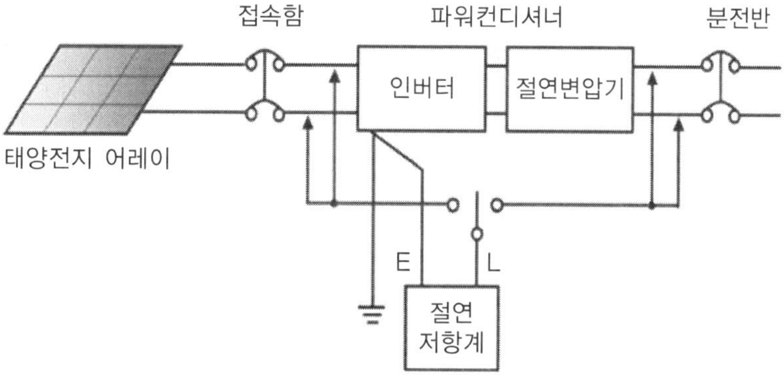

【그림 인버터의 절연저항 측정회로】

그림에 나타낸 인버터 입력회로의 경우, 태양전지 회로를 접속함에서 분리하여 인버터의 입력단자 및 출력단자를 각각 단락하면서 입력단자와 대지 간의 절연저항을 측정한다. 접속함까지의 전로를 포함하여 절연저항을 측정하는 것으로 한다.

【측정순서】

① 태양전지 회로를 접속함에서 분리한다.

② 분전반 내의 분기차단기를 개방한다.

③ 직류측의 모든 입력단자 및 교류측의 전체 출력단자를 각각 단락한다.

④ 직류단자와 대지 간의 절연저항을 측정한다.

한편, 인버터 출력회로의 경우, 인버터의 입·출력단자를 단락하여 출력단자와 대지 간의 절연저항을 측정한다. 교류측 회로를 분전반 위치에서 분리하여 측정하기 위해 분전반까지의 전로를 포함하여 절연저항을 측정하게 된다. 절연변압기가 별도로 설치된 경우에는 이를 포함하여 측정한다.

① 태양전지 회로를 접속함에서 분리한다.

② 분전반 내의 분기차단기를 개방한다.

③ 직류측의 모든 입력단자 및 교류측의 전체 출력단자를 각각 단락한다.

④ 교류단자와 대지 간의 절연저항을 측정한다.

【측정 간 유의할 점】

① 정격전압이 입·출력과 다를 때는 높은 측의 전압을 절연저항계의 선택기준으로 한다.

② 입·출력단자에 주회로 이외의 제어단자 등이 있는 경우는 이것을 포함해서 측정한다.

③ 측정할 때는 SA 등의 정격에 약한 회로들은 회로에서 분리시킨다.

④ 절연변압기를 장착하지 않은 인버터의 경우에는 제조업자가 권장하는 방법에 따라 측정한다.

(5) 절연내력의 측정

일반적으로 저압회로의 절연은 제작회사에서 충분히 검토하여 제작 되고 있다. 또한 절연저항의 측정을 실시하여 확인할 수 있는 것들이 많으므로 설치장소에서의 절연내력 시험은 생략되는 것이 일반적이다. 절연내력 시험을 실시할 필요가 있는 경우에는 다음과 같은 방법에 의한다.

㉮ 태양전지 어레이 회로

앞에 기술한 절연저항 측정과 같은 회로조건으로서 표준 태양전지 어레이 개방전압을 최대 사용전압으로 간주하여 최대 사용전압 의 1.5배의 직류전압이나 1배의 교류전압(500V 미만일 때는 500V) 을 10분간 인가하여 절연파괴 등의 이상이 발생하지 않는 것을 확인한다. 아울러 태양전지 스트링의 출력회로에 삽입되어 있는 피뢰 소자는 절연시험 회로에서 분리시키는 것이 일반적이다.

㉯ 인버터 회로

앞에 기술한 절연저항 측정과 같은 회로조건으로서 또한 시험전압은 태양전지 어레이 회로의 절연내력 시험과 같이 시험전압을 10분간 인가하여 절연파괴 등의 이상이 생기지 않는 것을 확인한다. 단, 인버터 내에는 SA 등의 접지된 부품이 있으므로 제조사에서 지시하는 방법으로 실시한다.

(6) 접지저항의 측정

접지 저항계로 측정 하여 전기설비 기술기준에 규정된 접지저항이 확보되는 것을 확인 한다.

(7) 계통연계 보호장치의 시험

계전기 시험기 등을 이용하여 계전기의 동작특성을 확인함과 동시에 전력회사와 협의하여 결정한 보호협조에 따라 설치되어 있는지 확인 한다. 계통연계 보호기능 중 단독운전 방지기능을 확인해야 하며 제작사에서 채용한 단독운전 방지기능의 방식이 다르므로 제작사가 권장 하는 방법으로 시험하거나 제작사에서 시험하여 얻는 것이 필요하다.

운전상태	시스템의 발생신호
*정상운전 태양전지로부터 전력을 공급받아 인버터가 계통전압과 동기로 운전하며 계통과 부하에 전력을 공급한다.	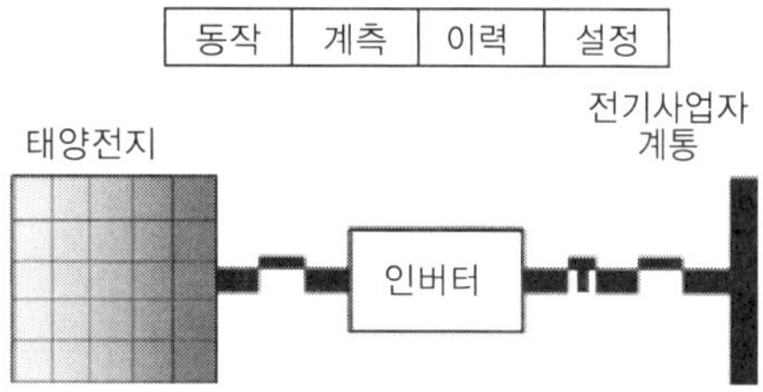
*태양전지 전압 이상 시 운전 태양전지 전압이 저전압 또는 과전압이 되면 이상신호(fault)를 나타내고 인버터는 정지. M/C는 off상태로 된다.	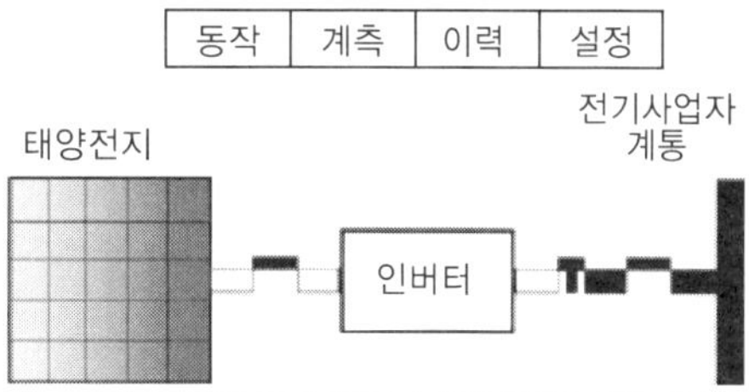
*인버터 이상 시 운전 인버터에 이상이 발생하면 인버터는 자동으로 정지하고 이상신호(fault)를 나타낸다.	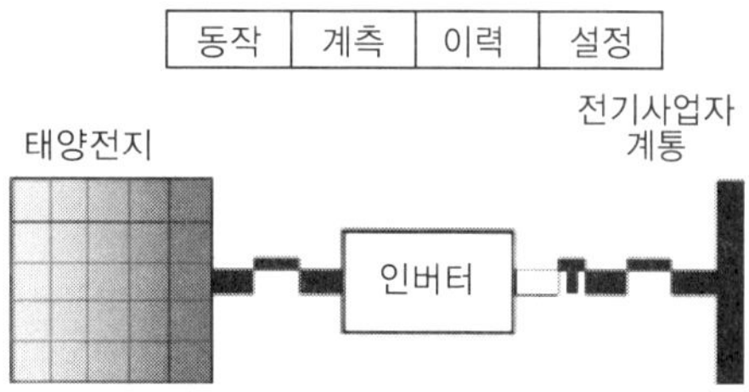

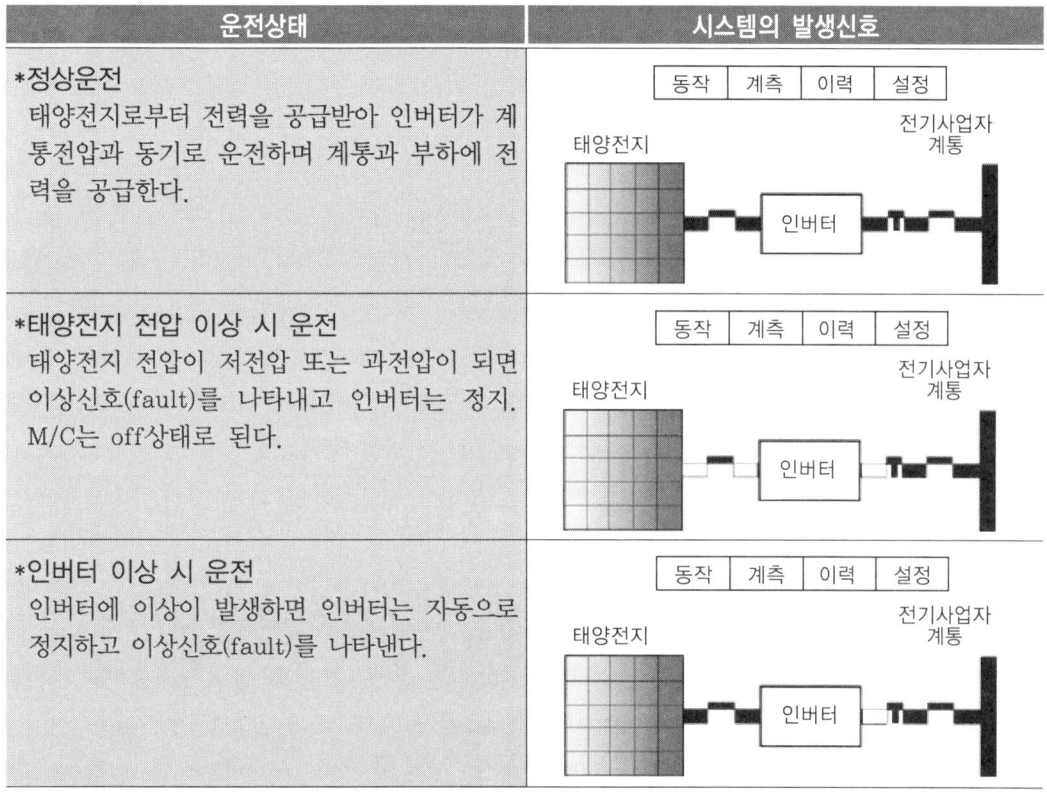

【운전상태에 따른 시스템의 발생신호에 따른 조치방법】

【인버터 이상 신호 조치 방법】

모니터링	인버터 표시	현상 설명	조치사항
태양전지 과전압	solar cell OV fault	태양전지 전압이 규정 이상일 때 발생, H/W	태양전지 전압 점검 후 정상 시 5분 후 재기동
태양전지 저전압	solar cell UV fault	태양전지 전압이 규정 이하일 때 발생, H/W	태양전지 전압 점검 후 정상 시 5분 후 재기동
태양전지 과전압제한 초과	solar cell OV limit fault	태양전지 전압이 규정 이상일 때 발생, S/W	태양전지 전압 점검 후 정상 시 5분 후 재기동
태양전지 저전압제한 초과	solar cell UV limit fault	태양전지 전압이 규정 이하일 때 발생, S/W	태양전지 전압 점검 후 정상 시 5분 후 재기동

한전 계통 역상	line phase sequence fault	계통전압이 역상일 때 발생	상회전 확인 후 정상 시 재운전
한전 계통 R상	Rline R phase fault	R상 결상 시 발생	R상 확인 후 정상 시 재운전
한전 계통 S상	Sline S phase fault	S상 결상 시 발생	S상 확인 후 정상 시 재운전
한전 계통 T상	Tline T phase fault	T상 결상 시 발생	T상 확인 후 징상 시 재운전
한전 계통 입력전원	utility line fault	정전 시 발생	계통전압 확인 후 정상 시 5분 후 재기동
한전 과전압	line over voltage fault	계통전압이 규정값 이상일 때 발생	계통전압 확인 후 정상 시 5분 후 재기동
한전 부족전압	line under voltage fault	계통전압이 규정값 이하일 때 발생	계통전압 확인 후 정상 시 5분 후 재기동
한전 저주파수	line under frequency fault	계통주파수가 규정값 이하일 때 발생	계통주파수 점검 후 정상 시 5분 후 재기동
한전 고주파수	line over frequency fault	계통주파수가 규정값 이상일 때 발생	계통주파수 점검 후 정상 시 5분 후 재기동
인버터 과전류	inverter over current fault	인버터 전류가 규정값 이상으로 흐를 때 발생	시스템 정지 후 고장부분 수리 또는 계통 점검 후 운전
인버터 과온	inverter over temperature	인버터 과온 시 발생	인버터 팬 점검 후 운전
인버터 MC이상	inverter M/C fault	전자접촉기 고장	전자접촉기 교체 점검 후 운전
인버터 출력 전압	inverter voltage fault	인버터 전압이 규정값을 벗어났을 때 발생	인버터 및 계통전압 점검 후 운전
인버터 퓨즈	inverter fuse fault	인버터 퓨즈 소손	퓨즈 교체 점검 후 운전
위상 : 한전 인버터	line linverter async fault	인버터와 계통의 주파수가 동기되지 않았을 때 발생	인버터 점검 또는 계통 주파수 점검 후 운전
누전 발생	inverter ground fault	인버터에 누전이 발생했을 때 발생	인버터 및 부하의 고장 부분을 수리 또는 접지 저항 확인 후 운전
RTU 통신계통 이상	serial communication fault	인버터와 MMI의 통신이 되지 않는 경우 발생	연결단자 점검 (인버터는 정상 운전)

【태양광 발전설비 운영방법】

구 분		운영매뉴얼
공통	시설용량 및 발전량	• 설치된 태양광 발전설비의 용량은 부화의 용도 및 적정사용량을 합산하여 월평균 사용량에 따라 결정된다. • 태양광 발전설비의 발전량은 봄, 가을에 많으며 여름과 겨울에는 기후 여건에 따라 현저하게 감소한다. 그러나 박막형은 온도에 덜 민감하다.
관리	모듈	• 모듈 표면은 특수 처리된 강화유리로 되어 있어 강한 충격이 있을시 파손될 수 있다. • 모듈 표면에 그늘이 지거나 나뭇잎 등이 떨어진 경우 전체적인 발전효율이 저하되며, 황사나 먼지, 공해물질은 발전량 감소의 주요인으로 작용한다. • 고압 분사기를 이용하여 정기적으로 물을 뿌려주거나 부드러운 천으로 이물질을 제거해주면 발전효율을 높일 수 있다. 이때 모듈 표면에 흠이 생기지 않도록 주의해야 한다. • 모듈 표면의 온도가 높을수록 발전효율이 저하되므로 태양광에 의해 모듈온도가 상승할 경우에는 정기적으로 물을 뿌려 온도를 조절해 주면서 발전효율을 높일 수 있다. • 풍압이나 진동으로 인해 모듈과 형강의 체결 부위가 느슨해지는 경우가 있으므로 정기적으로 점검해야 한다.
	인버터 및 접속함	• 태양광 발전설비의 고장요인은 대부분 인버터에서 발생하므로 정기적으로 정상 가동여부를 확인해야 한다. • 접속함에는 역류방지 다이오드, 차단기, T/D, CT, DT 단자대 등이 내장되어 있으니 누수나 습기침투여부에 대한 정기적 점검이 필요하다.
	구조물 및 전선	• 구조물이나 구조물 접합자재는 아연용융도금이 되어 있어 녹이 슬지 않지만 장기간 노출될 경우에는 녹이 스는 경우도 있다. • 부분적인 발청현상이 있을 경우 페인트, 은분, 스프레이 등으로 도포 처리를 해주면 장기간 안전하게 사용할 수 있다. • 전선 피복부나 연결부에 문제가 없는지 정기적으로 점검하고 문제가 발생한 경우 반드시 보수해야 한다.
응급조치		• 태양광 발전설비가 작동되지 않는 경우 ① 접속함 내부 차단기 개방(off) ② 인버터 개방(off) 후 점검하며, 점검 후에는 역으로 ②, ①의 순서로 투입(on)

제 2 절 운영매뉴얼 및 관리

1. 시설용량 및 발전량

(가) 설치된 태양광 발전설비의 용량은 부하의 용도 및 적정사용량을 합산하여 월평균 사용량에 따라 결정된다.

(나) 태양광 발전설비의 발전량은 봄, 가을에 많으며 여름과 겨울에는 기후 여건에 따라 현저하게 감소한다. 그러나 박막형은 온도에 덜 민감하다.

2. 관리 - 모듈

(가) 모듈 표면은 측수 처리된 강화유리로 되어 있어 강한 충격이 있을 시 파손될 수 있다.

(나) 모듈 표면에 그늘이 지거나 나뭇잎 등이 떨어 진 경우 전체적인 발전효율이 저하되며, 황사나 먼지, 공해물질은 발전량 감소의 주요인으로 작용한다.

(다) 고압 분사기를 이용하여 정기적으로 물을 뿌려주거나 부드러운 천으로 이물질을 제거해주면 발전효율을 높일 수 있다. 이때 모듈 표면에 흠 이 생기지 않도록 주의해야 한다.

(라) 모듈 표면의 온도가 높을수록 발전효율이 저하되므로 태양광에 의해 모듈온도가 상승할 경우에는 정기적으로 물을 뿌려 온도를 조절해 주면서 발전효율을 높일 수 있다.

(마) 풍압이나 진동으로 인해 모듈과 형강의 체결 부위가 느슨해지는 경우가 있으므로 정기적으로 점검해야 한다.

3. 관리 - 인버터 및 접속함

(가) 태양광 발전설비의 고장요인은 대부분 인버터 에서 발생하므로 정기적으로 정상 가동여부를 확인해야 한다.

(나) 접속함에는 역류방지 다이오드, 차단기, T/D, CT, DT 단자대 등이 내장되어 있으니 누수나 습기침투 여부에 대한 정기적 점검이 필요하다.

4. 관리 - 인버터 및 접속함구조물 및 전선

(가) 구조물이나 구조물 접합자재는 아연용융도금 이 되어 있어 녹이 슬지 않지만 장기간 노출될 경우에는 녹이 스는 경우도 있다.

(나) 부분적인 발청현상이 있을 경우 페인트, 은분, 스프레이 등으로 도포 처리를 해주면 장기간 안전하게 사용할 수 있다.

(다) 전선 피복부나 연결부에 문제가 없는지 정기 적으로 점검하고 문제가 발생한 경우 반드시 보수해야 한다.

5. 응급조치

▶ 태양광 발전설비가 작동되지 않는 경우

① 접속함 내부 차단기 개방(off)

② 인버터 개방(off) 후 점검하며. 점검 후에는 역으로 ②, ①의 순서로 투입(on)

제 3 절 태양광 발전 시스템의 안전관리 대책

태양광 시스템은 주로 전기를 다루는 작업이 많고 무겁고 위험한 구조물을 다루는 업무를 하게 되므로 안전관리의 주요한 사항은 모듈 설치 시, 전선작업 및 설치 시, 구조물 설치 시, 접속함과 인버터 등 연결 시 그리고 임시 배선 작업 시 등이 있으며 추락 및 감전사고 등의 예방을 위하여 적절한 예방 및 조치 활동을 하여야 한다.

1. 태양광 관련 주요 안전관리 포인트

시공공정	조치 사항 및 사고 예방	
모듈설치	○ 높은 곳 작업 시 안전난간 대 설치 ○ 안전모, 안전화, 안전벨트 착용	⇨ 추락사고 예방
전선작업 및 설치	○ 알루미늄 사다리 적합 품 사용 ○ 안전모, 안전화, 안전벨트 착용	
구조물 설치	○ 안전 난간대 설치 ○ 안전모, 안전화, 안전벨트 착용	
접속함, 인버터 등 연결	○ 태양전지 모듈 등 전원 개방 ○ 절연장갑 착용	⇨ 감전사고 예방
임시 배선 작업	○ 누전 위험장소 누전차단기 설치 ○ 전선피복 상태 관리	

가. 복장 및 추락방지

작업자는 자신의 안전 확보와 2차재해 방지를 위해 작업에 적합한 복장을 갖춰 작업에 임해야 한다.

1) 안전모 착용

2) 안전대 착용(추락 방지를 위해 필히 사용할 것)

3) 안전화(미끄럼 방지의 효과가 있는 신발)

4) 안전허리띠 착용(공구, 공사 부재의 낙하 방지를 위해 사용된다)

나. 작업 중 감전 방지대책

태양전지 모듈 1장의 출력전압은 모듈 종류에 따라 직류 25~35V 정도이지만, 모듈을 필요한 개수만큼 직렬로 접속하면 말단전압은 250~450V 또는 450~820V까지의 고전압이 된다. 따라서 작업 중 감전 방지를 위해 다음과 같은 안전대책이 요구된다.

1) 작업 전 태양전지 모듈 표면에 차광막을 씌워 태양광을 차폐한다.

2) 저압 절연장갑을 착용한다.

3) 절연처리 된 공구를 사용한다.

4) 강우 시에는 감전 사고뿐만 아니라 미끄러짐으로 인한 추락사고로 이어질 우려가 있으므로 작업을 금지한다.

다. 자재 반입 시 주의사항

공사용 자재 반입 시에 기중기차를 사용하는 경우, 기중기의 붐대 선단이 배전선로에 근접할 때, 공사 착공 전에 전력회사와 사전 협의 하에 절연전선 또는 전력케이블에 보호관을 씌우는 등의 보호 조치를 실시한다.

라. 유지보수

태양전지 모듈의 유지보수를 위한 공간과 작업안전을 고려한 발판 및 안전난간을 설치해야 한다. 단, 안전성이 확보된 설비인 경우에는 예외로 한다.

출제 기준에 따른 실기 필답형 예상문제

문제 Ⅰ

(　　　　　　)은 모든 내부 기기의 결선 관계가 표시되도록 하고 사용된 콘트롤 및 셀렉터 스위치의 동작관계, 접점전개도 등도 포함시킨다. (　　　　)의 용어는?

풀 이

제어회로도(Control Schematic Diagram)

문제 Ⅱ

태양광설비 유지보수 중 육안점검에 대하여 설명하시오!

풀 이

– 육안에 의한 외관점검
(1) 태양전지 모듈·어레이 점점
(2) 배선 케이블 등의 점검
(3) 접속함·인버터
(4) 축전지 및 기타 주변설비의 점검

문제 Ⅲ

태양전지 어레이의 개방 전압을 측정시 유의해야 할 사항을 적으시오!

풀 이

① 태양전지 어레이의 표면을 청소할 필요가 있다.
② 각 스트링의 측정은 안정된 일사강도가 얻어질 때 실시한다.

③ 측정시각은 일사강도, 온도의 변동을 극히 적게 하기 위해 맑을 때, 남쪽에 있을 때의 전후 1시간에 실시하는 것이 바람직하다.
④ 태양전지 셀은 비오는 날에도 미소한 전압을 발생하고 있으므로 매우 주의하여 측정해야 한다.

문제 Ⅳ

태양광 발전시스템의 각 부분의 절연상태를 운전하기 전에 충분히 확인할 필요가 있다. 절연상태 측정시 주의사항을 논하라!

풀 이

【주의 사항】
① 일사가 있을 때 측정하는 것은 큰 단락전류가 흘러 매우 위험하므로 단락용 개폐기를 이용할 수 없는 경우에는 절대 측정하지 말아야 한다.
② 태양전지의 직렬수가 많아 전압이 높은 경우에는 예측할 수 없는 위험이 발생할 수 있으므로 측정하지 말아야 한다.

문제 Ⅴ

태양광 발전 운영시 발전설기가 작동되지 않을시 응급조치를 설명하시오!

풀 이

① 접속함 내부 차단기 개방(off)
② 인버터 개방(off) 후 점검하며, 점검 후에는 역으로 ②, ①의 순서로 투입(on)

문제 Ⅵ

(　　) 표면의 온도가 높을수록 발전효율이 저하되므로 태양광에 의해 (　　)온도가 상승할 경우에는 정기적으로 물을 뿌려 온도를 조절해 주면서 발전효율을 높일 수 있다. 고압분사기를 이용하여 정기적으로 물을 뿌려주거나 부드러운 천으로 이물질을 제거해주면 발전효율을 높일 수 있다. 이때 (　　)표면에 흠이 생기지 않도록 주의해야 한다. (　　) 안에 공통적으로 들어갈 내용은?

풀 이

모듈

문제 Ⅶ

(가) 구조물이나 구조물 접합자재는 아연용융도금이 되어 있어 녹이 슬지 않지만 장기간 노출될 경우에는 녹이 스는 경우도 있다.

(나) 부분적인 발청현상이 있을 경우 페인트, 은분, 스프레이 등으로 도포 처리를 해주면 장기간 안전하게 사용할 수 있다.

(다) 전선 피복부나 연결부에 문제가 없는지 정기적으로 점검하고 문제가 발생한 경우 반드시 보수해야 한다.

– 위 내용은 무엇에 대한 안전관리 및 보수를 설명하고자 함인가?

풀 이

인버터 및 접속함 구조물 및 전선

문제 Ⅷ

아래 표는 태양전지 어레이의 절연저항 측정값을 설명하고자 함이다. (가)와 (나)에 들어갈 내용은?

<table>
<tr><th colspan="2">전로의 사용전압 구분</th><th>절연저항값[MΩ]</th></tr>
<tr><td rowspan="3">(가)
V미만</td><td>대지전압(접지식 전로는 전선과 대지 간의 전압, 비접지식 전로는 전선 간의 전압을 말한다. 이하 같다)이 150V 이하인 경우</td><td>0.1 이상</td></tr>
<tr><td>대지전압이 150V 초과 300V 이하인 경우(전압측 전선과 중성선 또는 대지 간의 절연 저항)</td><td>0.2 이상</td></tr>
<tr><td>사용전압이 300V 초과 400V 미만인 경우</td><td>(나)</td></tr>
<tr><td colspan="2">400V 이상</td><td>0.4 이상</td></tr>
</table>

풀 이

(가) 400 (나) 0.3 이상

제 4 장

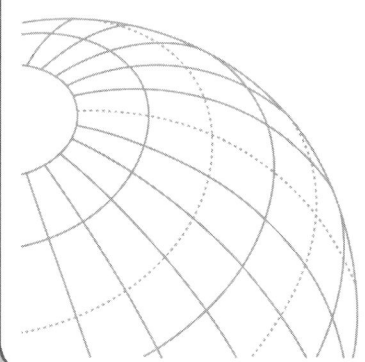

안전·보건 및 환경관리

제4장 안전·보건 및 환경관리

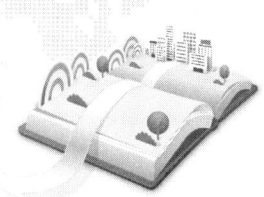

제1절 일반사항

1.1 안전·보건 및 환경관리 일반

1.1.1 적용범위

(1) 본 공사의 안전·보건 및 환경관리에 대하여 적용한다.

1.1.2 관리 및 보상의 책임

(1) 수급인은 공사장 내의 직원 및 작업인원 등의 통제, 안전, 보안, 위생 및 인사사고에 대하여 안전대책을 수립·시행하고, 사고 발생 시는 즉시 필요한 모든 조치를 취해야 하며, 이의 미흡 또는 잘못으로 인한 인적 및 물적 피해 손실에 대한 처리와 보상 등 일체의 책임을 부담해야 한다.

(2) 수급인은 공사의 수행으로 인하여 인접한 주민 및 제 공작물에 피해를 주지 않도록 필요한 조치를 하여야 하며, 이들에게 손해를 가하였을 경우에는 이를 원상복구하거나 보상을 하여야 한다.

(3) 수급인은 착공 시 또는 공사감독자의 지시에 의거 안전관리계획을 수립하여 발주자에게 제출하고, 이 계획에 따라 성실하게 안전관리를 수행하여야 한다.

1.1.3 재해예방전문지도기관의 지도

수급인은 "산업안전보건법 제30조2의 제1항" 에 따라 공사금액 1억 이상 120억 미만의 공사는 착공14일 이내에 재해예방전문지도기관과 기술지도계약을 체결하여야 한다.

1.1.4 기록유지

수급인은 안전점검 및 검사에 관한 사항, 안전에 관한 행사 및 안전보건교육에 관한 사항, 기타 안전보건에 관한 사항에 대한 이행결과와 조치내용을 안전일지에 기록하여 유지하여야 한다.

1.2 안전관리자 등

1.2.1 안전관리자

안전관리자의 업무 등은 아래와 같다.

(1) 안전교육계획의 수립 및 실시

(2) 공사장 순회점검 및 조치

(3) 해빙기, 우기, 태풍기 및 건조기를 대비한 안전점검 및 조치

(4) 기타 "산업안전보건법시행령 제13조"에 규정한 업무 등

【산업안전보건법 제13조의 내용】

제13조(안전관리자의 업무 등) ① 법 제15조제2항에 따라 안전관리자가 수행하여야 할 업무는 다음 각 호와 같다. 〈개정 2010.7.12, 2012.1.26, 2014.3.12〉

1. 법 제19조제1항에 따른 산업안전보건위원회 또는 법 제29조의2제1항에 따른 안전·보건에 관한 노사협의체에서 심의·의결한 업무와 법 제20조제1항에 따른 해당 사업장의 안전보건관리규정(이하 "안전보건관리규정"이라 한다) 및 취업규칙에서 정한 업무
2. 법 제34조제2항에 따른 안전인증대상 기계·기구등(이하 "안전인증 대상 기계·기구등"이라 한다)과 법 제35조제1항 각 호 외의 부분 본문에 따른 자율안전확인대상 기계·기구등(이하 "자율안전확인대상 기계·기구등"이라 한다) 구입 시 적격품의 선정에 관한 보좌 및 조언·지도

2의2. 법 제41조의2에 따른 위험성평가에 관한 보좌 및 조언·지도

3. 해당 사업장 안전교육계획의 수립 및 안전교육 실시에 관한 보좌 및 조언·지도
4. 사업장 순회점검·지도 및 조치의 건의
5. 산업재해 발생의 원인 조사·분석 및 재발 방지를 위한 기술적 보좌 및 조언·지도
6. 산업재해에 관한 통계의 유지·관리·분석을 위한 보좌 및 조언·지도
7. 법 또는 법에 따른 명령으로 정한 안전에 관한 사항의 이행에 관한 보좌 및 조언·지도
8. 업무수행 내용의 기록·유지
9. 그 밖에 안전에 관한 사항으로서 고용노동부장관이 정하는 사항

② 사업주가 안전관리자를 배치할 때에는 연장근로 · 야간근로 또는 휴일근로 등 해당 사업장의 작업 형태를 고려하여야 한다.

③ 사업주는 안전관리 업무의 원활한 수행을 위하여 외부전문가의 평가 · 지도를 받을 수 있다. 〈신설 2012.1.26〉

④ 안전관리자는 제1항 각 호에 따른 업무를 수행할 때에는 보건관리자와 협력하여야 한다. 〈신설 2012.1.26, 2014.3.12〉

⑤ 안전관리자에 관하여는 제10조제2항을 준용한다. 〈개정 2012.1.26〉

[전문개정 2009.7.30]

[제목개정 2014.3.12]

1.2.2 안전담당자

(1) 수급인은 다음의 작업 시에는 "산업안전보건법 제12조"의 규정에 의한 안전담당자를 지정하여 상주시켜 당해 직무와 관련한 안전·보건상의 업무를 수행하도록 하여야 한다.

【산업안전보건법 제12조의 내용】

제12조(안전관리자의 선임 등) ① 법 제15조제2항에 따라 안전관리자를 두어야 할 사업의 종류 · 규모, 안전관리자의 수 및 선임방법은 별표 3과 같다.

② 제1항에 따른 사업 중 상시 근로자 300명 이상을 사용하는 사업장[건설업의 경우에는 공사금액이 120억원(「건설산업기본법 시행령」 별표 1의 토목공사업에 속하는 공사는 150억원) 이상이거나 상시 근로자 300명 이상을 사용하는 사업장]에는 해당 사업장에서 법 제15조제1항 및 이 영 제13조제1항 각 호에 규정된 직무만을 전담하는 안전관리자를 두어야 한다. 〈개정 2014.3.12〉

③ 제1항 및 제2항을 적용할 경우 법 제18조제1항에 따른 사업에 관하여 해당 사업과 같은 장소에서 이루어지는 도급사업의 공사금액 또는 수급인이 사용하는 상시 근로자는 각각 해당 사업의 공사금액 또는 상시 근로자로 본다. 다만, 별표 3의 기준에 해당하는 도급사업의 공사금액 또는 수급인의 상시 근로자의 경우에는 그러하지 아니하다. 〈개정 2017.10.17〉

④ 제1항에도 불구하고 같은 사업주가 경영하는 둘 이상의 사업장이 다음 각 호

의 어느 하나에 해당하는 경우에는 그 둘 이상의 사업장에 1명의 안전관리자를 공동으로 둘 수 있다. 이 경우 해당 사업장의 상시 근로자 수의 합계는 300명 이내이어야 한다. 〈개정 2010.11.18〉

1. 같은 시·군·구(자치구를 말한다) 지역에 소재하는 경우

2. 사업장 간의 경계를 기준으로 15킬로미터 이내에 소재하는 경우

⑤ 제1항부터 제3항까지의 규정에도 불구하고 같은 장소에서 이루어지는 도급사업에서 도급인인 사업주가 고용노동부령으로 정하는 바에 따라 그 사업의 수급인인 사업주의 근로자에 대한 안전관리를 전담하는 안전관리자를 선임한 경우에는 해당 사업의 수급인인 사업주는 안전관리자를 선임하지 않을 수 있다. 〈개정 2010.7.12〉

⑥ 사업주는 안전관리자를 선임하거나 법 제15조제4항에 따라 안전관리자의 업무를 안전관리대행기관에 위탁한 경우에는 고용노동부령으로 정하는 바에 따라 선임하거나 위탁한 날부터 14일 이내에 고용노동부장관에게 증명할 수 있는 서류를 제출하여야 한다. 법 제15조제3항에 따라 안전관리자를 다시 임명한 경우에도 또한 같다. 〈개정 2010.7.12, 2014.3.12〉

[전문개정 2009.7.30]

---

① 폭발성, 발화성 및 인화성 물질의 취급작업

② 밀폐장소, 습한 장소에서의 용접작업

③ 높이 5m 이상에서의 조립, 해체

④ 가스용접장치 또는 아크용접장치를 사용하는 용접, 용단 또는 가열작업

⑤ 물체 투하작업

⑥ 기타 "산업안전보건법시행령 제11조제1항"에 규정한 작업

(2) 안전담당자는 다음의 직무를 수행하며, 필요시 즉시 작업을 중단하고 적절한 조치를 취하여야 한다.

① 유해·위험기구 및 설비에 대한 자체검사

② 안전시설 환경 등의 점검 및 조치

③ 안전한 작업방법의 결정 및 지휘감독

④ 복장 및 보호구의 착용상황 감시

⑤ 작업개시 전에 작업내용, 순서, 방법 및 위험요인을 작업자에게 충분히 주지

시키고 2인 이상의 작업조 편성

⑥ 안전보호조치 사전 강구 및 작업 중 자세 불안자의 자세 교정

⑦ 기타 "산업안전보건법시행령 제13조제9항"에 규정한 업무

1.2.3 화재예방관리자

수급인은 화재예방관리자를 임명하여 소화기 안전핀 부착 및 내용물 충전과 소방사, 소방수 비치상태를 점검·유지하고 기타 화재예방에 관한 업무를 이행케 하여야 한다.

1.3 안전 조치

수급인은 공사 중 안전사고의 사전 예방을 위하여 "산업안전보건법"에 따른다.

1.4 안전검사

1.4.1 안전관리상태 점검

발주자는 본 공사의 안전한 수행을 위하여 정기 또는 수시로 수급인의 안전에 관한 제반의 관리상태를 점검 또는 진단하여 미흡하거나 잘못된 사항에 대한 시정 및 본 공사의 일시중단을 요구할 수 있으며, 이와 같은 요구가 있을 때에 수급인은 즉시 시정 조치하거나 본 공사를 일시 중단하여야 한다.

1.5 안전보건교육

수급인은 산업안전보건법 시행규칙 제33조에 의하여 당해 사업장의 근로자에 대하여 교육을 실시하여야 한다.

【산업안전보건법 시행규칙 제33조의 내용】

제33조(교육시간 및 교육내용) ① 법 제31조제1항부터 제3항까지의 규정에 따라 사업주가 근로자에 대하여 실시하여야 하는 교육시간은 별표 8과 같고, 교육내용은 별표 8의2와 같다.

② 제1항에 따른 교육을 실시하기 위한 교육방법과 그 밖에 교육에 필요한 사항은 고용노동부장관이 정하여 고시한다. 〈개정 2010.7.12〉

③ 법 제31조제1항부터 제3항까지의 규정에 따른 근로자에 대한 안전·보건에

관한 교육을 사업주가 자체적으로 실시하는 경우에 교육을 실시할 수 있는 사람은 다음 각 호의 어느 하나에 해당하는 사람으로 한다. 〈개정 2010.7.12, 2014.3.12, 2016.10.28〉

1. 다음 각 목의 어느 하나에 해당하는 사람
   가. 법 제13조제1항에 따른 안전보건관리책임자
   나. 법 제14조제1항에 따른 관리감독자
   다. 법 제15조제1항에 따른 안전관리자(같은 조 제4항에 따른 안전관리전문기관에서 안전관리자의 위탁 업무를 수행하는 사람을 포함한다)
   라. 법 제16조제1항에 따른 보건관리자(같은 조 제3항에 따른 보건관리전문기관에서 보건관리자의 위탁 업무를 수행하는 사람을 포함한다)
   마. 법 제16조의3제1항에 따른 안전보건관리담당자
   바. 법 제17조제1항에 따른 산업보건의
2. 공단에서 실시하는 해당 분야의 강사요원 교육과정을 이수한 사람
3. 산업안전지도사 또는 산업위생지도사
4. 산업안전 · 보건에 관하여 학식과 경험이 있는 사람으로서 고용노동부장관이 정하는 기준에 해당하는 사람

[전문개정 2009.8.7]

1.6 안전일지

수급인이 자체관리하며, 안전점검, 안전진단, 재해예방전문지도기관의 지도, 안전검사, 안전보건교육 등에 관한 사항을 기록하여 상시 비치하여야 한다.

1.7 표준안전관리비 등의 사용(계약내역에 계상된 경우 적용)

1.7.1 표준안전관리비의 사용

(1) 수급인은 산업재해 예방을 위한 표준안전관리비를 공사금액에 계상하여야 한다.

(2) 수급인은 공사의 실행예산을 작성할 때 당해 공사에 사용해야 할 안전관리비의 실행예산을 별도로 작성해야 하며, 이에 따라 안전관리비를 사용하고 그 내역서를 당해 공사현장 내에 비치하여야 한다.

(3) 공사감독자는 안전관리비 사용 및 관리에 대하여 공사도중 또는 종료 후 안전관

리비 사용내역서(노동부 고시 "건설공사 표준안전관리비 계상 및 사용기준" 별지 제1호 서식)의 제출을 요구할 수 있으며 수급인과 하수급인은 이에 응하여야 한다.

1.8 안전보건 관리

1.8.1 모든 공사는 산업안전보건법에 준용하여 산업재해 예방을 위한 기준을 준수하여야 하고, 산업재해 발생의 방지에 노력하여야 한다.

1.8.2 공사현장의 안전, 보건을 유지하기 위하여 안전보건관리 체제를 구성하여야 하며, 안전보건 관리규정을 작성하고, 공사감독자에게 제출하여 승인을 얻어야 한다. 안전수칙에 따라 작업 전 재해 방지에 필요한 사항을 교육 등으로 충분히 주지시키고, 항상 안전관리에 유의하여야 한다.

1.8.3 인적, 물적 사고가 발생하였을 때에는 즉시 공사감독자에게 보고하고, 민·형사상의 모든 책임은 수급인이 지며, 모든 경비도 수급인 부담으로 해결 또는 종결하여야 한다.

제 2 절 안전관리수칙

1. 일반사항

1.1 목적

현장요원이 직무를 수행함에 있어서 본 수칙을 숙지하여 위해요인을 사전에 제거하고 현장요원의 안전 및 사고예방에 만전을 기함에 있다.

1.1.1 수급인은 산업안전관계법규(산업안전보건법, 산업재해보상보험법, 근로기준법 등) 및 동시행령의 제반규정과 의무사항을 준수하여야 한다.

1.1.2 현장대리인 및 안전관리자는 현장요원이나 공중의 안전에 대하여 보호책임이 있으므로 현장요원이나 공중을 보호하기 위하여 충분한 예방을 하여야 한다.

1.1.3 수급인은 안전사고 방지에 관한 일체의 책임을 갖고 있으므로 본 수칙에서 특별히 정하지 않은 사항이라도 안전유지를 위하여 포괄적이고 적극적인 대

책을 수립하여야 한다.

1.2 현장책임자(현장대리인 및 안전관리자)의 의무

1.2.1 현장책임자는 작업현장에 상주하여 현장요원이 안전하게 작업할 수 있도록 지휘, 감독하여야 한다.

1.2.2 현장책임자는 매일 작업 전에 해당 작업에 대한 안전을 위하여 다음사항을 주지 시켜야 한다.

(1) 작업의 목적과 범위

(2) 작업의 시행순서와 방법

(3) 작업지시서의 검토

(4) 작업의 곤란성과 위험성에 대한 조치 등

1.2.3 현장책임자는 매일 작업 전에 현장요원의 복장, 개인안전장구 및 작업 공기구에 대한 사전점검을 철저히 하고 작업에 임하도록 하여야 한다.

1.2.4 현장책임자는 각 작업에 대한 기능보유자를 배치하여야 하며 신체적, 정신적으로 불안한 현장요원은 투입하지 않는다.

1.2.5 안전관리자는 완장을 착용하고 호루라기를 휴대하여야 한다.

1.2.6 안전관리자는 당해 공사의 다음 사항을 특별히 점검하여야 한다.

(1) 가설물 설치 등에 대한 안전성

(2) 작업중단 또는 작업종료후의 상태

(3) 복장 및 장구

1.2.7 기타 현장요원 및 공중안전에 필요한 모든 조치를 사전에 취하여야 한다.

제 3 절 준공에 관한 사항

1. 일반사항

1.1 예비준공검사

1.1.1 발주자는 준공예정일 전에 자재, 시공 및 설비기기의 작동상태가 계약문서에 명시된 기준에 적합한지를 확인하는 예비점검을 실시할 수 있다.

1.1.2 발주자는 예비준공점검 결과 기준에 적합하지 않은 미비사항이 있을 경우 이에 대한 시정조치를 수급인에게 요구할 수 있으며, 수급인은 이의 시정조치를 완료한 후에 준공검사원을 제출하여야 하며, 예비준공검사 지적사항 및 조치 내용을 기록하여 준공검사시 준공검사자에게 제시하여야 한다.

1.2 시설물 인계·인수

1.2.1 수급인은 당해 공사의 예비준공 점검(부분준공, 발주자의 필요에 의한 기성부분 포함)을 실시한 후 시설물의 인계·인수를 위한 계획을 수립하여 공사감독자에게 제출하여야 한다.

1.2.2 수급인이 준공시설물을 인계하기 위하여 제출한 인계·인수서는 공사감독자가 이를 검토하고, 확인하여야 한다.

1.2.3 발주자와 수급인과의 시설물 인계·인수를 위하여 공사감독자는 입회인이 된다.

1.2.4 공사감독자는 시설물 인계·인수에 대한 발주자의 지시사항이 있을 경우 이에 대한 현황파악 및 필요대책 등 의견을 제시하여 수급인이 이를 수행하도록 조치하여야 한다.

1.3 보수예비품

1.3.1 수급인은 하자발생시 사용할 보수예비품을 발주자에게 제공하여야 한다.

1.3.2 보수예비품이 필요한 경우에는 자재승인시 시방서 각 절에 품목 및 수량을 명시할 수 있으며, 공사의 시공제품과 품명, 모델번호, 제조자가 동일한 것이어야 한다.

1.3.3 보수예비품에 대한 비용은 추가로 청구할 수 없다.

1.4 운전 및 유지관리 시범교육

1.4.1 수급인은 발주자에게 공사목적물인 장비 또는 설비시스템의 시동, 가동중지, 제어, 조정, 문제점의 발견, 비상시 운전 및 안전유지, 청소, 손질, 보수, 서비스를 요청하는 방법 및 유지관리지침을 보는 방법 등 운전 및 유지관리에 필요한 전반적인 사항에 대하여 시범 및 교육을 시행하여야 한다.

1.4.2 교육 내용은 아래와 같다.

(1) 시스템

① 시스템의 개요, 구성 및 적용기술 설명

② 운용관리 실습 교육

③ 정비/긴급대처방안 교육

(2) 태양전지 모듈

① 모듈의 개요, 원리 및 특성, 운영관리

② 긴급조치 요령 및 주의사항

(3) 인버터

① Inverter의 개요, 기능 및 동작원리

② Inverter의 운전방법 및 동작상태 점검방법

③ 긴급조치 요령 및 주의사항

(4) 모니터링

① 개요 및 동작원리

② 조작 및 관리 방법

③ 긴급조치 요령 및 주의사항

2. 준공 후 청소

1.6.1 청소

(1) 방법

① 전기설비 판넬 내부 이물질 및 분진물을 제거한다.

② 전기설비에 부착된 오물, 먼지, 녹, 얼룩 등이 없도록 노출 내, 외면을 청소한다.

③ 기타 본 시방서 각 절에 명시되어 있는 사항

(2) 사용도구

제품자체에 변색, 긁힘, 손상, 변형 등이 발생하지 않도록 제품특성에 적합한 도구를 사용하여야 한다.

(3) 청소 후 확인을 받은 후 인계·인수

1.7 대관업무

1.7.1 관계관서의 수속

(1) 수급자는 공사착공과 동시 공사에 필요한 관계관서의 수속(허가, 신고 등)을 우리공사를 대행하여 필하여야 하며, 전기공사 업체와 협의하여 사용전 검사를 받아야 한다.

(2) 인허가기관에 납부하는 법정비용의 청구서를 우리공사에 제출하여 기한 내 납부하도록 하여야 한다.

1.8 시운전

시운전은 설비를 완료한 후 종합운전을 하여 이상이 없어야 하며, 시운전에 의하여 타공사 시설에 손상을 주어선 안 되며, 손상이 발생될 경우 원상복구 하여야 한다.

1.9 하자보수책임기간

태양광발전장치 하자보수 책임기간은 준공검사일로부터 3년간으로 한다.

3. 특별시방서에 관한 사후 관리사항

가. 공사용 자재

1. 공사용 자재는 설계도서 및 시방서에 명시된 품질 및 치수의 것이라야 하며 주요 자재는 현장반입 전에 재료시험 성과표 등의 품질확인 서류를 감독관에게 제출하여 승인을 받아야 한다.
2. 도급자는 감독관의 승인을 받은 자재에 한하여만 공사현장에 반입하여야 하며, 반입 시마다 감독관의 검사를 받아 사용하고 불합격 판정을 받은 자재는 지체 없이 공사현장 밖으로 반출하여야 한다.
3. 공사현장 반입 시 합격판정을 받은 자재라 할지라도 보관 중 변질, 변형, 오손된 자재는 일체 사용하여서는 아니 된다.

나. 현장대리인 및 현장종사원

1. 현장대리인은 공사기간 동안 현장에 상주하여 시공에 관한 제반사항에 대하여 감독관과 협의하여야 하며, 부득이 한 경우 현장을 이탈하게 될 경우에는 감독관의 승인을 얻어야 한다.
2. 모든 현장종사원은 신원이 확실한 자로서 감독관의 지시에 순응하여야 하며 도급자는 이를 책임지고 보장하여야 한다.
3. 공사감독관은 현장대리인을 포함한 도급자의 현장종사원에 대하여 공사현장에 부적합하다고 인정하거나 감독업무 수행에 방해가 된다고 인정할 때 당해 종사원의 교체를 지시할 수 있고 도급자는 이를 즉시 시행하여야 한다.

다. 공사기록

1. 도급자는 감독관이 승인한 작업 상황보고 양식에 따라 매일의 작업내용, 취업인

원, 공사용 자재의 불출상황을 기입 매 익일 감독관에게 제출하여야 한다.

2. 도급자는 공사 진행에 따라 공사기록 사진을 촬영하여 필름과 함께 보관하고, 준공 검사 시 사진첩과 준공도면 1부를 제출(파일CD 포함)하여야 한다. 기록사진의 크기는 공정을 확인할 수 있는 소요 크기로 한다. (준공도면에는 각종 지장물, 접지선 위치, 태양 전지 위치, 전선관 등이 명시되어야 한다.)
3. 시공 후 매설되거나 확인할 수 없는 부분은 필히 사진을 촬영 보관하여야 하며, 모든 기록용 사진은 총천연색으로 피사체의 위치, 규격 등을 판별할 수 있게 촬영하는 것을 원칙으로 한다.

라. 공사장 안전관리 및 위생시설

1. 호우, 홍수, 태풍 등에 대한 기상예보 등에 충분히 주지하여 유사시에는 피해가 없도록 응급조치를 하여야한다.
2. 공사에 필요한 보완조치는 관계법령에 따라 안전에 만전을 기하기 위한 조직계획 점검, 훈련 등을 실시하여야 하고, 필요한 제반시설을 갖추어야 하며 감독관의 승인과 검사를 받아야 한다.
3. 도급자는 육상 또는 해상장비와 그 인근에서 작업하는 종사원에게는 안전모를 착용케 하여야 하며, 특히, 해상 작업 장비에는 구명대를 비치해 두어야 한다.
4. 공사장에는 구급약품을 상비하여야 하고, 비상시를 위하여 인근병원과 협조가 잘 유지되도록 하여야 한다.

마. 현장관리

1. 도급자는 공사의 전부 또는 일부가 완성되어 계속되는 작업이 없는 곳은 감독관의 지시에 따라 현장을 깨끗이 유지하여야 한다.
2. 도급자는 공종별로 매 작업 단계마다 감독관의 검사를 필한 후 다음 단계의 작업을 착수하여야 한다.
3. 집중호우 등 천재에 대하여는 항시 기상예보 등에 충분한 주의를 기울여 항상 이를 대치할 수 있는 준비를 하여야 한다.
4. 공사시공에 영향을 미치는 사고, 인명피해를 일으킨 사고 또는 제3자에게 손해를 끼친 사고가 발생하였을 때에는 지체없이 그 상황을 감독관에게 보고하여야 하며, 도급자 부담으로 조속히 수습하여 사회적 물의가 일어나지 않도록 하여야 한다.

5. 공사 중에 발생하는 풍·수해 및 공사 중 돌발사고 등의 응급조치에 필요한 기계기구 재료는 상시 일정한 장소에 상당수 비치해야 하며, 그의 소재를 종업원에게 상시주지 시켜야 한다.

바. 작업시간

공사시행의 형편에 따라 작업시간의 연장, 단축 또는 야간작업의 필요성을 감독관이 인정할 경우 도급자는 지시에 따라야 한다.

사. 사고의 처리

1. 가설물이나 구조물의 파손, 추락, 기타 공사계획에 영향을 미치는 인명의 손상 또는 제3자에게 피해를 미치는 사고를 일의 켰을 때 혹은 그러한 사고발생의 장소를 발견하였을 때에는 응급의 조치를 취하고 감독관에게 보고하여야 한다.
2. 공사중 도급자의 과실로 구조물 및 인명에 손상을 주었을 때에는 도급자 부담으로 복구 및 보상한다.

아. 특허권

도급자는 제작과정에서 사용하거나 특허 또는 기타 공법 때문에 발생하는 어떠한 성격의 책임으로부터 면제 될 수 없으며 이에 대한 모든 비용 및 손해를 도급자가 부담하여야 한다.

자. 준공검사

1. 도급자는 공사가 완료되었을 때 현장을 정리하고 준공검사에 대비 검사를 위하여 필요한 서류를 제출하여야 한다.
2. 준공검사관의 검사결과 그 결과에 미달하였을 경우에는 검사관의 지시에 따라 도급자 부담으로 재시공하여야 한다.

차. 비용부담에 관한 사항

공사시행에 있어 다음 각 항에 필요한 비용은 도급자 부담으로 한다.

1. 공사시방서, 도급금액내역서, 도면 등에 명기되지 않은 사항이라도 공사의 성질상 당연히 필요한 사항
2. 준공검사에 필요한 인력, 자재 및 장비의 협력
3. 공사시행 상 필요한 재료, 기계기구 등의 시험 및 재검사와 감독관이 입회할 때 필요한 협력
4. 도급자의 책임으로 인한 제3자의 피해보상

5. 현장청소 및 정리정돈

카. 공사기간의 연장

다음사항이 발생 시는 공사기간을 연장할 수 있다.

1. 천재지변이 발생할 때
2. 강우 및 풍랑 등으로 작업장에 일수가 예정공정에서 추정한 일수를 초과할 때
3. 기타 관에서 인정하는 특별한 사유가 발생할 때

타. 태양광발전시스템의 전기공사는 태양전지 모듈의 설치와 병행하여 진행한다.

태양전지 모듈간의 배선을 비롯하여 접속함과 인버터 등의 기기설치와 그들의 상호 접속을 순차적으로 행한다.

[전기공사의 안전대책]

시공에 있어서는 전기공사업법 및 그와 관련된 법령에 기초하여 안전한 작업을 행할 필요가 있다. 여기서는 일반적인 안전대책을 기술하기로 한다.

(1) 복장 및 추락방지

작업자는 자신의 안전보호와 2차 화재방지를 위해서 작업에 적합한 복장으로 작업에 임해야 한다.

① 헬맷(안전모)의 착용.
② 안전띠의 착용(떨어지거나 구르는 것을 방지하기 위해 반드시 사용할 것).
③ 안전화 착용(미끄럼방지의 효과가 있는 신발).
④ 허리띠의 착용(공구, 공사부재의 낙하방지에 사용한다).

또한, 안전띠의 사용법으로는 어레이 설치면의 반대쪽에 보조 로프를 고정하고 작업시 슬라이드 체크를 사용하면 편리하다.

(2) 감전방지책

태양전지 모듈 1장의 출력 전압은 각각의 모듈에 따라 다르지만 25~35V정도이며, 필요한 개수만큼 직렬로 접속하면 말단전압은 개방전압에서 250V~450V 또는 450~820V의 고전압이 된다. 감전 사고를 방지하기 위해서는 다음과 같은 안전대책이 필요하다.

① 작업 전에 태양전지 모듈의 표면에 차광시트를 붙여 태양광을 차단한다.
② 저압선로용 절연장갑을 낀다.
③ 절연처리가 된 공구를 사용한다.

④ 강우시 작업을 하지 않는다(감전사고의 원인뿐만 아니라 미끄러짐으로 인한 추락사고로 이어 진다).

(3) 공사자재 반입시의 주의사항

공사용 자재의 반입시에 레커차를 사용할 경우, 레커차의 암 선단이 배전선에 근접할 때, 공사 착공 전에 전력회사와 사전협의 후에 절연전선 또는 전력케이블에 보호관을 씌우는 등의 보호조치를 한다.

안전상의 주의사항

• 안전한 사용을 위한 표시 및 의미

본 사용설명서에는 태양광인버터의 안전한 사용을 위해 다음과 같은 표시와 기호로 주의사항을 나타냈습니다.

여기에 표시한 주의사항은 안전에 관한 중대한 내용입니다. 반드시 지켜 주십시오.

표시와 기호는 다음과 같습니다.

⚠ 경고	올바로 취급하지 않으면 이 위험으로 인해 경상·중간 정도의 상해를 입거나 만일의 경우에 중상 또는 사망에 이를 우려가 있습니다. 또한 중대한 물적 손해를 입을 수 있습니다.
⚠ 주의	올바로 취급하지 않으면 이 위험으로 인해 때에 따라서 경상·중간 정도의 상해를 입거나 물적 손해를 입을 수 있습니다.

＊물적 손해란 가옥, 가재 및 가축, 애완동물에 관한 확대손해를 말합니다.

• 그림기호 설명

	• 분해금지 기기를 분해하면 감전 등의 상해를 일으킬 우려가 있을 경우의 금지 통고
	• 고온주의 특정 조건에서 고온에 의한 상해를 입을 가능성을 주의하는 통고
	• 일반적 금지 특정하지 않은 일반적 금지 통고
	• 일반적 지시 특정하지 않은 일반적 사용자의 행위를 지시하는 표시
	• 감전주의 특정 조건에서 감전의 가능성을 주목하는 통고

⚠경고
만일의 경우, 감전에 의해 화재가 발생할 수 있습니다. 분해, 개조 또는 수리하지 마십시오.
만일의 경우, 중증의 상해나 화재가 발생할 수 있습니다. 통풍구 안으로 물건을 넣지 마십시오.
만일의 경우, 감전에 의한 상해를 입을 수 있습니다. • 젖은 손으로 만지거나 젖은 천으로 닦지 마십시오. • 커버를 열거나 내부를 손으로 만지지 마십시오.
만일의 경우, 감전에 의해 상해를 입을 수 있습니다. 설치공사, 수리, 개조, 증설, 이동, 재설치 등은 구입하신 판매점 또는 전문업자에게 의뢰해 주십시오.
만일의 경우, 내부부품의 열화에 의해 화재가 일어날 수 있습니다. 설치 후 15년이 경과하면 구입한 판매점 또는 전문업자에게 교체를 상담해 주십시오.

⚠주의
고열로 인해 가끔 화상을 입을 수 있습니다. 통전 중이나 전원을 끈 직후에는 천정부를 만지지 마십시오.
가끔 화재가 일어날 수 있습니다. • 통풍구를 막거나 통풍구에서 200mm 이내에 물건을 놓지 마십시오. • 가까운 곳에 타기 쉬운 물질을 놓지 마십시오. • 가까운 곳에 스토브 등 발열물질을 놓지 마십시오. • 가연성 스프레이를 뿌리지 마십시오.

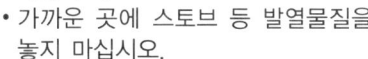

출제 기준에 따른 실기 필답형 예상문제

문제 Ⅰ

전기공사의 안전대책중 복장 및 추락방지와 감전방지책에 대하여 설명하시오!

풀 이

(1) 복장 및 추락방지

작업자는 자신의 안전보호와 2차 화재방지를 위해서 작업에 적합한 복장으로 작업에 임해야 한다.

① 헬맷(안전모)의 착용.

② 안전띠의 착용(떨어지거나 구르는 것을 방지하기 위해 반드시 사용할 것).

③ 안전화 착용(미끄럼방지의 효과가 있는 신발).

④ 허리띠의 착용(공구, 공사부재의 낙하방지에 사용한다).

또한, 안전띠의 사용법으로는 어레이 설치면의 반대쪽에 보조 로프를 고정하고 작업시 슬라이드 체크를 사용하면 편리하다.

(2) 감전방지책

태양전지 모듈 1장의 출력 전압은 각각의 모듈에 따라 다르지만 25~35V정도이며, 필요한 개수만큼 직렬로 접속하면 말단전압은 개방전압에서 250V~450V 또는 450~820V의 고전압이 된다. 감전 사고를 방지하기 위해서는 다음과 같은 안전대책이 필요하다.

① 작업 전에 태양전지 모듈의 표면에 차광시트를 붙여 태양광을 차단한다.

② 저압선로용 절연장갑을 낀다.

③ 절연처리가 된 공구를 사용한다.

④ 강우시 작업을 하지 않는다(감전사고의 원인뿐만 아니라 미끄러짐으로 인한 추락사고로 이어진다).

문제 Ⅱ

현장요원이 직무를 수행함에 있어서 본 수칙을 숙지하여 위해 요인을 사전에 제거하고 현장요원의 안전 및 사고예방에 만전을 기함에 있다. 수급인은 산업안전관계법규 및 동시행령의 제반 규정과 의무사항을 준수하여야 한다. 이와 관련된 법령은 무엇인가?

풀 이

산업안전보건법, 산업재해보상보험법, 근로기준법

문제 Ⅲ

(   )이 관리하며, 안전점검, 안전진단, 재해예방전문 지도기관의 지도, 안전검사, 안전보건교육 등에 관한 사항을 기록하여 상시 비치하여야 한다. (   )안의 들어갈 내용은?

풀 이

수급인

문제 Ⅳ

재해예방기술지도의 목적은 건설공사현장의 안전활동을 추진함에 있어 안전관리비 사용방법 및 재해예방 조치등에 관하여 재해예방전문지도기관으로부터 기술지도를 받음으로서 안전사고예방은 물론, 자율안전관리 SYSTEM을 정착시키는데 그 목적을 두고 있다. 공사금액 (   )인 전기 및 전기통신공사(전기공사업법 제2조 제1호 및 전기통신공사업법 제2조의 제2호의 규정에 의한 전기 및 전기통신공사를 말한다)를 행하는자는 의무적으로 재해예방기술지도기관의 지도를 받아야한다. (   )안의 들어갈 내용은?

풀 이

1억원 이상 120억원 미만

제 5 장

태양광설비장비 및 안전장비(효율장비)

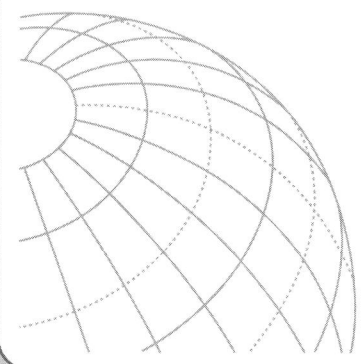

제5장

태양광설비장비 및 안전장비 (효율장비)

제 1 절 안전 장비

1. [절연 저항계][絕緣抵抗計, megger]

절연 저항계는 옥내 배선 또는 전기 기기의 절연 저항을 측정할 때 사용하는 기구로, 흔히 메거(megger)라고도 하며 수동식과 자동식이 있다. 수동식은 발전기의 원리를 이용, 손으로 손잡이를 돌려서 전기를 발생시켜 측정한다. 자동식은 누름단추를 눌러 측정한다. 절연 저항계의 단자 사이에는 높은 전압이 나타나므로 측정할 때 특히 감전에 유의해야 한다.

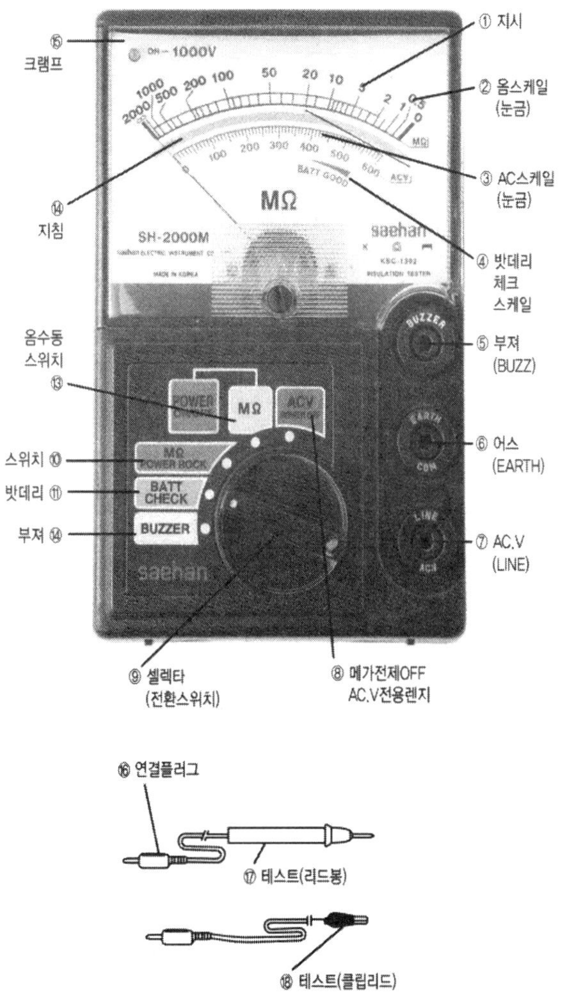

[절연 저항계의 사용 범위] 절연 저항계는 전동기에서 권선(코일)과 대지 사이의 절연 저항을 측정한다. 변압기에서는 1차 코일과 2차 코일 사이, 코일과 대지 사이의 절연 저항을 측정한다. 옥내 배선에서는 전선 사이의 절연 저항이나 전선과 대지 사이의 절연 저항을 측정하는 데 사용한다.

3번 같은 측정을 반복해야 하므로 그 수고를 덜기 위해 한 번 측정으로 가능하도록 수동 발전기 대신에 트랜지스터 회로에 의해 일정한 전압을 발생시키는 접지 저항계가 쓰이게 되었다.

2. [내전압 시험기]

변압기, 선로, 케이블 등에 높은 전압을 걸어 얼마동안 견딜 수 있는지를 시험하는 장비입니다. 주로 자가용 변전실을 설치한 후 전기안전공사에 의뢰하여 사용전검사를 받을 때 전기안전공사에서 내전압 시험기를 이용하여 법에 정해진 범위내에서 시험을 하게 됩니다.

내전압시험기는 AC, DC용이며, 모든 전기안전장구(절연장갑, 카바, 케이블 및 장비 등)는 사용전압과 시험전압이 있다. 예를 들어 절연고무장갑 이면 사용전압 22,900V이며 시험전압 30,000V 이다. 이것을 시험할 수 장치가 내전압시험기이며, 절연고무장갑 같은 경우는 AC로 걸 수 있다. 30,000V로 3분간 접속했을 때 섬광, 발열이 없으면 양호하며, 고압작업(22,900V)할 때 이용가능하며, 섬광발열이 일어나면 불량제품이다. 큰 사고로 이어지며, 케이블 같은 경우는 DC로 시험을 한다. 일반 가정집에 들어오는 게 220V면 큰 전압이므로 사고를 미연에 방지하기위해 전기작업 하는 사람이 착용 및 사용하는 장비를 내전압 시험을 하여 예방 하는 것이다.

3. [디지탈 멀티미터] [digital multimeter]

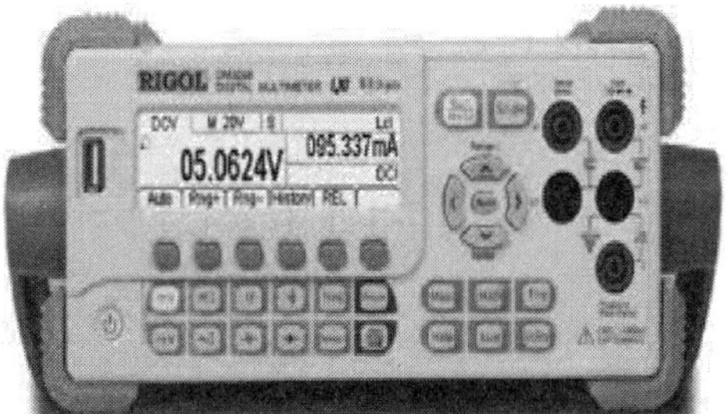

멀티미터(멀티테스터, 볼트/옴 미터 혹은 VOM)는 여러가지의 측정 기능을 결합한 전자 계측기이다. 전형적인 멀티미터는 전압, 전류, 전기저항을 측정하는 능력은 기본적으로 가지는 기능이며, 장치에 따라 기타 측정 기능이 추가되기도 한다. 아날로그 멀티미터(혹은 영국 영어로 analogue multimeters)와 디지털 멀티미터 (종종 DMM 혹은 DVOM으로 간략화함)의 두 분류가 있다.

멀티미터는 휴대장치(hand-held) 장치로, 측정 대상의 기본적인 결점을 찾기 위한 벤치 기구로 유용하게 사용할 수 있는 계측기가 될 수 있다. 따라서 실무 작업에서 유용하고 매우 높은 정확도로 측정할 수 있다. 멀티미터는 전지, 모터 컨트롤, 전기 제품, 파워 서플라이, 전신 체계와 같은 산업과 가구용 장치의 넓은 범위에 있어 전기적인 문제들을 점검하기 위하여 사용될 수 있다.

4. [DC POWER SUPPLY] [직류전원장치]

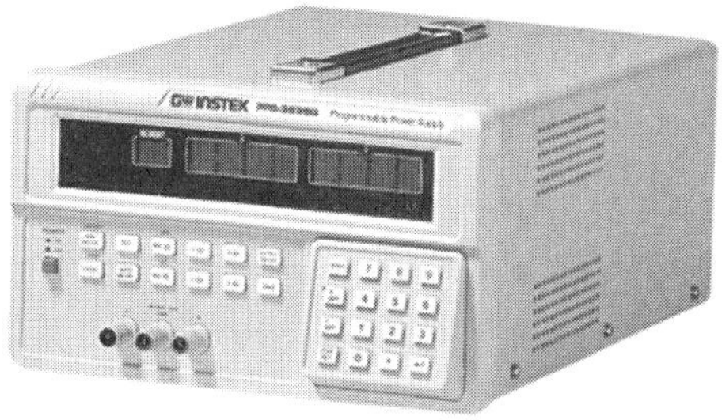

많이 사용하는 DC POWER SUPPLY 는 실험이나 테스트 목적으로 사용하는 것은 두가지 1조 1세트, 2조 1세트이며, 사용방법 처음에 전면부를 보면 손으로 돌리는 로타리식 손잡이가 3개 정도이며, 하나는 Current, 두개는 Voltage 있으며, Current는 전류를 조절하는 스위치로 테스트 보드에 적절한 전류량을 조절하는 스위치 이며, 만약 전류가 딸리게 되면 전면부에 적색 LED가 들어오게 된다. 전면부에 CC라고 적혀있는 적색 LED 이며, 그리고 적색 LED가 들어오는 상황은 전류가 딸릴 때도 들어오지만 코드상 쇼트가 날 때도 있다. 가장 많이 사용하는 Voltage 조절 스위치는 두개가 있으며, 하나는 레인지가 큰 것 이고, 하나는 작은 것 이다. Voltage 조절 스위치 중 왼쪽에 있는 것이 크게 조절 할 때 사용하고 오른쪽에 있는것은 세밀하게 조절 할 때 사용한다. 또한 조절된 전압은 FND나 게이지로 표현이 된다.마지막으로 output커넥터가 3개 아니면 2개가 있으며, 대부분이 3개일 것이다. 각각을 설명 하면 보통 빨강색으로 되어있는 + 단자이며, 테스트 보드의 VCC를 연결해주면 된다. 그리고 보통 검정색으로 되어있는 - 단자이다.

테스트 보드의 GND나 -단을 연결하면 된다. 그리고 마지막으로 GND축력 단자가 있다. 그 단자는 접지 단자 이며, 사용은 간단하다. 테스트하는 상황에 따라 틀리지만 보통은 DC POWER SUPPLY 출력단 중 - 단자와 혼봉 (common) 시켜서 사용하면 된다.

5. [Photovoltaic Array Tester] [태양열 측정기]

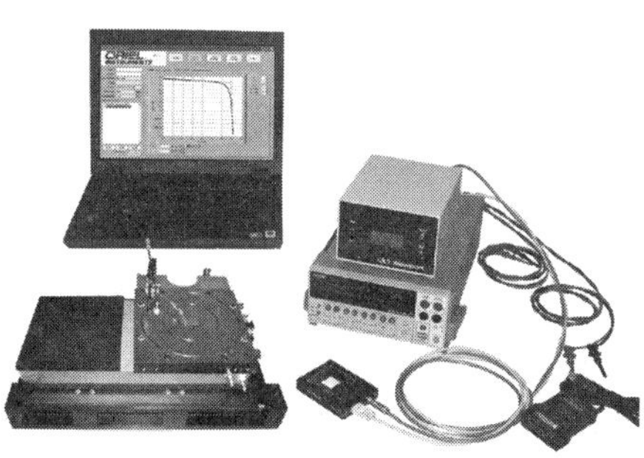

어레이 테스터용 옵틱척 및 이를 구비한 어레이 테스터에 관한 것이며, 기판의 전극 어레이(Array) 테스트를 위해 상기 기판이 일측에 안착되는 것으로, 일측면에 복수의 미세 요철부가 있다.

6. [Clamp Meter] [후크미터(hook meter)] – 효율측정 장비에도 속한다

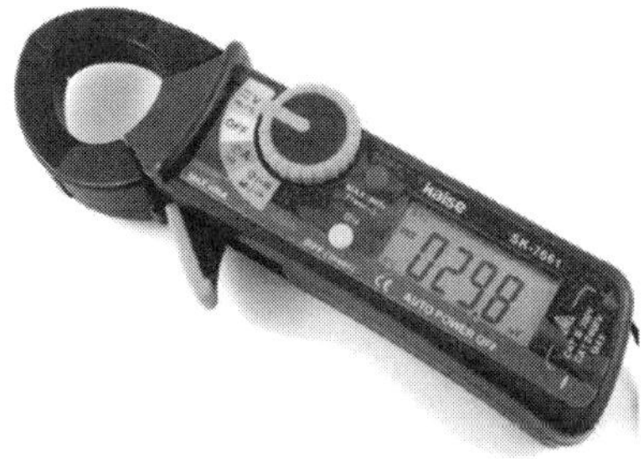

클램프형 전류계로서, 회로를 절단하지 않고도 회로 전류를 알 수 있는 변류기 내장형의 전류계이다. 고정밀을 요하는 측정에는 어려운 점이 있으나, 전기 설비의 보수나 안전상의 용도에는 적합하다.

7. [절연저항시험기] [insulation resistance tester]

절연저항은 일반적으로 대단히 높기 때문에 고저항을 지시할 수 있도록 장치한 계기. 절연저항은 가해지는 전압에 따라서 그 값을 달리하기 때문에 지정된 고압 직류를 사용한다.

8. [일사 센서] [pyrheliometer]

지표의 일사량은 수직으로 내리 쏟아지는 태양방사 에너지를 열량환산으로 나타낸 것이다. 기본적으로는 흑체수감부에 측정할 태양광을 일정시간 노광시켜 열로서 완전히 흡수시키고, 그 열량을 읽는다. 열을 꺼내는 방법과 읽는 방법에 따라 몇가지 종류로 나누어진다. 입사하는 광에너지를 열량으로 변환하여 그 열량을 열량 그대로 검출하는 형식의 절대일사계와 흡수열량을 전기량으로 변환하는 열전식 일사계가 있다. 열전식에는 열전쌍형(熱電雙型)과 볼로미터형, 초전형(焦電型) 등이 있지만 열전쌍형이 가장 실적이 있어서 많이 사용되고 있다.

9. [오실로스코프] [oscilloscope]

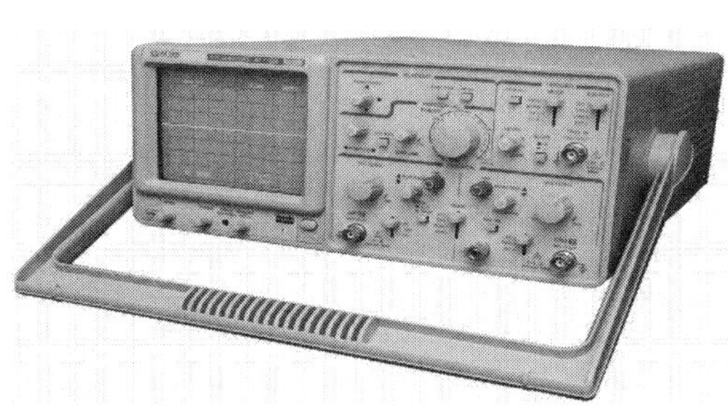

시간에 따른 입력전압의 변화를 화면에 출력하는 장치. 전기진동이나 펄스처럼 시간적 변화가 빠른 신호를 관측한다. 보통 브라운관에 녹색점으로 영상을 나타내지만, 요즘에는

액정화면을 사용하는 전자식도 있다.

10. [디지탈 멀티미터] [digital multimeter]

DMM이라는 약칭으로 부르고 있다. 전압계는 아날로그 전압계와 디지털 전압계로 나뉜다. 디지털 전압계는 아날로그 전압계에 비해서 확실도가 높고 분해력이 높으며, 고속인 점에서 전압측정의 주류를 차지하고 있다. 이에 비해서 아날로그 전압계는 사용될 기회가 비교적 적다고는 하나 그다지 높은 정확도를 필요로 하지 않고 신호의 완만한 변화를 기록한다든가, 직관적으로 전압을 판독하는 경우에 적합하다. DVM이나 DMM에서는 아날로그 입력을 그것과 등가인 디지털량으로 AD변환기에 의해 변환하여 로직회로를 통하여 표시한다든가, 외부에 전송한다든가 할 수 있다.

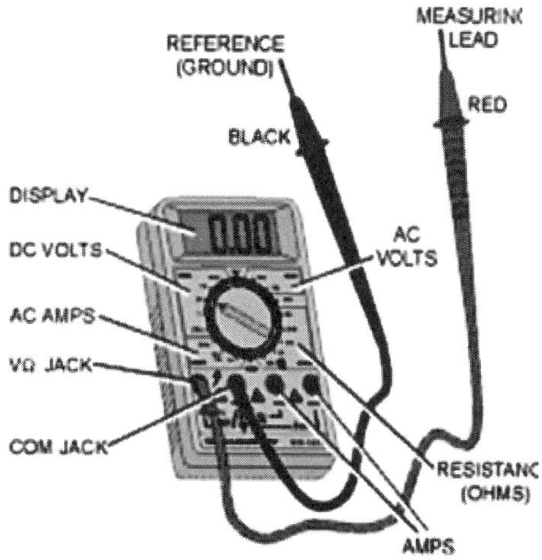

제 2 절 성능증가(효율) 측정장비

1. Power Meter

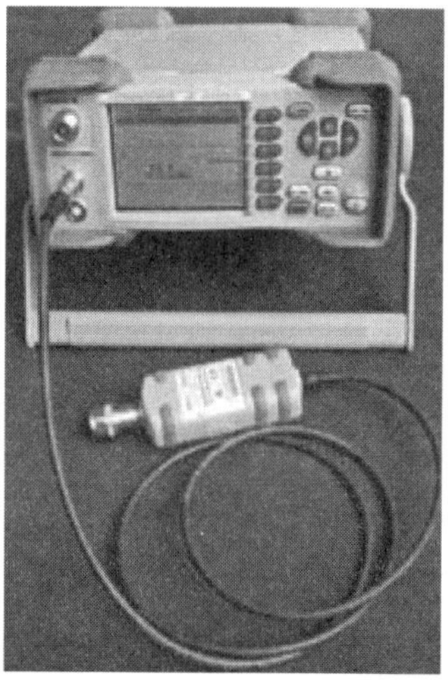

고주파에서 밀리파에 이르는 전력(파워)을 측정하는 장치로서 검출부와 신호처리부, 지시부로 된다. 전력(파워)검출용 센서로써는 열형 센서와 검파형 다이오드가 있다.
열형 센서에는 볼로미터 및 열전대(熱電對)가 있는데 측정정밀도가 높다. 볼로미터형 센서는 온도에 의하여 저항값의 변화를 나타내는 볼로미터에 피측정 전력을 흡수시키고, 저항값의 변화로 전력의 크기를 검출하는 방법으로서, 검출감도와 안정도, 재현성이 좋다. 열전대 센서에는 진공관형, B

i-Sb 박막형, Si-Ta2N반도체형 및 비결정 Si 형이 있다. Bi-Sb 박막형은 마이크로파 및 밀리파용으로 쓰이고, Si-Ta2N 반도체형은 마이크로파용으로, 비결정 Si 형은 고주파용으로 쓰이고 있으며, Si-Ta2N 반도체형은 검출감도 및 응답성이 좋고, 비결정 Si 형은 검출 정밀도가 좋다.

2. 스코프 미터 [scope meter]

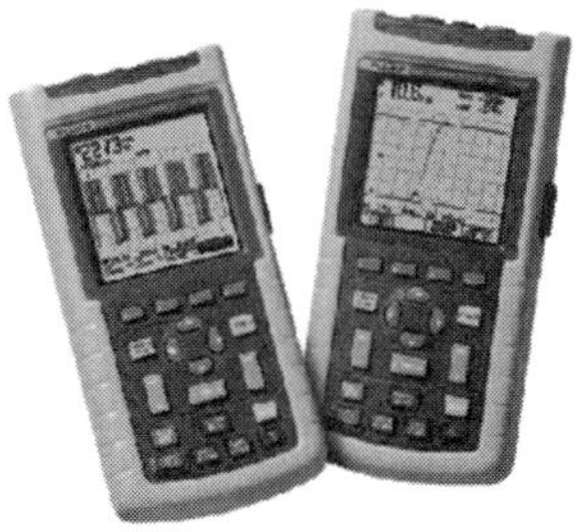

컬러 디스플레이는 각각 파형의 분석을 더욱 쉽게 해줍니다. 특히, 스크린에 대형 진폭(amplitude)또는 다중 중복 파형을 디스플레이 할 때 더 쉽게 파형을 확인 할 수 있도록 도와줍니다.

3. PV System Simulation S/W [태양광발전 시스템설계 시뮬레이션]

실례)

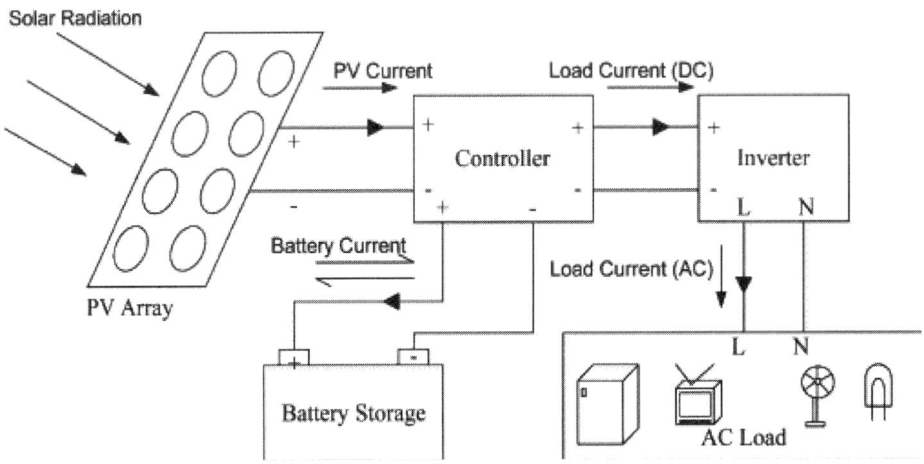

제 3 절 현장조사 장비

1. 슈미트 해머 [schmidt hammer]

반발 해머 또는 콘크리트 테스트 해머라 불리는 것으로, 콘크리트 등의 반발 경도를 측정하는 시험기. 콘크리트의 압축 경도와 슈미트 반발 경도 사이에는 밀접한 상관 관계가 존재한다. 처음에는 콘크리트의 강도 시험기로서 E. O. Schmidt에 의해 개발되었으나 현재는 암석의 강도를 추정하는 데 사용되고 있다.

이 측정치로부터 콘크리트의 압축강도를 비파괴로 판정하는 검사 방법이다.

반발 경도법은 타격법 중의 하나의 방법이며, 콘크리트의 표면을 해머로 타격하여 표면의 손상정도나 반발 정도를 측정한다.

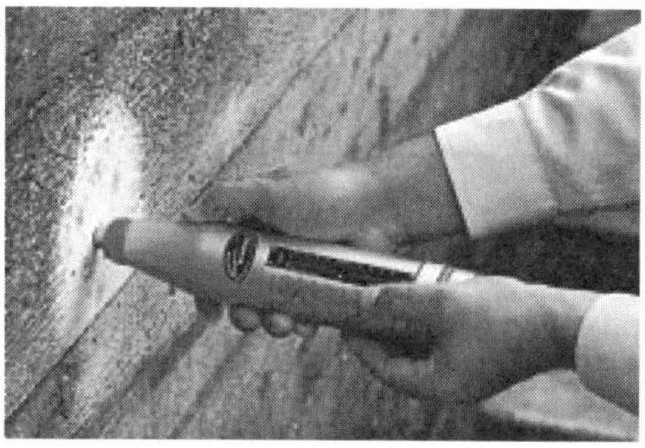

2. 지질 해머 [hammer]

망치의 목적은 암석을 타격하여 암석 표본을 채취 혹은 암석의 풍화면이 아닌 신선한 면을 관찰하기 위함이다.

해머를 보면 한면은 뭉뚝하고, 한면은 뾰족하다. 명칭은 그냥 해머(hammer)라고 부르지만, 일반 가정에서 사용하는 망치와 구분하기 위해서 지질 해머라고 함.

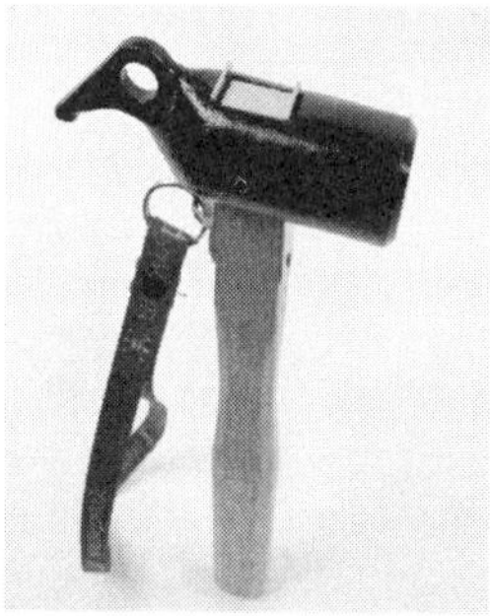

3. 윤곽(프로필) 게이지 [profile gauge]

어떤 기계 제품의 윤곽을 검사하는 데 사용하는 게이지. 보통 검사할 부위(部位)와 거꾸로의 형상을 하고 있어 부위에 맞대었을 때 그 윤곽과 게이지 사이를 빛이 통과하지 않으면 합격이 됨. 반경(半徑)게이지 같은 것.

4. 클리노컴퍼스 [clinocompass]

지질조사 시 평면구조의 주향과 경사 및 선구조의 동향, 급경사, 정점 등을 측정하기 위한 기구. 주향을 측정할 때는 수평계의 기포를 보고 수평을 유지한 상태에서 클리노콤파스 옆면이 지층면에 접촉하도록 하여 측정한다. 지층면의 경사를 측정할 때는 클리노콤

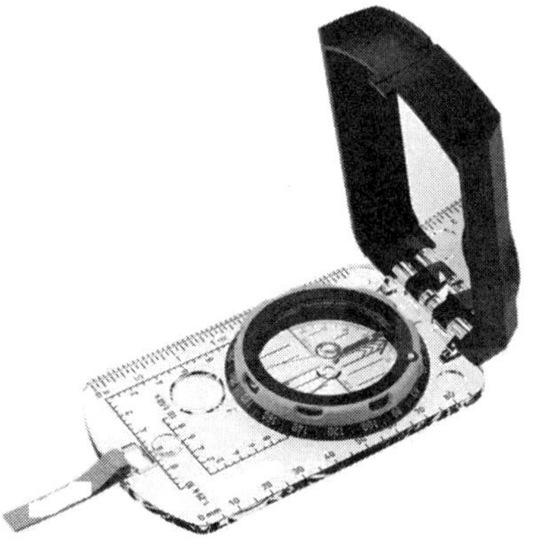

파스 힌지에 붙어 있는 각도계로 측정하고, 대략적인 경사각을 측정할 때는 수평을 유지한 상태로 커버를 지층면에 붙인 뒤 각도를 측정한다. 또 방위각을 측정할 때는 거울을 몸 쪽으로 두고 수평을 유지한 상태로 거울에 있는 가늠선, 거울에 비친 대상물과 가는쇠가 모두 일치되게 맞추고 방위각을 읽으면 된다.

제 4 절 전기안전용품 종류

**** 발전시스템 내 비치해야할 전기안전 용품**

1. 온도계, 적외선 온도 측정기

2.소화기

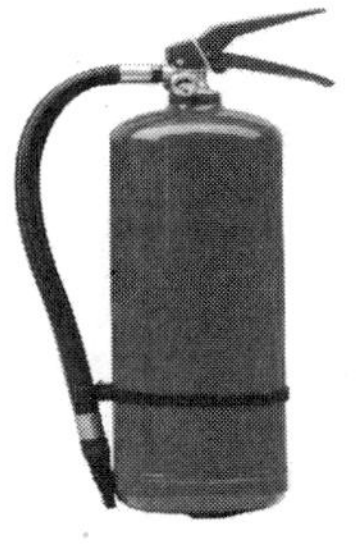

3. 안전모

4. 안전장갑

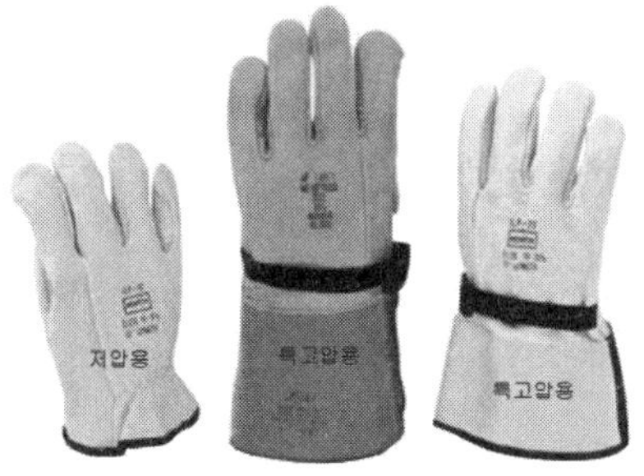

5. 방진 마스크

6. 안전대

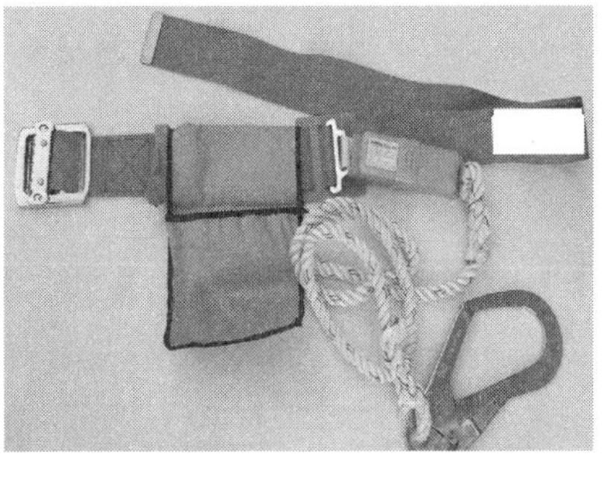

7. 기계조작 공구
8. 사다리
9. 예비용 소모품
   - 접속함에 사용되는 휴즈류
   - 기계 오일류
10. 연장 전선
11. 청소용품
12. 은분도료
13. 예비용 볼트와 너트, 와셔류
14. 예비용 센서류
    온도센서(사용된 종류별로), 트래커용 광센서(추적식일 경우), 리미트 스위치
17. 안전봉, 안전화, 휴대용 손전등.
18, 기타 예비용 소모품

제 5 절 신 · 재생에너지의 생산용기자재 및 이용기자재(발췌)

가. 태양열에너지 생산용기자재 및 이용기자재

품목 순위	품 명	규격 및 용도
1	저철분 유리 (Low Iron Glass)	태양열 집열기 제조용으로서 철분함량이 0.06퍼센트 이하이고, 두께가 5밀리미터 이하이며, 스펙트럼 투과율(Spectrum Transmission)이 90퍼센트 이상인 것으로 한정한다.
2	유리관 (Solar Glass Tube)	태양열 집열기 제조용으로서 지름이 15밀리미터 이상 150밀리미터 이하이고, 두께가 2밀리미터(mm) 이상 5밀리미터 이하인 단일 유리관으로 한정한다.
3	진공관식 집열기 2중 유리관 (Evacuated Solar Collector Tube)	태양열 집열기 제조용으로서 지름이 15밀리미터 이상 150밀리미터 이하이고, 유리간 간격이 3밀리미터 이상 7밀리미터 이하이며, 두께가 2밀리미터 이상 5밀리미터 이하이고, 진공도가 10-3토르 이하인 것으로 한정한다.
4	태양열 흡수판 (Absorber Plate for Solar Collector)	동판 또는 알루미늄판에 진공증착한 태양열 집열기 제조용으로서 태양열 흡수율이 92퍼센트 이상이고, 태양열 방사율이 7퍼센트 이하이며, 두께가 0.1밀리미터 이상인 것으로 한정한다.

나. 태양광에너지 생산용기자재 및 이용기자재

품목 순위	품 명	규격 및 용도
1	저철분 유리 (Low Iron Glass)	다음 각 호의 어느 하나에 해당하는 것으로 한정한다. 1. 태양전지 모듈 제조용으로서 철분함량이 0.06퍼센트 이하이고, 두께가 5밀리미터 이하이며, 스펙트럼 투과율(Spectrum Transmission)이 90퍼센트 이상인 것 2. 박막 태양전지 제조용으로서 철분함유량이 0.06퍼센트 이하이고, 피라미드 및 분화구 형태의 투명 전도막이 0.4마이크로미터 이상의 두께로 증착된 것
2	이브이에이(EVA) 시트 (Ethylene Vinyl Acetate Sheet)	태양전지 모듈 제조용으로서 태양광의 투과율이 90퍼센트 이상이고, 밀도가 세제곱센티미터당 0.93그램 이상이며, 두께가 0.2밀리미터 이상 1.2밀리미터 이하인 것으로 한정한다.
3	성능 측정기 (Photovoltaic Tester)	태양전지 또는 태양전지 모듈의 성능을 측정하는 것으로서 개방전압 · 단락전류 · 최대전력 · 최대전압 및 최대전류를 측정할 수 있고, 측정자료를 확인할 수 있는 것으로 한정한다.
4	태양전지 모듈 보호판 (Photovoltaic Backsheet)	태양전지 모듈 제조용으로서 두께가 0.1밀리미터 이상 0.4밀리미터 이하이고, 두께에 대한 치수안정도(Dimensional Stability)가 2퍼센트 이하인 것으로 한정한다.
5	태양전지 리본 (Photovoltaic Ribbon)	다음 각 호의 어느 하나에 해당하는 것으로 한정한다. 1. 주석, 은, 구리 또는 납으로 코팅된 태양전지 모듈 제조용으로서 두께가 0.1밀리미터 이상이고, 폭이 1.5밀리미터 이상인 것 2. 박막태양전지 제조용으로서 폴리에스테르(Polyester) 재질이고, 두께는 0.04밀리미터 이상이며, 폭은 5밀리미터 이상인 것
6	라미네이터 (Laminator)	태양전지 모듈 제조용으로서 유리, 이브이에이 시트(Ethylene Vinyl Acetate Sheet), 태양전지 및 백시트를 가열압착(Laminating) 할 수 있는 것으로 한정한다.
7	태빙머신(Tabbing Machine) 또는 와이어본딩기	태양전지 모듈 제조용으로서 태양전지 리본을 이용하여 태양전지와 태양전지를 연결하여 스트링(String)을 제작하는 것으로 한정한다.
8	인버터 (Inverter)	태양광 발전용으로서 직류전력(DC)을 교류전력(AC)으로 변환하고, 최대 용량이 50킬로와트를 초과하는 것으로 한정한다.
9	레이 업 머신 (Lay-Up Machine)	태양전지 모듈 제조용으로서 태양전지 스트링(String)을 일정한 간격으로 배열할 수 있는 것으로 한정한다.
10	화학증착 반응기 (Chemical Vapor Deposition Reactor)	태양전지용 폴리실리콘 제조용으로서 내부온도를 섭씨 1천도 이상 유지하기 위한 전력(Power) 공급설비를 갖추고 있고, 삼염화실란(Trichlorosilane)을 열분해하여 봉(Rod) 형태의 폴리실리콘을 제조할 수 있는 것으로 한정한다.

11	압축기	태양전지용 폴리실리콘 제조에 사용되는 염산 · 수소 또는 실란가스를 압축하는 것으로서 이물질(異物質)에 의한 오염방지 및 누설방지를 위해 2단계 밀봉구조를 갖는 비윤활식인 것으로 한정한다.
12	전기 히터 (Electric Heater)	태양전지용 폴리실리콘의 원료인 삼염화실란(Trichlorosilane)의 제조에 사용되는 사염화실란(Silicon Tetra Chloride) 및 수소를 가열하는 라디언트(Radiant) 방식(Type)의 것으로서 대류열과 복사열을 이용하여 최대 섭씨 400도 이상 가열할 수 있고, 최대 용량이 100킬로와트 이상인 것으로 한정한다.
13	슬림 로드 커터 (Slim Rod Cutter)	태양전지용 폴리실리콘 슬림로드 제조용으로서 폴리실리콘 또는 폴리실리콘 잉곳을 가로 및 세로 각각 5밀리미터 이상 15밀리미터 이하의 크기로, 길이는 2미터 이상의 크기로 절단할 수 있는 것으로 한정한다.
14	슬림 로드 풀러 (Slim Rod Puller)	태양전지용 폴리실리콘의 슬림로드 제조용 설비로서 폴리실리콘을 녹인 후 지름 5밀리미터 이상 15밀리미터 이하의 크기로, 길이 2미터 이상의 슬림로드를 인발할 수 있는 것으로 한정한다.
15	적외선 분광기	태양전지용 폴리실리콘의 품질검사용 설비로서 단결정 폴리실리콘의 불순물을 1피피비(ppb) 이하까지 측정할 수 있는 것으로 한정한다.
16	컬럼 트레이 (Column Tray)	태양전지용 폴리실리콘 제조용 증류탑(Column)의 부분품으로서 원료로 사용되는 삼염화실란(Trichlorosilane)에 포함된 불순물을 1피피비(ppb) 이하까지 정제할 수 있는 것으로 한정한다.
17	태양전지 실리콘 웨이퍼 분류장비 (Silicon Wafer Sorter)	태양전지용 실리콘 웨이퍼를 크기 · 두께 · 저항 및 수명에 따라 등급별로 자동 분류할 수 있는 것으로 한정한다.
18	태양전지 실리콘 잉곳 소잉 장비 (Silicon Ingot Sawer)	태양전지용 실리콘 잉곳을 절단하는 장비로서 크기가 125밀리미터×125밀리미터 이상이고, 두께는 0.2밀리미터 이하인 단결정 혹은 다결정 실리콘 잉곳을 절단할 수 있는 것으로 한정한다.
19	태양전지 실리콘 잉곳 연마 장비 (Silicon Ingot Grinder)	태양전지용 단결정 혹은 다결정 실리콘 잉곳을 연마하는 것으로서 잉곳의 표면 조도(粗度)를 0.1마이크로미터 이하까지 가공할 수 있는 것으로 한정한다.
20	화학증착 반응기 전력공급 장치 (CVD Reactor Power Supply)	태양전지용 폴리실리콘 제조용 화학증착 반응기에 전력을 공급하는 장치로서 화학증착 반응기의 내부 온도를 최대 섭씨 1천도 이상 유지할 수 있는 것으로 한정한다.
21	화학증착 반응기 전력선 (CVD Reactor Bus-bar)	태양전지용 폴리실리콘 제조용 화학증착 반응기의 전력공급장치에서 반응기의 용기(Vessel)로 전력을 공급해주는 것으로 한정한다.

22	열처리로 (Furnace)	태양전지 제조용의 것으로서 다음 각 호의 어느 하나에 해당하는 것으로 한정한다. 1. 태양전지 제조용 웨이퍼 표면에 인쇄된 전극물질(paste)의 건조 및 소성을 위한 연속 열처리로로서 최대 가열온도가 섭씨 750도 이상이고, 크기가 156밀리미터×156밀리미터 이상인 웨이퍼를 시간당 최대 1천장 이상 처리할 수 있는 것 2. 확산열처리가 가능한 연속 또는 배치(Batch) 확산로로서 크기가 156밀리미터×156밀리미터 이상인 웨이퍼를 시간당 최대 700장 이상 처리할 수 있는 것
23	스크린 프린터 (Screen Printer)	웨이퍼에 전극을 인쇄하는 태양전지 제조용 장비로서 프린팅 정도 ±50마이크로미터 이하이고, 최대 프린트 속도가 초당 300밀리미터 이상이며, 크기가 156밀리미터×156밀리미터 이상인 웨이퍼를 시간당 최대 900장 이상 처리할 수 있는 것으로 한정한다.
24	증착기	다음 각 호의 어느 하나에 해당하는 것으로 한정한다. 1. 웨이퍼 표면에 실리콘나이트라이드(SiN)막을 증착하는 태양전지 제조용의 것으로서 크기가 156밀리미터×156밀리미터 이상인 웨이퍼를 시간당 최대 900장 이상 처리할 수 있는 것 2. 빛을 흡수하여 전기를 생성하는 아몰포스 실리콘(a-Si) 막을 증착하는 박막태양전지 제조용의 것으로서 1천100밀리미터×1천300밀리미터 이상의 글라스를 시간당 최대 30장 이상 처리할 수 있는 것 3. 아몰포스실리콘(a-Si) 막 위에 금속(Metal) 반사막을 증착하는 박막태양전지 제조용의 것으로서 아르곤(Ar) 또는 산소(O_2) 가스를 이용하여 글래스(Glass) 표면에 플라즈마를 발생시켜 증착하는 직류자기(DC Magnetron Sputtering) 방식인 것
25	단락(短絡) 제거기 (Edge Isolator 또는 Micro Blaster)	태양전지 측면의 단락을 제거하여 전기를 절연시키는 것으로서 다음 각 호의 어느 하나에 해당하는 것으로 한정한다. 1. 레이저(Laser), 케미컬 또는 플라즈마를 사용하여 단락을 제거하는 것으로서 크기가 156밀리미터×156밀리미터 이상인 태양전지를 시간당 최대 900장 이상 처리할 수 있는 것 2. 레이저(Laser), 연삭기(Grinder) 또는 산화물을 사용하여 단락을 제거하는 것으로서 크기가 1천100밀리미터×1천300밀리미터 이상의 태양전지를 시간당 30장 이상 처리할 수 있는 것
26	자동 이송장치	태양전지 제조용웨이퍼 또는 글래스를 이송하는 것으로서 로봇팔방식 또는 레일방식이고, 수평 또는 수직 이송이 가능한 것으로 한정한다.

27	에칭기 (Saw Damage Etch)	케미컬을 사용하여 웨이퍼 표면을 에칭하거나 표면에 형성된 산화막(Phosphoric silicate glass layer)을 제거하는 태양전지 제조용의 것으로서 크기가 156밀리미터×156밀리미터 이상이고, 두께가 150마이크로미터 이상인 웨이퍼를 시간당 최대 1천200장 이상 처리할 수 있는 것으로 한정한다.
28	웨이퍼 검사기 (Wafer Inspection)	태양전지 제조용으로서 태양전지용 웨이퍼의 두께, 저항, 전자(電子) 소멸시간 또는 2차원 외형을 검사할 수 있고, 최대 처리능력이 크기가 156밀리미터×156밀리미터 이상인 웨이퍼를 기준으로 시간당 1천장 이상 처리할 수 있는 것으로 한정한다.
29	도포기 (Spin Coater)	크기가 156밀리미터×156밀리미터 이상인 웨이퍼를 회전시키면서 코팅액을 도포하는 태양전지 제조용의 것으로서 시간당 최대 500장 이상 처리할 수 있는 것으로 한정한다.
30	스퀘어 그라인더 (Square Grinder)	태양전지용 단결정 잉곳을 사각으로 가공하는 것으로서 직각도의 허용오차가 ±0.2° 이하이며, 중심선 평균 거칠기(Ra)가 4마이크로미터 이하인 것으로 한정한다.
31	글루잉 스테이션 (Gluing Station)	태양전지용 단결정 혹은 다결정 잉곳을 유리막대(Glass Beam)에 부착하거나 잉곳이 부착된 유리막대를 와이어소우(Wire Saw)의 워크피스 홀더(Workpiece Holder)에 부착하는 것으로서 각각의 최대 접착 속도가 시간당 10개 이상인 것으로 한정한다.
32	도가니 (Crucible)	태양전지용 잉곳 제조 시 폴리실리콘을 담는 단결정 또는 다결정 석영도가니로서 이산화규소(SIO2) 함량이 99퍼센트 이상인 것으로 한정한다.
33	단열재 (Insulation)	태양전지 제조용 열처리로에 사용되는 보온재로서 탄소 함량이 99퍼센트 이상이고, 용융점이 섭씨 3천도 이하인 것으로 한정한다.
34	흑연구조물 (Graphite)	태양전지 제조용 단결정 또는 다결정 잉곳 성장장치의 챔버 내부에 장착하는 것으로서 흑연함량이 98퍼센트 이상이고, 섭씨 3천도 이상의 온도에서 견딜 수 있으며, 가열기 · 도가니 · 쉴드 · 회전시스템 · 시드척(Seed Chuck)으로 구성된 것으로 한정한다.
35	세정기 (Initial, TCO, Blast, Final Cleaner)	박막태양전지 제조용투명전도막(TCO) 표면의 오염 물질을 제거하는 박막태양전지 제조용의 것으로서 사용되는 탈이온수(De-ionized water)의 온도가 섭씨 30도 이상 45도 이하인 것으로 한정한다.
36	레이저 스크라이빙 (Laser Scribing)	박막태양전지 제조용으로서 글래스(Glass) 표면에 증착된 투명전도막(TCO), 아몰포스실리콘(a-Si)막 또는 금속막을 레이저를 이용하여 일정한 간격으로 선을 긋는(Scribing) 것으로서 최대 가공 선폭이 200마이크로미터 이하인 것으로 한정한다.

37	경화기 (Cure)	박막태양전지 제조용으로서 가열압착(Lamination)된 이브이에이 시트(Ethylene Vinyl Acetate Sheet)를 경화하는 것으로서 열풍 건조 방식이며, 최대 가열온도가 섭씨 150도 이상인 것으로 한정한다.
38	막 측정기 (Surface Profiler)	박막태양전지 제조용 글래스(Glass) 표면에 증착된 막의 저항과 두께를 측정하는 것으로 한정한다.
39	솔더링 머신 (Preliminary Solder)	박막태양전지 제조용으로서 금속 전도막과 구리선의 접합을 위해 금속 전도막에 주석(Sn)을 초음파 진동 방식으로 부착하는 것으로 한정한다.
40	태양전지 저항 측정기	박막태양전지 제조용으로서 태양전지 회로 구성이 완료된 상태에서 각 태양전지간의 저항을 측정하는 것으로 한정한다.
41	빛 조사 열화기기 (Light Soaking Tester)	박막태양전지 제조용으로서 박막 태양 전지의 열화율 측정을 위하여 빛을 강제 조사(照射)하는 것으로서, 가열온도를 섭씨 45도 이상 유지할 수 있고, 조사량이 제곱미터당 800와트 이상인 것으로 한정한다.
42	헬륨 누출 검사기 (He Leak Detector)	박막태양전지 제조용으로서 진공 증착기 외부에 헬륨(He)을 분사하여 누출(Leak) 여부를 확인할 수 있는 것으로 한정한다.

출제 기준에 따른 실기 필답형 예상문제

문제 I

안전장비 종류를 모두 열거하시오!

풀 이

절연 저항계, 내전압 시험기, 디지탈 멀티미터, DC POWER SUPPLY, Clamp Meter, 절연저항시험기, 일사 센서, 오실로스코프, 디지탈 멀티미터, Photovoltaic Array Tester

문제 II

현장 전기안전장비 종류를 모두 열거하시오!

풀 이

적외선 온도 측정기, 소화기, 안전모, 안전장갑, 방진마스크, 안전대 사다리, 예비용 소모품(접속함에 사용되는 휴즈류, 기계 오일류), 연장전선, 청소용품, 은분도료, 예비용 볼트와 너트, 와셔류, 예비용 센서류, 안전봉, 안전화 ,휴대용 손전등

문제 III

현장 조사 장비 종류를 모두 열거하시오!

풀 이

슈미트 해머, 지질 해머, profile gauge, 클리노 컴퍼스

문제 IV

태양광설비 모니터링 설비 등 접지설비의 관리의 방범시스템에 대하여 논하시오!

풀이

방범시스템이란 무인경비, 설비의 이상유무 판단을 목적으로 침입 · 도난방지, 침입 · 도난 발견, 침입 · 도난연락설비, 재해 · 설비이상발견 등을 말한다.

문제 V

태양열에너지 생산용기자재 및 이용기자재 종류를 열거하시오!

풀이

저철분 유리(Low Iron Glass), 유리관(Solar Glass Tube), 진공관식 집열기 2중 유리관(Evacuated Solar Collector Tube), 태양열 흡수판(Absorber-Plate for Solar Collector)

문제 VI

태양광에너지 생산용기자재 및 이용기자재 종류를 열거하시오!

풀이

저철분 유리(Low Iron Glass), 이브이에이(EVA) 시트(Ethylene Vinyl Acetate Sheet), 성능 측정기(Photovoltaic Tester), 태양전지 모듈 보호판(Photovoltaic Backsheet), 태양전지 리본(Photovoltaic Ribbon), 라미네이터(Laminator), 태빙머신(Tabbing Machine) 또는 와이어본딩기, 인버터(Inverter), 레이 업 머신(Lay-Up Machine), 화학증착 반응기(Chemical Vapor Deposition Reactor), 전기 히터(Electric Heater)

제 3 편

핵심 예상문제 및 해설

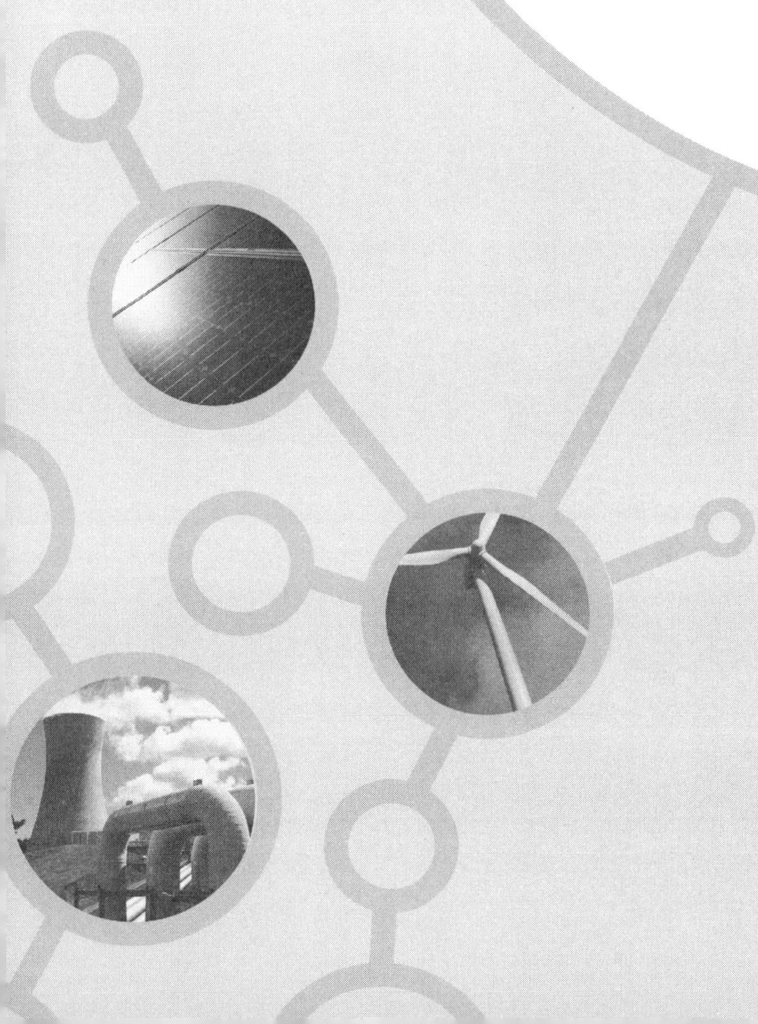

핵심 예상문제 및 해설

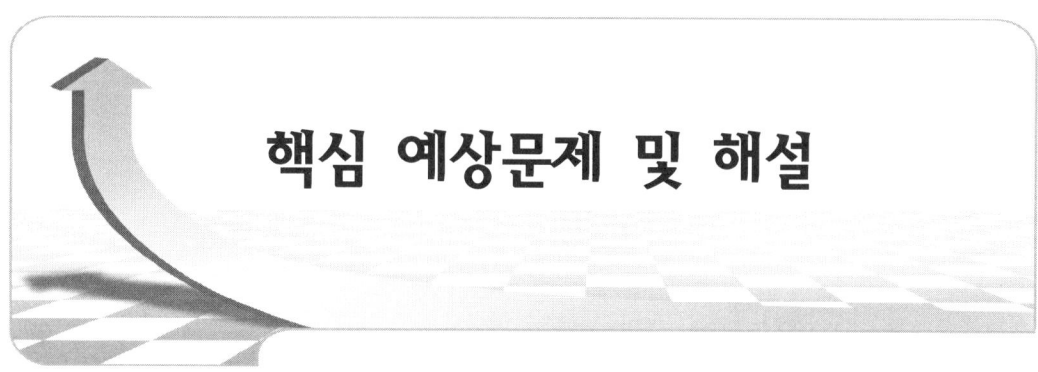

1. 태양광발전설비의 계통연계형 고압 수변전설비에서 개폐기 및 차단기의조작은 책임자의 승인을 받아 담당자가 조작한다. 개폐기 등의 조작순서를 투입 시와 차단 시로 구분하여 번호(①~④)를 쓰시오.

[수전계통순서]
LS (①) → CB (②) → COS (③) → TR → MCCB (④)

정답 – 투입순서 : (③) → (①) → (②) → (④)
– 차단순서 : (④) → (②) → (①) → (③)

해설

고압기기 조작순서, "단로기는 무부하시 개폐"이라는 문구는 학교나 서적, 자격증 시험에서 아주 중요하고 제일 먼저 공부합니다. 그만큼 실무에도 가장 첫째로 중요한 부분이라 생각되어집니다. 같은 맥락에서 고압기기 조작순서를 먼저 언급하려 합니다. 단로기는 이제 실무현장에서 많이 줄어드는 고압기기 중 하나가 아닐까 합니다. 대신 자동고장구분개폐기(ASS,AISS), 부하개폐기(LBS)같은 조작하기 편하고 기능적으로도 우수한 기기로 변경되고 있고, 앞으로는 더 발전하여 가스개폐기로 점점 발전하고 있습니다. 전기인들이 많이 접하게 되는 고압기기의 조작순서, 이론상은 누구나 다 아는 내용이지만, 실상 실제 사고나 긴급상황시에는 실수도 할 부분이라 생각됩니다. 이런 급박한 상황에도 여유를 잃지 않는 마음가짐과 지속적인 실습이 올바른 조작을 가능할 거라 생각됩니다. 내용상으로는 아주 간단합니다.
그러나 아주 중요한 부분이기도 합니다.

- 고압기기 차단순서 : 배선용차단기(MCCB) → 차단기(CB) → 전력용 퓨즈(COS, PF) → 인입 개폐기(ASS,LBS)
- 고압기기 투입순서 : 전력용 퓨즈(COS, PF) → 인입 개폐기(ASS, LBS) → 차단기(CB) → 배선용차단기(MCCB)

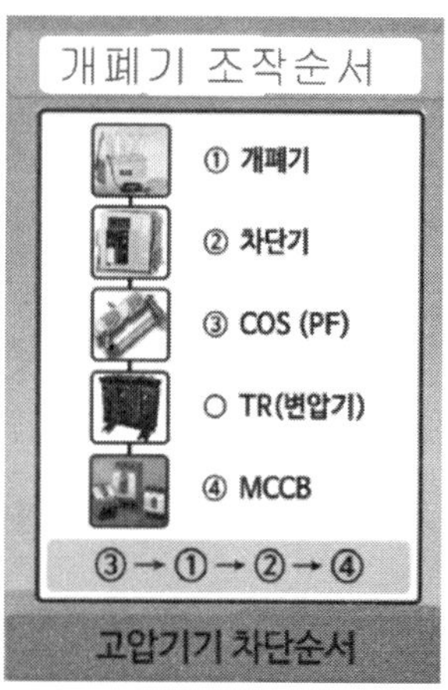

▶ 투입순서는 차단순서의 반대입니다.

2. 태양광발전시스템의 운영방법에 대한 내용이다. 각 물음에 답하시오.

가. 태양광 발전설비가 작동되지 않는 경우 조치하여야 할 사항을 순서대로 쓰시오.

정답 – 접속함 내부 DC차단기 개방
– AC 차단기 개방
– 인버터 정지 후 점검

나. 태양광발전시스템 점검 완료 후 차단기 복귀 순서를 쓰시오.

정답 – AC차단기 투입
– 접속함 내부 DC차단기 투입

해설

가. 태양광발전 설비가 작동되지 않는 경우 응급조치 순서
1) 접속함 내부 DC차단기 개방
2) AC차단기 개방(off)
3) 인버터 정지 후 점검
4) AC 차단기 투입(on)
5) 접속함 내부 DC 차단기 투입(on)
→ 표기란이 3개이므로 위의 순서대로 3가지만 적으면 됩니다.

나. 태양광발전시스템 점검 완료 후 차단기 복귀 순서를 쓰시오.
위 해설 가.의 4),5)가 차단기의 내용이므로
1) AC 차단기 투입(on)
2) 접속함 내부 DC 차단기 투입(on)

3. 태양광발전시스템의 유지보수관점에 따른 점검방법을 3가지로 구분하여 쓰시오.

정답 1. 일상점검 2. 정기점검 3. 임시점검

해설

발전설비의 유지관리의 점검(유지보수와 다름 주의)

● 점검(유지관리)의 종류

태양광발전 시스템의 점검은 크게 준공시 점검과 일상점검 및 정기점검의 3가지로 구분된다.

① 시스템 준공시의 점검 : 태양광발전 시스템의 공사가 완료되면 시스템을 점검해야 한다. 점검내용은 육안점검 외에 태양전지 어레이의 개방전압 측정, 각부의 절연저항 측정, 접지저항측정을 해야 한다.

② 일상점검 : 일상점검은 주로 육안점검에 의해서 매월 1회 정도 실시한다.

③ 정기점검 : 정기점검의 주기는 법에서 정한 용량별 횟수가 정해져 있다. 100 kW 이상의 경우는 격 월 1회로 되어 있다. 일반가정 등에 설치되는 3 kW 미만의 경우는 법으로 정기점검을 하지 않아도 된다.

4. 태양전지 모듈에서 일부 셀에 그늘(음영)이 발생하면 음영 셀은 발전을 하지 못하고 열점(Hot Spot)을 일으켜 셀이 파손될 수 있다. 이를 방지하기 위한 방법을 설명하시오.

정답 태양전지 셀들(18~20개)과 병열로 바이패스 다이오드 접속하여 음영된 셀에 흐르는 전류를 바이패스 하도록 한다.

해설

태양광모듈 뒷면의 정크션 박스 안의 다이오드는 Bypass Diode라 하며, 모듈 내의 셀 어레이가 직렬로 연결되어있는데, 이중에 셀 하나 이상이 그림자 나 이물질로 인하여 특정 셀이 전력을 발생하지 못하면 그 셀의 전류가 감소하여 직렬로 연결된 전체 셀의 전류 흐름을 막게 되고, 모듈 전체 전력 손실을 가져오게 되면서 그 셀은 열을 발생하게 되어 다른 2차적인 나쁜 영향을 주게 됩니다. 이를 피하기 위하여 전류 감소를 막고 나머지 정상적인 셀들의 전류를 원활히 흐르게 하기 위하여 일정 셀 수마다 셀 직렬 마디에 병렬로 다이오드를 설치하게 되는데 이를 바이패스 다이오드라 합니다.

대부분의 모듈 제조업체에서는 바이패스 다이오드를 두개 또는 세 개 셀 군으로 묶어서 2~3개의 바이패스 다이오드를 달게 됩니다.

최대 다이오드 설치용량은 모듈내의 셀 직렬전류의 1.5~2배 정도를 기준으로 합니다.

현재 시중 양산 모듈 모델 기준으로 즉 내압 1000V / 15A를 사용합니다.

5. 태양광발전시스템에 관한 설명이다.

①~③의 ( ) 안에 들어갈 알맞은 내용을 답란에 쓰시오.

> 태양전지 모듈에서 생산되는 (①)을(를) (②)(으)로 변환하는 장치를 (③)(이)라 하며, 변환된 전력은 전력계통에 접속하여 부하설비에 공급한다.

정답

①	②	③
직류	교류	인버터 또는 PCS

해설

시험에 자주 등장하는 비슷한 용어 정리

(1) 전기에너지저장자치(<u>ESS</u> : Energy Storage System)

PCS, PMS, BMS로 구성되어 전력 에너지를 저장(충전)하고 방출(방전)하는 기능을 수행하는 시스템.

(2) 전력변환시스템(<u>PCS</u> : Power Conditioning System)

생산된 전기 또는 한전을 DC로 변환하여 배터리를 충전하거나 또는 그 반대로 배터리에 저장된 DC전기 에너지를 상용의 전압/주파수를 가진 AC전력으로 바꾸어 방전 동작을 수행하는 장치.

(3) 전력관리시스템(<u>PMS</u> : Power Management System)

에너지 저장장치 내에서의 에너지 소비를 감시하고 관리하며, 전력사용을 예상하여 필요 조정을 할 수 있는 기능 등의 전력을 관리하는 시스템으로, 전력변환 장치와 저장장치 그리고 주변기기로부터 정보를 제공받아 에너지 저장장치의 실시간 모니터링이 가능하고 사용자의 요구사항을 반영하여 전기저장장치에 지시 및 관리하는 시스템.

(4) 배터리관리시스템(BMS : Battery Management System)
배터리의 전류, 전압, 온도 등 실시간 데이터를 저장하고, 저장용량(SOC)를 계산하여 배터리의 용량 및 전력노화를 예측하는 등 배터리의 상태 및 동작을 감시하고 PCS와 통신하여 정보를 교환하는 장치.

(5) 리튬이온배터리(리튬이온 Battery)
계통(혹은 전력조절장치)로부터 받은 전기에너지를 직류(DC) 형태로 저장(충전)하거나 저장되어있는 전기에너지를 계통에 출력(방전)하는 동작을 수행할 수 있는 장치.
1) 셀(Cell) : 배터리의 기본 단위이다.
2) 모듈(Module) : 셀을 직 · 병렬로 연결한 것다.
3) 랙(Rack) : 모듈을 직 · 병렬로 연결한 것이다.

6. 태양광발전시스템에서 발전량을 극대화하기 위하여 추적식 어레이를 적용하고 있다. 추적방향에 따른 분류방식과 추적방식에 따른 분류방식을 구분하여 각각 쓰시오.

가. 추적방향에 따른 분류방식 (2가지)

정답 단방향 ○ 양방향

나. 추적방식에 따른 분류방식 (3가지)

정답 감지식(Senser) 추적법 ○ 프로그램 추적법 ○ 혼합식 추적법

해설

※ (가) 정답추가 설명 :

▶ 추적식 어레이 (tracking array)
태양광발전시스템의 발전효율을 극대화하기 위한 방식으로 태양의 직사광선이 항상 태양전지판의 전면에 수직으로 입사할 수 있도록 동력 또는 기기조작을 통하여 태양의 위치를 추적해 가는 방식으로 추적방향에 따라 단방향 추적식과 양방향 추적식으로 나누어 생각할 수 있다. 또한 태양을 추적하는 방법에 따라서 감지식, 프로그램 제어식, 혼합형 추적방식을 생각할 수 있다. 그 밖에 태양광선의 집광유무에 따라서 평판형과 집광형 어레이를 생각할 수 있다.

◐ 추적 방향에 따른 분류

– 단방향 추적식 (single axis tracking)
태양전지 어레이가 태양의 한측만을 추적하도록 설계된 방식으로 상 · 하 추적식(Y-axistracking)과 좌 · 우 추적식(X-axis tracking)으로 나누어진다. 고정형에 비하여 발전량이 증가하나 양방향 추적식에 비하여 발전량이 줄어든다.

– 양방향 추적식 (double axis tracking)
태양전지판이 항상 태양의 직달일사량(direct radiation)이 최대가 되도록 상 · 하 좌 · 우 동시에 추적하도록 설계된 추적장치이다. 설치단가가 높은 반면에 발전량이 고정형에 비하여 연평균 40~60% 가량 증가한다. 주로 제약된 설치면적에서 최대 발전량을 얻는 데에 목적이 있다.

※ (나) 정답추가 설명 :

◐ 추적 방식에 따른 분류

– 감지식 추적법(sensor tracking)

태양의 추적방식이 감지부(sensor)를 이용하여 최대 일사량을 추적해 가는 방식으로 감지부의 종류와 형태에 따라서 오차가 발생하기도 한다. 특히 태양이 구름에 가리거나 부분 음영이 발생하는 경우감지부의 정확한 태양궤도 추적은 기대할 수 없게 된다.

– 프로그램 추적법(program tracking)

어레이 설치위치에서의 태양의 년 중 이동궤도를 추적하는 프로그램을 내장한 computer 또는 microprocessor를 이용하여 프로그램이 지시하는 년 · 월 · 일에 따라서 태양의 위치를 추적하는 방식이다. 비교적 안정되게 태양의 위치를 추적해 나아갈 수 있으나 설치지역 위치에 따라서 약간의 프로그램 수정이 필수적이다.

– 혼합식 추적법(mixed tracking)

프로그램 추적법을 중심으로 운용하되 설치위치에 따른 미세적인편차를 감지부를 이용하여 주기적으로 수정해 주는 방식으로 일반적으로 가장 이상적인 추적방식으로 이용되고 있다.

7. 인버터 선정 시 종합적으로 체크(Check)하여야 할 주요사항을 6가지만 쓰시오.

정답 1. 연계하는 계통 측(한전 측)과 전압 및 전기방식이 일치하고 있는가?
2. 국내 · 외 인증된 제품인가?
3. 설치는 용이한가?
4. 비상 재해시에 자립운전이 가능한가? (비상전원으로 사용 할 경우)
5. 축전지 부착 운전은 가능한가? (정전 시에도 사용하고자 할 경우)
6. 수명이 길고 신뢰성이 높은 기기인가?
7. 보호장치의 설정이나 시험은 간단한가?
8. 발전량을 간단하게 알 수 있는가?
9. 서비스 네트워크는 완전한가?

해설

인버터를 선정할 때 좋은 제품을 선별하는 것이 쉽지는 않습니다.
여기서 소개하는 체크리스트를 꼭 기억한다면 그리 어렵지는 않을 것입니다.
태양광발전소의 인버터를 선정하기 위한 꼭 필요한 체크 사항을 알아보면,
종합적으로 알아보는 사항으로, 연계하는 계통 측(전원 측)과 전압 및 전기방식이 일치하고 있는지?
국내 · 외로 인증된 제품인지도 알아야 합니다. 인증제품이 아닌 것을 시설 했을때는 당연히 사후관리나 시스템 작동이 제대로 되지 않겠지요. 잘 알아보아야 합니다.
설치가 용이한지도 따져봐야 합니다. 설치 시공방법이 간편하면, 관리도 편하기 때문이죠!
또한, 정전 시에도 사용하고자 한다면 축전지 부착 운전이 가능한지 여부와 비상시 자립운전 기능을 제대로 하는지도 반드시 알아놓아야 합니다. 수명이 얼마나 보장되고, 보호장치의 설정과 시험은 간단한지? 발전량 체크를 쉽고 간단하게 할 수 있는지 네트워크 구축이 완전하게 되어 있는지 확인하도록 합니다. 태양광의 유효 이용에 관하여 전력 변환효율이 높으며, 최대전력 추종제어에 의한 최대전력 추출이 가능해야 합니다. 야간 등의 대기손실이 적으며, 저부하 시의 손실이 적어야합니다. 또한, 전력품질

과 공급면에서 안전성을 갖추어야 합니다.
잡음 발생이 적고, 고조파의 발생이 적으며, 가동 정지가 안정적이어야 합니다.
태양광발전소의 인버터를 선정할 때 개인적으로 알아보자면 막연하고 어떻게 알아보아야 하는지 어려움을 겪는 경우가 많습니다. 혹시 태양광발전소를 통해 큰 수익을 기대하신다면 부품 하나를 고르더라도 고심하여 선택해야 합니다.

8. 다음은 전기배선의 전압강하에 대한 사항이다. (   ) 안의 알맞은 내용을 답란에 쓰시오.

"태양전지판에서 인버터 입력단간 및 인버터 출력단간과 계통연계점간의 전압강하는 각 (   )%를 초과하여서는 아니 된다. 단 전선길이가 60m 이하인 경우이다."

정답 3(%)

해설

1) 전기배선
   가) 모듈에서 인버터에 이르는 배선에 쓰이는 전선은 모듈전용선 또는 TFR-CV(one core, 1C) 선을 사용하여야 하며, 전선이 지면 위에 설치되거나 포설되는 경우에는 피복에 손상이 발생되지 않게 별도의 조치를 취해야 한다.
   나) 모듈간 배선은 바람에 흔들림이 없도록 코팅된 와이어 또는 동등이상(내구성) 재질의 타이(Tie)로 단단히 고정하여야 하며 태양전지판의 출력배선은 군별 · 극성별로 확인할 수 있도록 표시하여야 한다.
2) 모듈 직, 병렬상태
   모듈 각 직렬군은 동일한 단락전류를 가진 모듈로 구성하여야 하며 1대의 인버터(멀티스트링의 경우 1대의 최대출력점추종제어기(MPPT))에 연결된 태양전지 직렬군이 2병렬 이상일 경우에는 각 직렬군의 출력전압 및 출력전류가 동일하게 형성되도록 배열하여야 한다.
3) 역전류방지다이오드
   가) 1대의 인버터에 연결된 태양전지 직렬군을 2개 이상 병렬 접속하는 경우에는 각 직렬군에 역전류방지다이오드를 별도의 접속함에 설치하여야 한다.
   나) 용량은 모듈단락전류의 2배 이상이어야 하며 현장에서 확인할 수 있도록 표시하여야 한다.
4) 접속함
   가) 접속함의 각 회로에서 퓨즈 또는 DC차단기를 설치하고, 지락, 낙뢰, 단락 등으로 인해 태양광발전 설비가 이상(異常)현상이 발생한 경우 경보등이 켜지거나 경보장치가 작동하여 즉시 외부에서 육안확인이 가능하여야 한다. 다만, 실내에서 확인 가능한 경우에는 예외로 한다.
   나) 직사광선 노출이 적고, 소유자의 접근 및 육안확인이 용이한 장소에 설치하여야 한다.
   다) 전면부는 직사광선을 견딜 수 있는 폴리카보네이트(PC) 또는 동등이상(내열성)의 재질로 제작하여야 하고, 내부 발생열을 배출할 수 있는 환기구 및 방열판을 설치하여야 한다. 다만, 접속함 · 인버터 일체형인 경우에 전면부 · 환기구 적용은 예외로 한다.
5) 전압강하
   모듈에서 인버터입력단간 및 인버터출력단과 계통연계점간의 전압강하는 **각 3%를** 초과하여서는 아니된다. 다만, 전선길이가 **60m를 초과할 경우**에는 아래표에 따라 시공할 수 있다. 전압강하 계산서(또는 측정치)를 설치확인 신청시에 제출하여야 한다.

전선길이	120m 이하	200m 이하	200m 초과
전압강하	5%	6%	7%

9. 태양광발전시스템에서 개방전압을 측정하는 목적을 쓰시오.

정답 불량모듈검출, 직렬접속 결선누락, 오결선(극성) 접속 검출

해설

● 개방전압의 측정

모듈 표면의 온도에 따라 개방전압이 달라지므로 측정 시 이를 고려해야 함.

- 각 스트링의 개방전압을 측정해 동작 불량의 스트링이나 모듈의 검출 및 직렬 접속선의 결선 누락 사고 등을 검출.

  예) 스트링 내 극성을 다르게 접속하면 스트링 전체의 출력전압은 올바른 경우의 개방전압보다 훨씬 낮은 전압이 측정된다.

- 제대로 접속된 경우 개방전압은 카다로그나 설명서와 대조한 후 측정값과 비교하면 극성이 다른 태양전지 모듈이 있는지 확인 가능.
- 일사조건이 나쁜 경우에도 다른 스트링 측정결과와 비교하면 모듈의 오접속 유무를 알 수 있음.

◐ 측정방법

→ 시험기자재 – 직류전압계(테스터)

→ 회로도 – 개방전압 측정회로.

◐ 측정순서

○ 접속함 출력 개폐기 개방(OFF) – 접속함의 각 스트링 단로스위치 (MCCB) 또는 퓨즈 개방(OFF) – 모듈 음영 여부 확인 – 측정 스트링의 MCCB 또는 퓨즈를 투입(ON) – 직류전압계로 스트링의 P–N 단자 간의 전압 측정 (극성확인)

◐ 유의사항

- 태양전지 어레이의 표면 청소.
- 안정된 일사강도가 얻어질 때 실시.
- 맑을 때, 남쪽에 있을 때 전후 1시간에 실시.
- 비오는 날도 미세전압을 띄므로 주의해서 측정.

● 모듈의 개방전압 문제

- 개방전압이 저하하는 원인은 셀 및 바이패스 다이오드의 손상인 경우가 대부분
- 손상된 모듈 찾아 교체
- 고장 모듈 찾기 > 전체 스트링 중 중간 1/2 지점에서 모듈의 접속 커넥터를 분리하고, 전압을 측정해 모듈1개의 개방전압 X 모듈의 직렬개수를 한 값이 모듈 1개 개방 전압의 1/2 이상 저감되는지 여부를 확인.
- 위의 방법으로 개방전압이 낮은 쪽 구간으로 범위를 축소해 최종적으로 모듈 뒷면 단자함을 개방하여 각 모듈별로 개방전압을 측정해 불량 모듈을 선발.
- 불량 모듈이 선발되면 동일 제조사의 동일규격 제품으로 교체.

10. 태양전지 구조물 기초공사의 분류에서 깊은 기초에 해당하는 3가지를 쓰시오.

정답 말뚝기초, 피어기초, 케이슨기초

해설

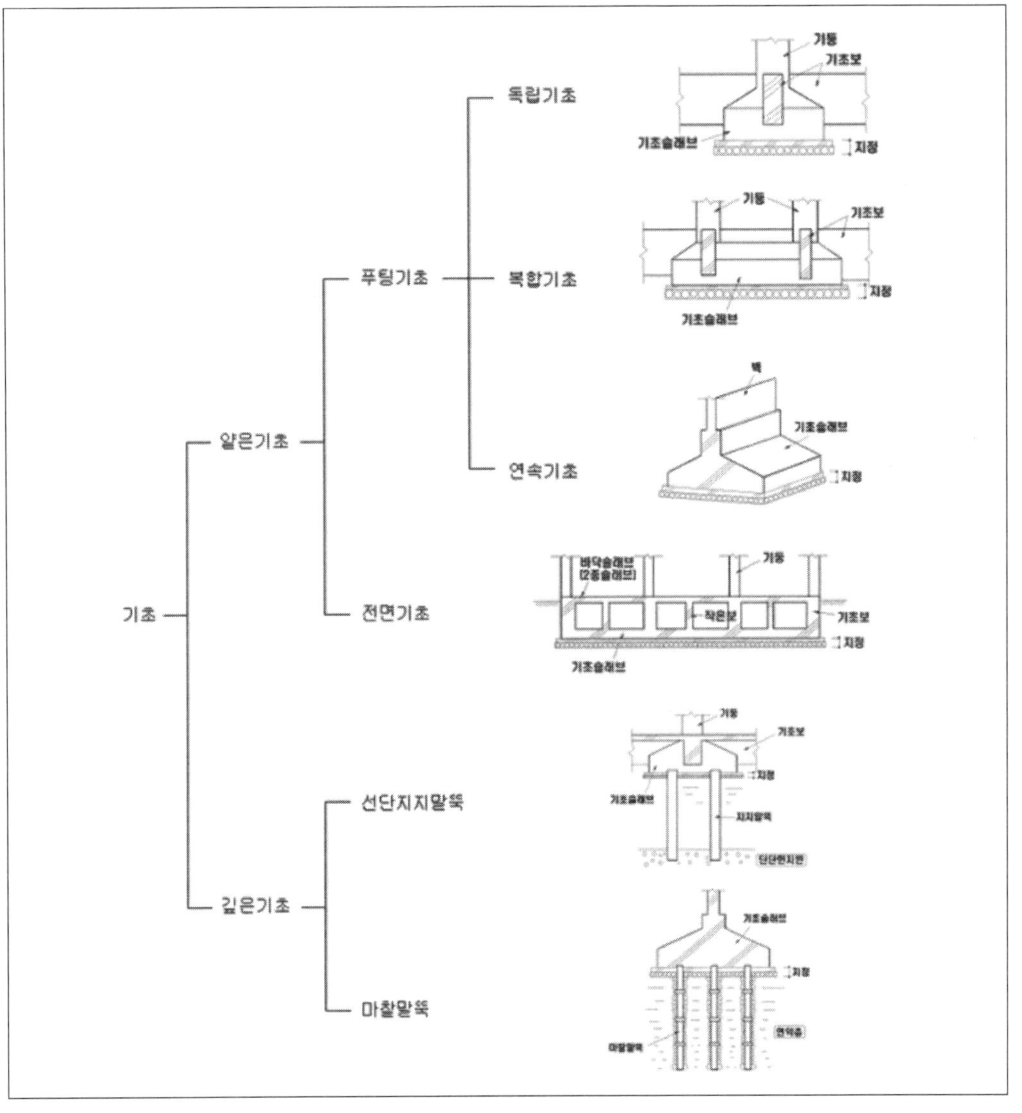

● 깊은 기초

기초슬래브 하부 지층이 구조물 하중을 지지할 수 없는 경우에는 깊은 지중에 있는 굳은 지층에 말뚝이나 피어 등을 이용하여 하중을 전달시켜야 하는데, 푸팅(Footing)저면의 기초폭(B)에 대한 기초의 근입깊이(Df), Df/B 가 4 보다 큰 이러한 기초를 깊은 기초 (Deep Foundation) 라고 한다.

(1) 하중지지 형태에 따라

① 선단지지 말뚝 : 말뚝 선단지지력으로 단단한 지지층에 하중을 전달

② 마찰 말뚝 : 말뚝주면부의 마찰저항력으로 하중을 지지시켜 단단한 지지층에 말뚝이 닿지 않아도 됨.

(2) 말뚝의 형태에 따라

① 말뚝 기초 :

a. 대표적인 깊은 기초공법으로 피어 및 케이슨기초 보다 시공이 간편하고 공사비가 저렴함.

b. 말뚝의 축방향 허용지지력은 지반의 허용지지력과 말뚝재료의 허용하중을 비교하여 낮은 값으로 결정함.

c. 말뚝은 구조재료에 따라 강말뚝, 기성 콘크리트말뚝, 현장타설 콘크리트말뚝 등으로 구분되며, 이미 완성된 말뚝체를 타격이나 삽입 또는 진동 등에 의하여 지중에 박는 방법과 지중에 구멍을 뚫고 그 속에 콘크리트를 쳐서 말뚝을 만드는 방법 등이 있음.

② 피어기초 :

a. 구조물 하중을 연약한 토층을 지나 견고한 지지층에 전달시키기 위하여 지반에 굴착한 구멍 속에 현장타설 콘크리트를 채워 설치하는 깊은 기초의 일종으로서 일반적으로 직경은 사람이 들어가서 확인할 수 있도록 최소직경 760mm 정도 이상인 것을 말함.

b. 말뚝기초가 지반 내부에 타입 또는 압입하여 주변지반을 다지면서 설치되는데 비하여 피어기초는 지반에 연직공을 파거나 뚫어 그 속을 콘크리트로 채워 설치하므로 선단지반이나 그 주위의 지반을 다지는 것이 아니라 오히려 팽창시키고 느슨하게 만들어 그 지지력의 값을 감소시키는 경향이 있으나, 시공 중에 굴착된 흙을 직접 눈으로 검사할 수 있어 연약한 지층을 지나 견고한 지지층에 기초를 설치하여 비교적 큰 연직하중을 전달시킬 수 있을 뿐만 아니라 수평력에 대한 저항력이 크며 시공중 소음과 진동이 낮은 공법임.

③ 케이슨 기초 :

a. 지상에 구축하거나 지중에 소정의 지지층까지 속파기공법 등에 의하여 침하시킨 후 그 바닥을 콘크리트로 막고 속을 채우는 중공 대형의 철근콘크리트 구조물로 된 기초형식을 말함.

b. 케이슨은 상부구조물의 하중과 토압 및 수압 뿐만 아니라 시공 중에 받게 되는 모든 하중조건에 대해서도 충분히 안전하도록 설계되어야 하고, 견고한 지지층에 충분히 관입시켜야 함.

c. 지중에 설치하는 기초 케이슨에는 압축공기를 이용하여 케이슨 내에 침입하는 물을 막으면서 시공하는 공기케이슨과 대기압에서 내부바닥을 굴착하는 오픈케이슨, 즉 우물통의 두가지 종류가 있음.

11. 다음에서 설명하고 있는 점검방식의 명칭을 쓰시오.

> ▷ 유지보수 요원의 감각에 의하여 점검하는 방식으로 시각점검, 비정상적인 소리, 냄새, 손상 등을 시설물 외부에서 점검항목의 대상항목에 따라서 점검을 실시하는 방식
> ▷ 이상 상태를 발견한 경우에는 시설물의 문을 열고 이상의 정도를 확인하는 방식

정답 일상점검

해설

[일상 점검사항]

점검 부위	점검 항목		점검사항
태양전지판 (모듈)·지지대	육안	모듈 표면	· 얼룩, 흠집, 파손 유무확인
		모듈 프레임	· 손상, 현저한 변형 유무확인
		구조물	· 부식·녹(산화) 유무확인
		전선	· 피복 부분 손상 유무확인
접속함	육안	외관	· 부식·파손, 나사풀림 유무확인
		전선	· 피복 부분 손상 유무확인
인버터	육안	외관	· 부식·파손 유무확인
		환기상태	· 통풍 유무확인
		운전시 이상소리	· 이상음·진동·타는냄새 유무확인
		표시부	· 표시상태, 발전상황 작동 유무확인

12. 태양광발전시스템의 시공절차이다. 빈칸에 알맞은 내용을 답란에 쓰시오.

현장여건분석 → 시스템설계 → (①) → 기초공사 → (②) → 모듈설치 → (③) → (④) → 시운전 → 운전개시

정답

①	②	③	④
구성요소제작	설치가대 설치	간선공사	인버터 [파워컨디셔너(PCS)]설치

해설

[태양광발전시스템 시공절차]

현장여건분석

↓

[설치조건] 방위각 : 정남향 +/- 30, 경사각 : 설치면 경사각, 건축안정성
[환경여건] 음영유무
[전력여건] 배전용량, 연계점, 수전전력, 월평균사용전력량

시스템설계

↓

시스템구성 : 시스템용량 → 모듈용량 → 직병렬결선 → 어레이 구분 → 병렬인버터
구조 설계 : 기초/구조물 설계, 구조 계산
전기설계 : 간선, 피뢰, 모니터링 설계

구성요소제작

↓

제작 : 태양전지 모듈, 인버터, 접속반, 설치구조물, 기타

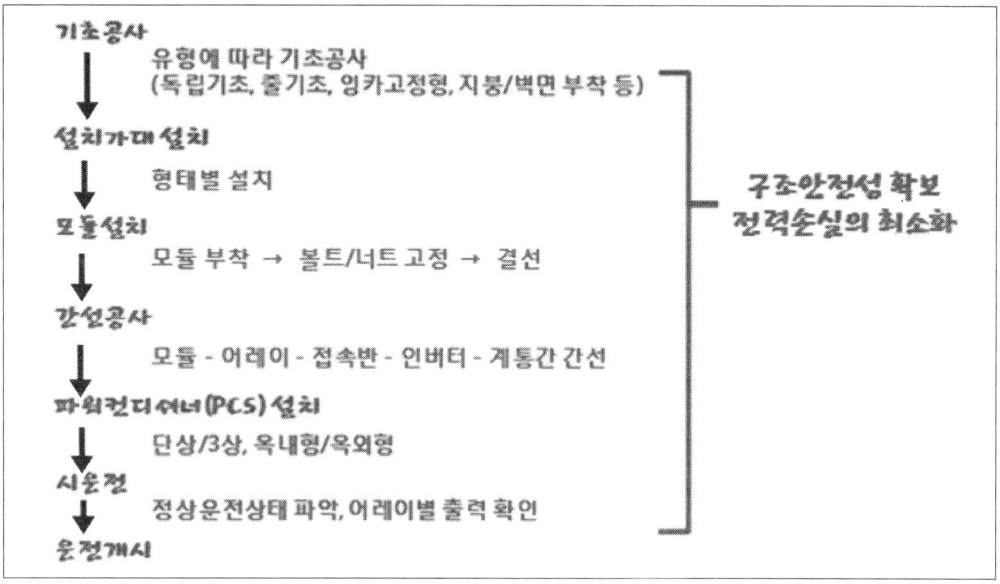

13. 태양광발전시스템을 시공할 경우 작업 중 감전을 방지할 수 있는 안전대책을 3가지만 쓰시오.

정답 1. 작업 전 태양전지 모듈 표면에 차광막을 씌어 태양광을 차폐한다.
2. 저압 절연장갑을 착용한다.
3. 절연 처리된 공구를 사용한다.
4. 강우 시에는 감전사고 뿐만 아니라 미끄러짐으로 인한 추락사고로 이어질 우려가 있으므로 작업을 금지한다.

해설

1. 태양광 발전설비 시공시 안전대책
   가. 작업자의 복장 및 추락방지
      ① 안전모 착용
      ② 안전대 착용 (추락방지를 위해 필히 사용할 것)
      ③ 안전화 (미끄럼 방지 효과가 있는 안전화)
      ④ 안전허리띠 착용 (공구, 공사 부재의 낙하 방지)
   나. 작업 중 감전 방지 대책
      ① 모듈 1장의 출력전압은 직류 25~35V 정도 이다.
      ② 모듈을 필요한 개수만큼 직렬 연결하면 말단전압이 250~420V 또는 450~820V 정도의 고전압이 된다.
      ③ 감전 방지 대책
         - 작업 전 태양전지 모듈 표면에 차광막을 씌워 태양광을 차폐한다.
         - 절연 장갑을 착용한다.
         - 절연 처리된 공구를 사용한다.

- 강우 시에는 작업을 금지한다.

다. 자재 반입 및 설치 작업 시 안전 대책

① 공사용 자재 반입 시나 설치 작업시 기중기차를 사용하는 경우 기중기 붐대 선단이 배전선로에 근접할 때

[기중기 붐대 선단 주시]

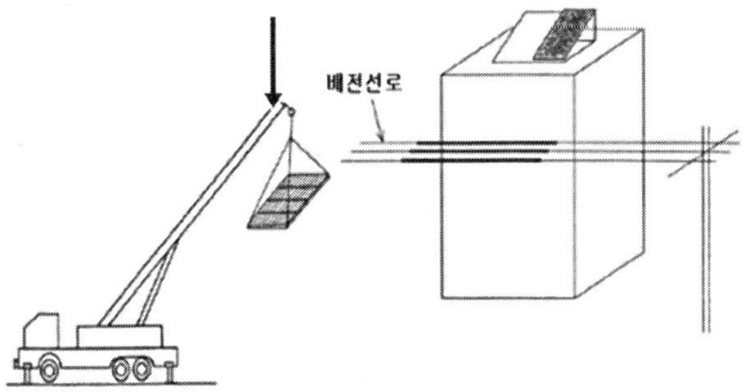

② 공사 착공 전에 전력회사와 사전 협의 하에 절연전선 또는 전력케이블에 보호관을 씌우는 등의 보호조치를 실시한다.

14. 태양광발전시스템에서 사용하는 용어 중 경사각(Tilt angle)이란 무엇을 의미하는지 쓰시오.

정답 태양광 어레이가 지면과 이루는 각

해설

● 태양전지모듈을 설치할 때 유의사항

◐ 태양전지모듈은 태양광선과 90도의 각도일때 가장 효율이 좋습니다.

1. 방향과 경사 각도(Tilt Angle)

방향은 설치하고자 하는 위치에서 나침반을 사용하여 정남향 방향으로 설치합니다.

[모듈의 설치 방향 및 경사각도]

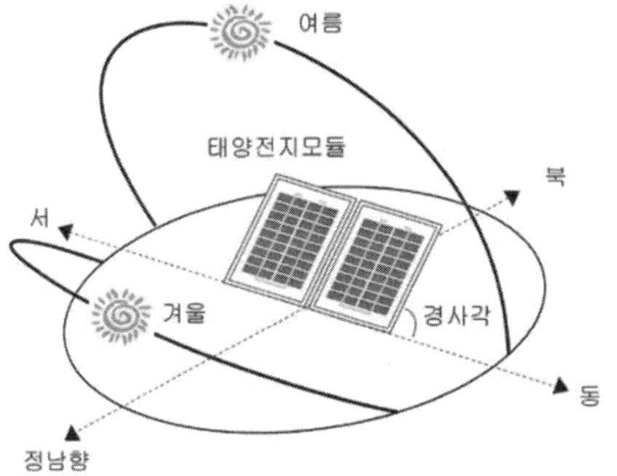

2. 경사 각도는 수평면을 기준으로하여 설치하고자 하는 위치의 위도 각도로 경사지게 설치합니다. (년 평균 기준)
   - 겨울에는 경사각도를 설치지역의 위도 +15도.

[모듈 경사 설명]

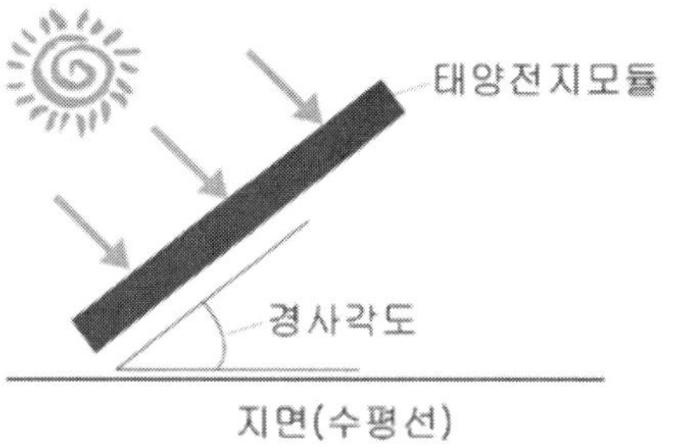

모듈의 경사각

사계절 고정설치	설치장소의 위도
겨울(각도조절형)	설치장소 위도 +15도
여름(각도조절형)	설치장소 위도 -15도

계절별 경사 각도

※ 주요도시 위도 : 서울 37.5도, 대전 36.2도, 대구 35.8도, 부산,광주 35도, 제주 33.5도

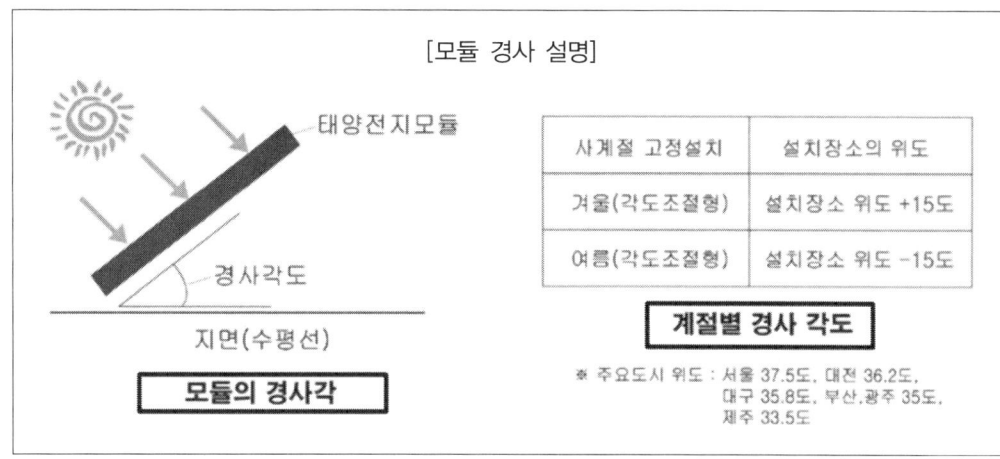

   - 여름에는 경사각도를 설치지역의 위도 -15도.

15. 태양의 남중고도에 대하여 설명하시오.

정답 태양광 어레이가 지면과 이루는 각.

해설

- 남중고도 (南中高度, meridian altitude) : 구체 표면을 가진 천체의 북반구 지표에서 볼 때, 지구의 자전으로 인한 천체의 겉보기 궤적 중에서 고도가 가장 높은 부분은 남쪽 하늘에 가장 가까운 곳에 있다. 그래서 고도가 가장 높은 위치인 남쪽 하늘에 천체가 보이는 상태를 천체가 남중하였다고 말하고, 이 때의 고도를 천체의 남중 고도라고 한다.
  하지 때 가장 크며 동지때 가장 작다. 아주 정확히 말하면 천구 상에서 천체가 자오선을 통과할 때의 고도이다. 천체가 자오선을 통과할 때가 가장 높은 고도 값을 가진다. 지구가 공전도 하며 자전축도 기울어 있으므로 한 천체에 대한 남중고도는 고정된 값이 아니고, 매일매일 조금씩 변한다.
  이때 1태양년=365일+5시간+48분+46초=약 365.242일 동안 360도 가므로 하루 동안 360/365.242= 약 0.986 따라서 매일 남중고도는 0.986도씩 이동한다.
  태양은 보통 지역별 시차를 고려해 보통 11:30 ~ 12:30정도에 일어난다.
- 자오선(meridian)에 천체가 위치할 때의 고도로, 이렇게만 적으면 남중고도, 북중고도를 동시에 의미한다. 같은 각도지만, meridian angle(혹은 hour angle)라고 하면 경도처럼 기준자오선으로부터 옆으로 몇도인지를 뜻하므로 유의

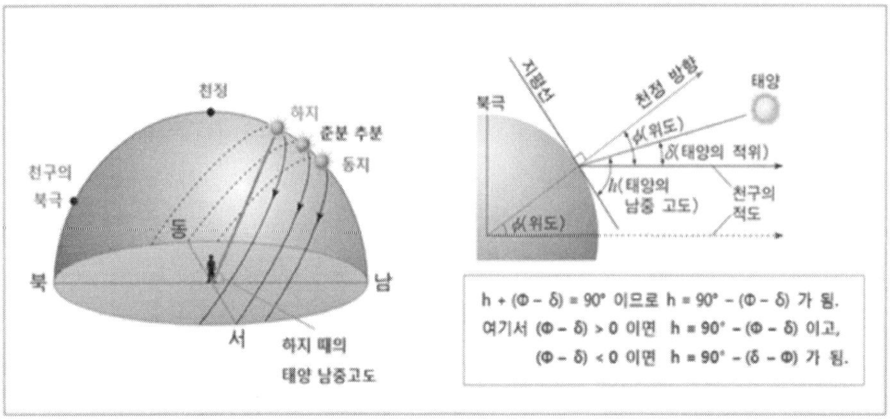

2분 2지 때의 태양운행경로 및 남중고도 계산. 출처 : study.zum.com

16. 태양광발전시스템의 기계기구 외함 접지공사에 대한 내용이다. ( )안에 공통으로 들어갈 알맞은 내용을 답란에 쓰시오.

> 태양광 발전설비는 태양전지 모듈, 지지대, 접속함, 인버터의 외함, 금속배관 등의 노출 비충전 부분은 누전에 의한 감전과 화재 등을 방지하기 위해 태양전지 어레이의 출력전압이 ( )V 미만은 제3종 접지공사를, ( )V를 넘는 경우에는 특별 제3종 접지공사를 실시한다.

정답 (400)V 미만의 저압용은 제3종접지공사,
(400)V 이상의 저압용은 특별 제3종 접지공사.

해설

- 접지공사

a) 기계기구의 철대, 외함 및 가대는 제3종 접지공사를 100 Ω 이하로 시공하였는지 확인 한다.

[접지공사의 종류]

기계기구의 구분	접지공사의 종류	접지저항 값
400 V 미만인 저압용의 것	제3종 접지공사	100 Ω
400 V 이상의 저압용의 것	특별 제3종 접지공사	10 Ω
고압용 또는 특고압용의 것	제1종 접지공사	10 Ω

비고 1) 접지저항 값은 저압전로에 누전차단기 등, 0.5초 이내에 자동적으로 전로를 차단하는 장치(30 mA)가 시설된 경우에는 500 Ω까지 완화
2) 제3종 또는 특별제3종 접지공사를 실시하는 금속체와 대지와의 사이에 접지저항 값이 제3종 접지공사의 경우 100 Ω 이하, 특별제3종 접지공사의 경우는 10 Ω 이하면 각각의 접지공사를 한 것으로 본다.

b) 제3종 접지공사의 접지선은 2.5 ㎟이상의 450/750 V 일반용 단심절연전선 또는 CV 케이블을 사용할 것.

17. 태양광발전시스템의 계측기나 표시장치의 사용목적 3가지만 쓰시오.

정답 1. 시스템의 운전 상태를 감시하기 위한 계측 또는 표시.
2. 시스템에 의한 발전 전력량을 알기위한 계측.
3. 시스템 기기 또는 시스템 종합평가를 위한 계측.
4. 시스템의 운전상황을 견학하는 사람들에게 보여주고, 시스템의 홍보를 위한 계측 또는 표시

해설

● 계측 및 표시장치 시스템 구성요소와 기능.
1) 검출기 : 전압, 전류, 주파수, 일사량, 기온, 풍속등의 데이터 검출.
◐ 직류회로의 전압 – 직접 또는 분압기로 분압하여 검출.
◐ 직류회로의 전류 – 직접 또는 분류기를 사용하여 검출.
2) 신호변환기 : 검출기로 검출된 데이터를 컴퓨터 및 먼거리에 설치한 표시장치에 전송.
3) 연산장치 : 검출된 계측데이터를 적산하여 일정기간마다 평균값 또는 적산값을 얻는 것.
4) 기억장치 : 메모리 기능으로 활용.
▷ 표시장치 : 데이터를 표시하는 장치(예: 현황판)

● 계측 표시에 필요한 기기 : 데이터 검출기(센서), 신호변환기(트렌스듀서 T/D), 연산장치, 기억(기록)장치, 표시장치(모니터 및 홍보판)

● 태양광발전시스템의 계측기구, 표시장치의 설치목적 및 주요기능
1) 시스템 기기 및 시스템의 성능종합평가를 위한 계측.
2) 시스템의 운전상태를 감시하기 위한 계측 또는 표시.
3) 시스템의 발전전력량을 파악하기 위한 계측.
4) 시스템의 성능을 평가하기 위한 테이터의 수집.
5) 방문자에 대한 홍보용(표시장치)
6) 발전소의 기상현황 확인.
※ 시스템의 소비전력은 최소한이어야 한다.

● 모니터링 시스템의 주요기능
① 무인으로 태양광발전소 운전현황을 실시간으로 확인할 수 있다.
② 실시간 발전현황을 모니터링 화면이나 모바일 기기에서도 실시간 확인할 수 있다.
③ 기상관측장치의 데이터를 수집하여 발전소의 기상현황을 확인할 수 있다.

● 태양광 발전시스템 중 계측시스템의 구성요소 및 그 역할
1) 검출기 : 전압, 전류, 주파수, 일사량, 기온, 풍속등의 데이터 검출.
2) 신호변환기 : 검출기로 검출된 데이터를 컴퓨터 및 먼거리에 설치한 표시장치에 전송
3) 연산장치 : 검출된 계측데이터를 적산하여 일정기간마다 평균값 또는 적산값을 얻는 것
4) 기억장치 : 메모리 기능으로 활용.
5) 표시장치 : 데이터를 표시하는 장치.

18. 1일 전산 부하량(Ld)이 3.6kWh인 부하에 설치된 독립형 태양광발전시스템의 축전지 용량(Ah)을 구하시오.
(단, 보수율(L) = 0.8, 일조가 없는 날(Dr) = 5일, 공칭축전지 전압(Vb) = 2V, 축전지 직렬 개수(N) = 50개. 방전심도(D○D) = 60% 이다.)

정답 375 [Ah]

- 계산과정 : C – 1일 소비전력량[Kwh] x 불일조일수 / 보수율(L) x 방전심도(DOD) x 방전 종지전압[V] 또는 C = Ld × Dr × 1,000 / L × Vb × N × DOD 계산 : 3.6 × 5 × 1,000 / 0.8 × (2 × 50) × 0.6 = 375[Ah]

해설

● 시스템의 전력수요 계산

① 1일 소비전력을 구한다.
  - 1일 소비전력(Whr) = 전기기구소비전력(W) × 1일 사용시간

② 1일 필요한 발전량의 평균치를 구한다.
  - 1일 필요한 발전량(W) = 1일 소비전력(Whr) ÷ 3.5hr (한국의 평균일조시간)

③ 발전효율(출력손실보존계수)를 감안하여 필요한 태양전지모듈의 용량을 결정한다.
  - 필요한 태양전지모듈(W) = 1일 필요한 발전량 × 1.2(출력손실보존계수)
    만약 220V의 전기제품을 적용시킬 경우 DC-AC 인버터 효율에 따라 인버터 손실보전계수 (1.2~1.25)를 곱해주십시오.

● 배터리의 선정방법

◐ 필요한 배터리용량(Ah) = 1일 소비전력(Whr) ÷ 배터리전압(통상12V) × 부조일수
× 1.25(배터리방전손실보정계수)

◐ 부조일수란?
"하루 종일 태양이 비치지 않는 날의 수" 를 뜻하며 태양광발전에서는 태양빛이 거의 없는 아주 흐린 날이나 비오는 날은 태양전지모듈에서 전기가 거의 생산되지 않습니다이 날자를 부조일수라고 부르며 배터리 선정시에 이것을 참조하여 계산합니다. 일반적으로 3일에서 7일 정도로 계산합니다.

● 솔라 컨터롤러의 선정방법

컨트롤러의 전류량은 태양전지모듈의 입력전류와 사용하는 부하의 출력전류 중 큰 전류에 맞추어 선정하여야 합니다.

- 태양전지의 입력전류 = 태양전지의 단락전류 × 1.15

그럼 다음과 같이 예를 들어 모듈과 배터리, 컨트롤러를 선정 해 보겠습니다.

▶ 전기제품명 : LED전등, 전압 : DC 12V, 소비전력 : 50W, 1일 사용시간 : 5시간

- 태양전지모듈

● 1일 소비전력(Whr) = 사용전기기기의 소비전력(W) × 사용시간(hr) = 50W × 5hr = 250Whr

● 1일 필요한발전량 = 250Whr ÷ 3.5hr = 71.4W, 필요한 태양전지모듈 = 71W × 1.2 = 85W
그러므로 85W 이상의 태양전지모듈 1장이 필요합니다. (100W)

- 배터리 용량 = 1일 소비전력 ÷ 12V × 5일 × 1.25.
  = 250Whr ÷ 12V × 5일 × 1.25 = 130Ah.
  그러므로 130Ah이상의 배터리가 필요합니다.

19. 태양광발전시스템 접속함의 부품 3가지를 쓰시오.

정답 1) 피뢰소자 [서지보호장치, SPD]
2) 역류방지소자 [역류방지 다이오드, Blocking Diode]
3) 직류출력 개폐기 [주개폐기]
4) 단자대
5) 어레이측 개폐기

해설

1) 접속함
여러 개의 태양전지 모듈이 연결된 스트링을 하나의 접속점에 모아 보수/점검 시에 회로를 분리하거나 점검 작업을 용이하게 하는 역할을 하는 것입니다.
태양전지 어레이에 고장이 발생해도 정지범위를 최대한 적게 하는 등의 목적으로 보수/점검이 용이한 장소에 설치할 수 있습니다.
<u>직류출력 개폐기, 피뢰소자, 역류방지 소자, 단자대, 감시용 DCCT, DCPT 및 T/D</u> 등이 포함되어 있습니다.
절연저항측정 및 정기적인 단락전류 확인을 위해서 출력단락용 개폐기를 설치하기도 합니다.

2) 역류방지소자 [역류방지 다이오드, Blocking Diode]
태양전지 모듈에 다른 태양전지 회로와 축전지의 전류가 유입되는 것을 방지하는 역할을 하며, 일반적으로 다이오드가 사용됩니다.
역류방지 소자는 보통 접속함 내에 설치하지만 모듈의 단자함 내부에 설치하기도 합니다.
나뭇잎이나 구름 등으로 태양전지 모듈의 일부에 그늘이 지면 거의 대부분 발전이 되지 않습니다.
그러나 태양전지 어레이의 스트링마다 역류방지 소자를 설치하면, 다른 스트링에서 전류의 공급을 받아 인버터 방향이 아닌 모듈 방향으로 전류가 흐르게 됩니다.
또한 축전지의 경우 발전하지 않는 시간대에 점차 전력이 소비되는데, 이것도 방지할 수 있다고 합니다.
역류방지 소자를 선택할 때에는 설치할 회로의 최대 전류를 흘릴 수 있음과 동시에 사용회로의 최대 역전압에 충분히 견딜 수 있는지 확인하여야 합니다.

20. 태양광전지에서 생산된 전력 125W가 인버터에 입력되어 인버터 출력이 100W가 되면 인버터의 변환효율은 몇%인가?

정답 80%

- 셀 변환효율(%) = 태양전지출력 ÷ 1㎡ 에 입사된 에너지량 × 100(%)
  = 100W ÷ 125W × 100 = 80%

● 태양전지의 변환효율(Conversion Efficiency)이란 태양전지에 입사되는 태양광에너지(W/㎡)가 얼마나 많은 전기에너지(W)를 발생시켰는가를 나타내는 척도(%)를 말하는 것으로 같은 면적에 같은 조건의 태양이 비추어졌을 때 더 많은 전기를 생산하는 것이 변환효율이 더 높은 태양전지라 할 수 있습니다.

해설 다른 계산 문제 설명 :

- 최대전류 7.744A, 최대전압 0.519V, 출력 4.015W 이고, 면적은 0.156m × 0.156m = 0.024336㎟ 입니다. 이 셀의 변환효율을 알아보겠습니다.

  가. 먼저 표준조건에서 단위면적(1㎡)당 입사되는 에너지량을 계산합니다.

  1㎡ 에 입사된 에너지량(W) = 0.024336㎡ × 1000W/㎡ = 24.336W

  나. 태양전지 셀 출력 = 4.015

  다. 셀 변환효율(%) = 태양전지출력 ÷ 1㎡ 에 입사된 에너지량 × 100(%)

  = 4.015W ÷ 24.336W × 100 = 16.498% = 16.5%.

  그러므로 이 태양전지 셀의 변환효율은 16.5% 입니다.

  현재 일반적으로 가장 많이 사용화 되고 있는 실리콘계열의 태양전지셀의 변환효율은 단결정셀이 16%~18% 정도이며 회사별 등급별로 차이가 조금씩 있습니다.

  이런 실리콘 결정질셀의 최대 이론효율은 약 29% 정도라고 하며 앞으로 계속 발전할 것입니다.

  또 요즘 많이 사용하는 비정질박막형 태양전지의 효율은 10%전후입니다.

  차세대 유망 태양전지로 부각되는 CIGS(구리, 인디늄, 갈륨, 셀레늄) 박막태양전지도 4%~8%의 낮은 효율로 인하여 사용이 적었으나 최근 일본 산업기술종합 연구소에서 변환효율을 15.9%의 CIGS를 개발하였습니다.

  이렇게 태양전지의 효율은 해마다 빠르게 발전하고 있는 추세입니다.

21. 모듈 하나에 인버터 하나씩 연결하여 구성하여 효과적인 시스템 확장이 쉽도록 한 연결 방식은?

정답 모듈 인버터 방식

해설

① 모듈 인버터 방식
- 음영이 있어도 높은 효율을 얻기 위해 모듈마다 제각기 인버터 연결.
- 모든 모듈이 제각기 최대전력점(MPPT)에서 작동하는 것으로 가장 유리함.
- MPP일치는 모듈과 인버터가 한 개의 장치로 구성될 때 효과적 (이러한 장치를 AC모듈 이라고 함)
- 시스템 확장이 쉽다.
- 설치비용이 고가.
- 고장난 인버터는 쉽게 교체 가능하도록 설치.
- 작동 데이터, 고장 신호기록 등을 저장해 개별인버터를 감시하는게 중요.
- 모듈 인버터 방식은 facade 일체형 시스템.
- 주변환경 또는 facade자체의 돌출과 벽면에 의해 부분적 음영이 생기는 곳에 적용하면 유리.

② 서브어레이와 스트링 인버터 방식
- 출력이 최고 3kW 인 시스템은 일반적으로 스트링 인버터로 설치되며 대부분의 어레이는 한 개의 스트링을 형성한다.
- 중간 규모 시스템은 2~3개의 스트링이 인버터에 연결되어 서브어레이 방식으로 구성 서브어레이의 설치 방향과 음영이 다양하므로 복사량 조건에 따라 전력을 잘 조절할 수 있다.

- 같은 방향, 각도, 비 차광 조건의 모듈끼리 스트링으로 연결되도록 한다.
- 스트링이 너무 길명 음영에 따른 전력손실이 증가.
- 설치가 간편, 설치비를 줄일 수 있다.
- 인버터는 어레이 근처에 설치되고 스트링 방식으로 연결된다.
  (약 500~1,000W 전력에서 사용 가능)
- 인버터가 모듈 스트링에 직접 연결되므로 중앙집중형에 비해 비용 절감 효과.
  ▷ 접속함 생략 가능.
  ▷ 케이블 양의 감소와 DC전원 케이블 생략 가능.

③ 병렬 운전 방식
- DC입력 부분을 모두 병렬로 접속하는 방식.
- 마스터 인버터에 의해 복사량이 최저가 되면 1대만 운전되고 복사량이 증가하면 순차적으로 대수를 늘려 운전.
- 인버터 운전 효율 증가와 수명 연장.
- 중앙집중형 인버터에 비해 현저한 출력 증가를 가져올 수 있으나 입력측 차단기 및 보호 방식이 복잡해짐.

22. 뇌서지 보호 대책 3가지를 논하라.

정답 ① 접지 및 본딩 (피뢰소자를 어레이주회로 내부에 분산배치하고 접속함에도 설치한다)
② 자기차폐 (저압배전선으로 침입하는 뇌서지는 분전반에 피뢰소자를 설치한다)
③ 협조된 SPD 보호 (뇌우다발지역은 교류전선에 내뢰트랜스를 설치한다)

해설

◐ Surge 란?

서지(Surge)는 원래 AC전압이 평상시의 공급전압 범위보다 5~6%정도 상승한 상태를 말하며, 같이 AC전압의 싸인파형(Sine Waveshape) 사이클로 표현되고 보통 8 Cycle 정도 지속하다가 사라진다.

만약 전압 상승이 8cycle 보다 길게 지속되면 이는 과전압(Over-Voltage)으로 분류된다.

그리고 일억분의 일초(Nanosecond), 백만분의 일초(Microsecond), 천만분의 일초(Millisecond) 단위의 시간대에서 수천볼트까지 치솟는 임펄스나 스파이크 같은 전압상승현상을 과도써지전압이라고 부르는데, 위에서 말한 써지와는 본질적으로 다르지만 써지 업계에서는 모두 써지전압이라 부른다.

[뇌서지에 대비한 태양광 어레이 배선]

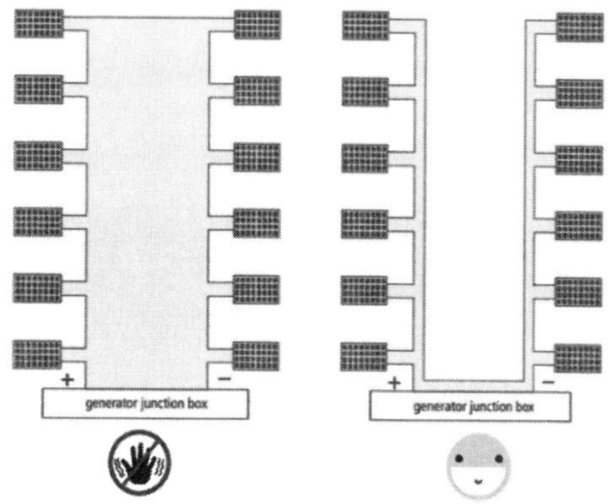

23. 계통연계시 보호협조에 필요한 조건을 기술하라.

정답 - 태양광발전전원의 이상 또는 고장, 연계한 전력계통의 이상 또는 고장, 태양광 발전설비의 단독운전 상태일 때 자동적으로 태양광발전전원을 전력계통과 분리장치 시설 여부
- 연계한 계통의 재폐로 방식과 협조시설 여부(고장 시 분리시점은 계통의 재폐로 시점이전이어야 한다.)
- 단순 병렬운전인 경우 역전력계전기 시설여부. 단, 용량 50 kW 이하인 경우 태양광 발전설비 단독운전 방지기능을 가진 경우 생략 가능)

24. 가대의 구조물 설계시 안정성 검토 항목 중 상정하중의 종류 4가지 기술하시오.

정답 고정하중, 지진하중, 적설하중, 풍하중

해설

[상정 하중]

구분		내용
수직하중	고정하중	어레이 + 프레임 + 서포트 하중
	적설하중	경사계수 및 눈의 단위 질량 고려
	활하중	건축물 및 공작물을 점유시 발생 하중
수평하중	풍하중	어레이에 가한 풍압과 지지물에 가한 풍압 하중 풍력계수 ,환경계수, 용도계수, 가스트계수 고려
	지진하중	지지층의 전단력 계수 고려

25. 모듈 배선 연결부위 절연 내후성을 높이기 위해 사용하는 테이프는?

정답 자기융착 절연테이프

해설

① 자기융착 절연테이프란 말 그대로 스스로 시간이 지나면서 테이프 면끼리 붙어 절연 부위의 방수, 방식, 충진, 단말처리 및 전기 도전방지를 하는 테이프이다. 이것은 한번 붙으면 다시 제거할 수 없으며, 충전부위를 칼로 벗겨야 한다.

② 케이블의 단말처리

전선의 피복을 벗겨내어 전선을 상호 접속하는 경우 접속부의 절연물과 동등 이상의 절연효과가 있는 재료로 접속해야 한다. XLPE 케이블의 XLPE 절연체는 내후성이 약하므로, 비닐시스가 벗겨져 절연체가 노출된 채로 장기간 사용하면 절연체에 균열이 생겨 절연불량을 야기하는 원인이 된다. 이것을 방지하기 위해 자기융착테이프 및 보호테이프를 절연체에 감아 내후성을 향상시켜야 한다. 절연테이프의 종류는 다음과 같다.

가) 자기융착 절연테이프
자기융착 절연테이프는 시공 시 테이프 폭이 3/4으로부터 2/3 정도로 중첩해 감아놓으면 시간이 지남에 따라 융착하여 일체화된다. 자기융착 테이프에는 부틸고무제와 폴리에틸렌 부틸고무가 합성된 제품이 있지만 저압의 경우 부틸고무제는 일반적으로 사용하지 않는다.

나) 보호테이프
자기융착테이프의 열화를 방지하기 위해 자기융착테이프 위에 다시 한번 감아 주는 보호테이프가 있다.

다) 비닐절연테이프
비닐절연테이프는 장기간 사용하면 점착력이 떨어질 가능성이 있기 때문에 태양광 발전설비처럼 장기간 사용하는 설비에는 적합하지 않다.

26. STC 표준 시험조건 3가지는?

정답 ① 방사조도 : 1,000W/㎡ ② 모듈표면온도 : 25℃ ③ 분광분포 1.5

해설

● 태양전지의 카탈로그 등에 표시되어 있는 출력 값은, 다음과 같은 일정 기준에 의해 측정한 값에 표현하고 있습니다.

– 기준 상태 : 모듈 온도 25℃, 분광분포 : AM1.5, 방사 조도1000W/㎡

1. 모듈 온도
태양전지 모듈은 온도가 상승하면 발전 전압이 내립니다. 또 차가워지면 발전 전압이 올라가는 특성을 갖고 있습니다. 그 때문에, 태양전지의 사양을 정함에 있어서, 일정 온도로 측정하지 않으면 비교가 되지 않습니다.
따라서, 25℃를 기준 상태로서 출력 특성을 표시하고 있습니다.

2. 분광분포
어떠한 파장 분포 빛을 충당하는지를 규정하고 있습니다. 태양광은 대기권을 통과하는 것에 보다 대기 중의 오존이나 수증기 등에 의해 빛의 일부가 흡수됩니다. AM(Air Mass:air mass)란 대기 통과량의 것으로 AM1.0이란 빛의 입사각이 90도(바로 위)부터 입사한 빛을 의미하고, AM1.5는 그 통과량이 1.5배(입사각41.8도)에서의 도달광을 나타냅니다.

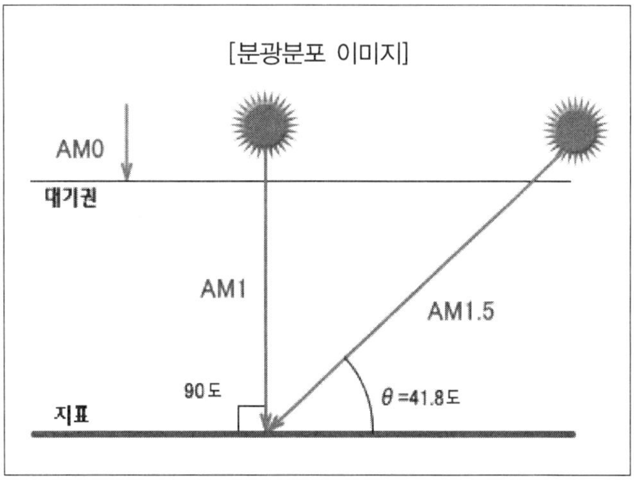

3. 방사 조도
1㎡당에 도달하는 태양광 에너지의 질김을 나타내고, 단위는 (W/㎡)를 사용합니다. 대기권 외에서는 대체로

1400W/㎡) 태양광 에너지도 대기를 통과해 지표에 도달하면 1000W/㎡ 정도가 됩니다. 이 1000W/㎡라고 하는 값을 방사 조도의 기준 상태로 하고 있습니다.

27. 인버터 기능 6가지를 적으면?

정답 ① 자동운전 정지기능, ② 최대전력추종 제어기능, ③ 단독운전 방지기능, ④ 자동전압 조정기능, ⑤ 직류 검출기능, ⑥ 직류 지락(grounding) 검출기능.

해설

▶ 태양전지에서 만들어지는 전기는 직류이고, 가장 많이 쓰이는 전압은 12 V와 24 V이다.

▶ 태양전지에서 만들어지는 직류전류를 직접 사용하는 것이 가장 경제적이다.
가정용 전기는 220 V교류이기 때문에 가정용으로 사용하기 위해서는 직류를 교류로 전환해주어야 하는데 이때 사용되는 것이 인버터이다. 직류-교류 인버터는 태양전지에서 만들어진 12 V직류를 220 V로 전환시켜주는 장치이다.

▶ 인버터의 종류로는 계통 상호 작용형 인버터, 계통 연계형 인버터, 계통 의존형 인버터, 계통 주파수 결합형 인버터, 고주파 결합형 인버터, 단독 운전 방지 인버터, 독립형 인버터, 모듈 인버터, 변압기 없는 인버터, 스트링 인버터, 전력망 상호작용형 인버터, 전류 안정형 인버터, 전류 제어형 인버터, 전압 안정형 인버터, 전압 제어형 인버터 등 다양한 인버터가 있다.

▶ 인버터의 기능은 자동운전 정지기능, 최대전력추종 제어기능, 단독운전 방지기능, 자동전압 조정기능, 직류 검출기능, 직류 지락(grounding) 검출기능 등이 있다.

28. 태양전지 모듈의 배선공사가 끝나고 확인할 사항 3가지를 써라.

정답 ① 각 모듈(module)의 전압 및 극성 확인.
② 단락 전류 측정(확인)
③ 비접지 확인.

해설

● 태양광발전소 시스템의 정상적인 운전과 관리를 위해 체크해야 할 사항으로 전압 · 극성의 확인, 단락전류의 측정, 비접지의 확인, 접지의 연속성 확인이 필요하다.

① 전압 · 극성의 확인 : 양극과 음극의 방향이 바른지, 설명서대로 전압이 나오고 있는지 직류전압계로 확인한다.

② 단락전류의 측정 : 모듈 설명서에 기재된대로 전류가 흐르는지 전류계로 측정한다. 이상이 발견될 경우 배선을 재 점검 한다.

③ 비접지의 확인

④ 접지의 연속성 확인 : 태양광발전 시스템 시운전은 계량기를 봉인한 후에 시작한다. 전압을 켜고 DC전압을 연결, 인버터 운전을 가동한다.
인버터의 표시 장치를 통해 운전 상태 확인 파악이 가능하고 시스템이 적절한지 살펴볼 수 있다.

● 태양광발전소 시스템에 있어 전력품질과 공급이 안정적으로 제공되는지 확인하는 것은 매우 중요하다. 시스템 전력 품질 기준과 이와 관련된 운전 및 관리가 매우 중요한 항목이 된다.

29. 태양전지 금속관선의 공칭단면적은?

정답 2.5㎟

해설

● 태양전지 모듈간의 배선(스트링 케이블)

a) 태양전지판 모듈과 모듈을 연결하는 전선(스트링 케이블)은 공칭단면적 2.5 mm^2 이상의 연동선 또는 동등 이상의 세기 및 굵기의 전선으로 배선하여야 한다.

b) 태양전지 모듈과 개폐기 그 밖의 기구에 전선을 접속하는 경우에는 나사 조임이나 이와 동등 이상의 효력이 있는 방법에 의하여 견고하고 또한 전기적으로 완전하게 접속함과 동시에 접속점에 장력이 가해지지 아니하도록 시설하여야 한다.

c) 태양전지 모듈 간의 직렬접속(스트링 구성)은 단락전류가 동일한 모듈로 접속하는 것이 좋다.

d) 태양전지판의 배선은 바람에 흔들리지 않도록 지지대에 케이블 타이(Cable Tie) 등으로 단단히 고정하는 것이 좋다.

30. 부지선정조건5가지를 열거하면?

정답 ① 지정학 ② 설치,운영상 ③ 행정상 ④ 계통연계 ⑤ 경제성

해설

1) 지정학 : Ⓐ 일조량 – 일조량 변동이 적을 것, – 적운,적설이 적을 것, – 기온 편차가 작은 곳.
Ⓑ 일조시간 – 일조시간 확보. – 음영(그림자)없을 것

2) 설치,운영상 : Ⓐ 주변환경 – 집중호우, 홍수재해가능성 여부, 수목영향. 공해, 염해, 오염 영향, 인축 접근 문제(보안)
Ⓑ 접근성 – 전기, 가스, 수도공급 운송, 교통 편리성.

3) 행정상 : 인,허가 관련 각종규제 – 발전사업허가, 개발행위허가, 사전환경성.

4) 계통연계 : 송전설비, 특고이용가능성.

5) 경제성 : 부지매입가격 및 부대공사비.

31. 모듈의 사양은 최대전류 4.55A, 최대전압 17.6V, 출력 80W 이고, 면적은 가로 0.53m × 1.19m = 0.6307㎡이다. 이 모듈의 변환효율은 ?

정답 12.68%

해설

가. 먼저 표준조건에서 단위면적(1㎡)당 입사되는 에너지량을 계산합니다.
1㎡에 입사된 에너지량(W/㎡) = 0.6307㎡ × 1000W/㎡ = 630.7W

나. 태양전지모듈 출력 = 80W

다. 모듈 변환효율(%) = 태양전지출력 ÷ 1㎡에 입사된에너지량 × 100(%)
= 80W ÷ 630.7W × 100 =12.68%

◐ 태양전지모듈에서 효율이 높다, 낮다 하는 것은 그 모듈이 똑같은 면적을 가졌을 때의 출력 비교입니다. 중요한 것은 출력이 100W 태양전지모듈은 모두 출력(성능)이 표준조건에서 100W가 나옵니

다. 출력이 또 같습니다.

다만, 효율이 높은 제품은 그 효율의 비율 차이만큼 제품의 크기가 작아진다는 것 입니다.

◐ 태양전지의 변환효율(%)

1. 태양전지의 출력(W) ÷ 1㎡당 입사되는 태양에너지.
   (태양전지의 단면적(㎡)을 1000으로 곱한 수치와 동일) × 100(%.)
2. 단결정질실리콘 셀의 효율 = 14%~ 18%.
   다결정질실리콘 셀의 효율 = 12% ~ 15%.
   비결정질실리콘태양전지의 효율 = 10%내외.
   유기물(플라스틱),CIGS 후렉시블 박막형의 효율 = 4% ~ 8% (일반적인 수치임)
3. A사 제품 100W 태양전지모듈와 B사 제품 100W 태양전지모듈의 출력은 같다.
   단, 모듈의 크기가 다르다. – 효율이 높은 제품이 작아진다.

32. 배선용차단기에서 다음이 의미하는 내용은 무엇인가?

정답 – 70AT : 정격전류 – 안전하게 통과할 수 있는 전류의 최고치.

– 100AF : 프레임의 크기 – 차단기가 과열, 화재 등 문제를 일으키지 않고 안전하게 통과 시킬 수 있는 전류의 최고치.

해설

● 차단기에 용량 표기에 대한 질문이것 같습니다.

① AF는 Ampere Frame의 initial 입니다. Frame의 사전적 의미는 뼈대, 구조, 틀이라는 의미를 가지고 있으며, Frame 용량은 일반적으로 30, 50, 60, 100, 225, 400, 600, 800, 1000, 1200 등으로 생산됩니다. Trip치에 관계없이 이들 각각 규격의 size는 동일합니다. (Ex : 100AF/100AT 과 100AF/75AT의 외형크기는 동일)

② AT는 Ampere Trip의 initial로서 규격은 일반적으로 15, 20, 30, 40, 50, 60, 75, 80, 100, 125, 150, 175, 200, 225, 250, 300......, 등입니다.

③ 그리고 AF값과 AT값은 1번의 예와 같이 각각 별도로 표기됩니다.

④ 차단기의 용량에서 AT는 트립용량, 즉 안전하게 통전 시킬 수 있는 최대용량의 전류입니다.

⑤ AF는 프레임 용량으로 단락 등의 사고 시 화재, 폭발 등이 발생하지 않고 흘릴 수(견딜 수 있는) 있는 최대 용량의 전류입니다. 물론 이때 차단기로서의 기능을 수행하는 것을 전제로 함.

● 배선용 차단기의 정격전류 선정 시 AT 용량선정 후 AF(Frame)용량선정 방법

◐ 배선용차단기의 정격은 전기설비기술기준 제42조~제45조 에서 만족하는 차단기를 선정하여야 하는데 먼저 용어의 정의에 대하여는

① 정격전류 : 배선용차단기의 정격전류는 정격전류의 1.1배의 전류에 견디고, 정격전류의 1.6배 및 2배의 전류를 통한경우 전기설비기술기준 제42조의 표에서 정한 시간 안에 용단되도록 하고 있음(예 100/30 AF/AT인 경우 30은 차단기 정격전류 값이고 1.1은 안전율로 보면 될 것임. 실제 차단기가 동작하는 전류는 차단기 정격전류의 1.1배 이상에서 동작하게 됨.)

② 차단전류 : 전기설비기술기준 제42조 제6호에 의하면 "저압전로에 시설하는 과전류
차단기는 이를 시설하는 곳을 통과하는 단락전류를 차단하는 능력을 가지는 것으로 사용토록 하고 있음. 차단전류는 차단기의 명판에 정격 차단전류라고 표기된 OO [KA]의 형태로 표기된 내용을 말합니다.

33. 태양광 인버터의 단독운전방지기능에서 능동적인 검출방식은?

정답 주파수 샤프트방식 / 부하(유효전력)변동방식 / 무효전력변동방식

해설

● 단독운전방지기능 (전력계통과의 보호협조)
  - 단독운전(한전 정전시 분리된 계통에 전력을 계속 공급하게 되는 운전상태)시의 문제점을 해결하기 위한 기능으로 단독운전방지기능이 설치되어 안전하게 정지할 수 있도록 함.

① 수동적 방식 : 연계운전에서 단독으로 이행했을 때 전압파형과 위상 등의 변화를 파악해 단독운전을 검출하도록 하는 것. (검출시간 0.5초이내, 유지시간 5~10초)
  1. 전압위상 도약검출방식.
  2. 제3고조파 전압급증 검출방식.
  3. 주파수 변화율 검출방식.

② 능동적 방식 : 항시 파워컨디셔너에 변동요인을 주어 계통연계 운전 시 그 변동요인이 출력에 나타나지 않고 단독 운전시에만 그 이상을 검출하는 방식. (검출시간 0.5~1초)
  1. 주파수 시프트 방식.
  2. 유효전력 변동방식.
  3. 무효전력 변동방식.
  4. 부하변동방식.

34. 태양광발전시스템의 경제성분석기준기법은?

정답 순현가, 비용편익비, 내부수익률

해설

[경제성 분석기법의 특징]

방법	특징 및 장점	단점
순현가 (NPV)	· 적용이 쉽다. · 결과나 규모가 유사한 대안을 평가할 때 이용된다. · 각 방법의 경제성 분석결과가 다를 경우 이 분석 결과를 우선으로 한다.	· 투자사업이 클수록 크게 나타난다. · 자본투자의 효율성이 드러나지 않는다.
편익·비용비 (B/C ratio)	· 적용이 쉽다. · 결과나 규모가 유사한 대안을 평가할 때 이용된다.	· 사업규모의 상대적 비교가 어렵다. · 편익이 늦게 발생하는 사업의 경우 낮게 나타난다.
내부수익률 (IRR)	· 투자사업의 예상수익률을 판단할 수 있다. · NPV나 B/C 적용시 할인율이 불분명할 경우 이용된다.	· 짧은 사업의 수익성이 과장되기 쉽다. · 편익발생이 늦은 사업의 경우 불리한 결과가 발생한다.

35. 굵기가 다른 케이블을 배선할 경우 전선관의 두께는 전선의 피복절연물을 포함한 단면적이 전선관의 몇%이하가 되어야 하는가?

정답 32% 이하

해설

● 배관공사

◐ 공통사항

(1) 사용 전선관의 재질은 설계도에 의한다.

(2) 전선관용 부속품은 KS규격에 적합하여야 하며 별도 지시가 없는 한 박스류에는 박스커버를 사용하여야 한다.

(3) 전선관의 부품은 관의 재질에 동등한 품질을 사용하여야 한다.

(4) 관의 굵기는 전선피복을 포함한 단면적의 총계가 관 내부 단면적의 32%이하이어야 한다.

(5) 콘크리크 구조물내 매설되는 부분은 콘크리트 복스를 사용하고 기타 장소는 아우트레트 박스를 사용하며 종별은 아래에 의한다.

① 4각 54mm : 28C 2본 이상 접속 회로

② 4각 54mm : 22C 4본 이하 접속 회로 전열 등 벽체 기구

③ 8각 54mm : 16C 3본 이하 접속 회로

(6) 관의 굴곡 개소는 1구간 당 3개소 이하이며 1개소 최대굴곡 각도는 90도 미만으로 하고 구간의 최대허용 굴곡 각도는 270도 이하로 하며 관의 곡률 반경은 관내경의 6배 이상으로 한다.

36. 태양광발전소 운전시 모듈에서 Hotspot 발생원인은?

정답 적설(赤雪) - 100%, 과열 - 20%, 오염 - 10%.

해설

● 태양광발전 효율 저하의 주요 원인.

가. 적설(赤雪) - 100%.

- 발전효율 저하의 가장 큰 요인으로 눈에 의한 HOT-SPOT Effect 발생.

◐ HOT-SPOT Effect : 일부 눈이 쌓여 있어도 셀들이 직렬로 구성된 태양광 모듈 전체의 출력이 급감하는 현상.

즉, 일부에 음영이 발생한다 하더라도 음영이 발생한 부분만 출력이 줄어드는 것이 아니라 역기전력에 의해 직렬로 연결된 모듈 전체의 출력이 저하되는 현상.

나. 과열 - 20%.

- 표면온도 상승으로 인한 출력 저하(일시적 출력 저하)
- 열화로 인한 출력 저하(모듈의 영구적 출력저하 및 수명 단축)
- 효율저하의 가장 높은 원인.

다. 오염- 10%.

- 비산먼지, 황사, 조류분비물 등에 의한 표면 오염.
- 황사, 꽃가루 등 우리나라의 기후 여건상 악영향 많음, 세척여부에 따라 평균 9.3% 출력 감소 발생.

37. 태양광발전 유지관리 점검 항목 및 보수 활동과 바르게 연결번호를 고르면?

항 목	유지보수 활동
태양전지 어레이 구조 (㉠)	① 케이블의 연결 상태, 케이블의 과열 ② 부식, 손상에 대한 육안 검사
태양전지 모듈 (㉡)	③ 발전소 성능 데이터 기록 ④ 판넬의 변형, 누수 확인
인버터와 그 밖의 패널 (㉢)	⑤ 유리의 청소 ⑥ 구조의 페인트 상태
전기실 (㉣)	⑦ 외관의 물리적 손상 육안 검사 ⑧ 곤충(해충) 및 음영제거

정답 ㉠ → ② ㉡ → ⑤ ㉢ → ⑦ ㉣ → ④

해설

[공급의무화(RPS) 운영절차]

항 목	유지보수 활동
1. 태양전지 어레이 구조	가. 부식, 손상에 대한 육안 검사 나. 곤충(해충)의 제거 다. 구조의 페인트 상태
2. 태양전지 모듈	가. 유리의 청소 나. 부식, 손상에 대한 육안 검사 다. 곤충(해충) 및 음영제거
3. 접속함과 배선의 결선	가. 부식, 손상에 대한 육안 검사 나. 케이블의 연결 상태, 케이블의 과열 다. 접속함의 인입선 전압 점검 라. 접속함의 외관검사 및 출력 전압 측정
4. 인버터와 그 밖의 패널	가. 외관의 물리적 손상 육안 검사 나. 곤충(해충)의 제거 다. 전력망의 전원공급 및 동기화 육안 점검
5. 제어반	가. 제어반 내 청소
6. 모니터링	가. 인버터 또는 어레이의 출력 모니터링 나. 발전소 성능 데이터 기록
7. 전기실	가. 곤충(해충) 및 포유류의 침입 확인 나. 판넬의 변형, 누수 확인 다. 전기실 청소

38. PN접합에 의한 발전원리를 설명하면?

정답 태양전지는 전기적 성질이 다른 N형반도체와 P형의 반도체를 접합시킨 구조를 하고 있으며 2개의 반도체 경계부분을 PN접합이라 일컬음. 전자(−)는 N형 반도체쪽으로 정공(+)는 P형 반도체쪽으로 모이게 되어 전위가 발생하며 부하를 연결하면 전류가 흐르며 이것이 PN 접합에 의한 태양광발전의 원리라 함.

해설

1. 태양전지는 실리콘으로 대표되는 반도체이며 반토체기술의 발달과 반도체 특성에 의해 자연스럽게 개발됨.
2. 태양전지는 전기적 성질이 다른 N (negative)형의 반도체와 P (positive)형의 반도체를 접합시킨 구조를 하고 있으며, 2개의 반도체 경계 부분을 PN접합(PN–junction)이라 일컬음.
3. 이러한 태양전지에 태양빛이 닿으면 태양빛은 태양전지속으로 흡수되며, 태양빛이 가지고 있는 에너지에 의해 반도체내에서 정공(正孔 : hole)(+)과 전자(電子 : electron)(−)의 전기를 갖는 입자(정공, 전자)가 발생하여 각각 자유롭게 태양전지 속을 움직이지만, 전자(−)는 N형 반도체쪽으로, 정공(+)은 P형 반도체쪽으로 모이게 되어 전위가 발생하게 되며 이 때문에 앞면과 뒷면에 붙여 만든 전극에 전구나 모터와 같은 부하를 연결하게 되면 전류가 흐르게 되는 데 이것이 태양전자의 PN접합에 의한 태양광 발전의 원리.

[PN접합에 의한 태양광 발전의 원리]

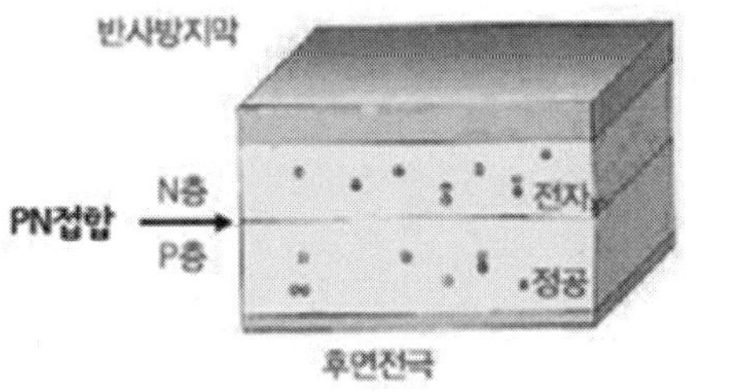

대표적인 결정질 실리콘 태양전지는 실리콘에 보론(boron:붕소)을 첨가한 P형 실리콘반도체를 기본으로 하여 그 표면에 인(phosphorous)을 확산시켜 N형 실리콘 반도체층을 형성함으로서 만들어짐
이 PN접합에 의해 전계(電界)가 발생함

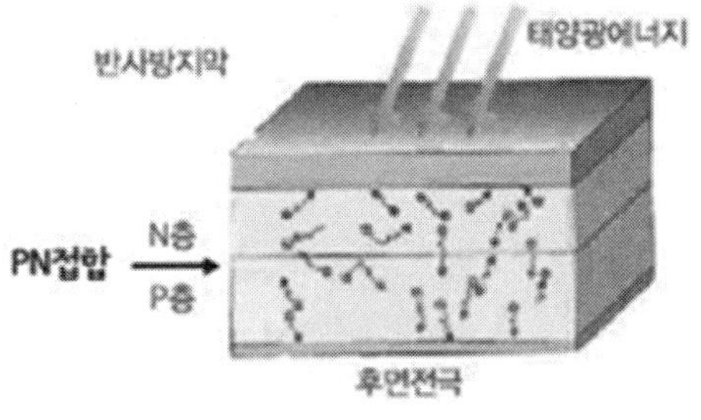

이 태양전지에 빛이 입사되면 반도체내의 전자(-)와 정공(+)이 여기되어 반도체 내부를 자유로이 이동하는 상태가 됨

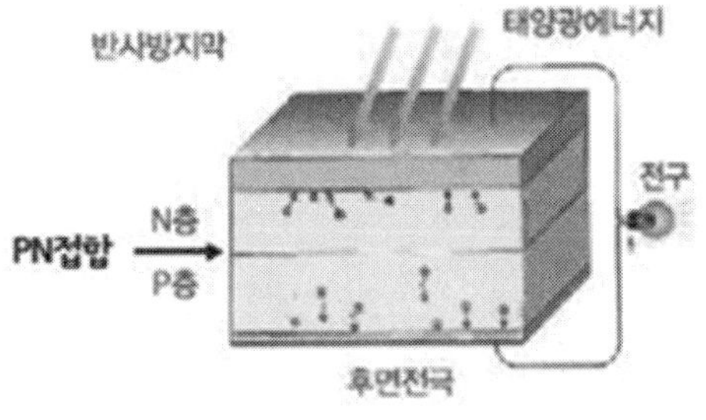

자유로이 이동하다가 PN접합에 의해 생긴 전계에 들어오게 되면 전자(-) 는 N형 반도체에, 정공(+)은 P형 반도체에 이르게 됨
P형 반도체와 N형 반도체 표면에 전극을 형성하여 전자를 외부 회로로 흐르게 하면 전류가 발생됨

39. 동일면적에서 태양전지종류별 발전효율이 높은순으로 나열하면?

다결정 염료감응형 박막형 단결정

정답 단결정 → 다결정 → 박막형 → 염료감응형

해설

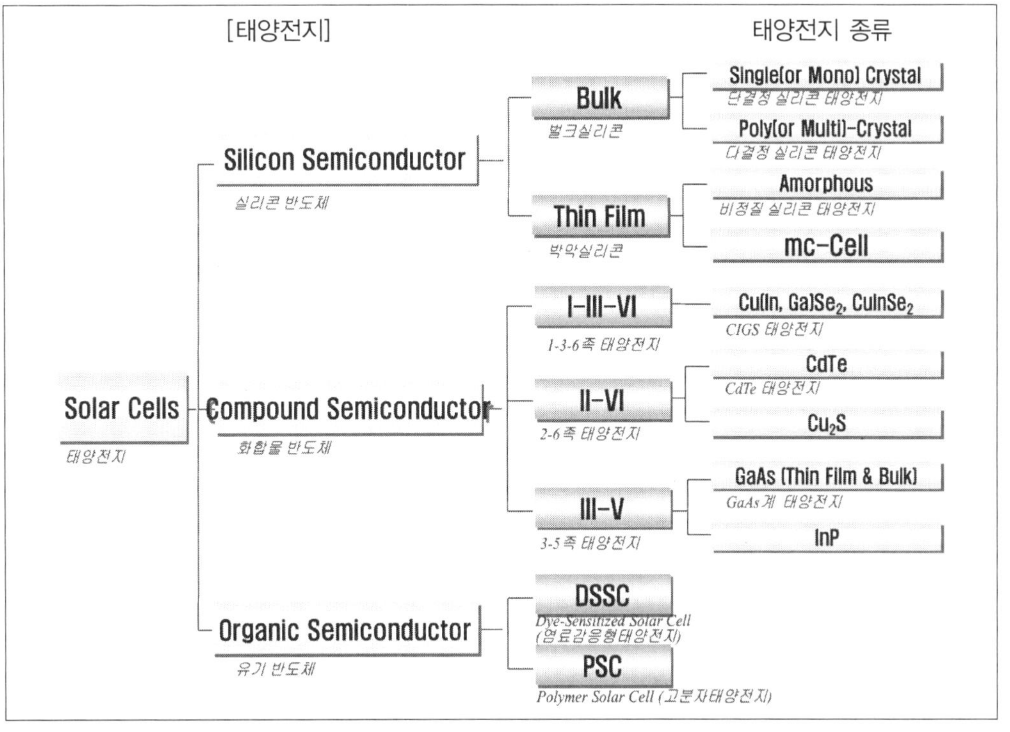

- 세대별 태양전지 구분(세대가 순서임)
  - ▶ 1세대 : 벌크실리콘 태양전지 (단결정/다결정 실리콘 태양전지)
  - ▶ 2세대 : 박막태양전지 (a-Si, CdTe, CIGS, DSSC, PSC)
  - ▶ 3세대 : Nano, Quantum Dot, Hybrid 등 (신개념 태양전지)

    * DSSC, PSC를 3세대로 분류하기도 함.

40. 태양전지 어레이 출력확인을 위해 개방전압을 측정할 때의 순서는?

정답 ㄱ. 접속함의 주개폐기를 OFF한다.
ㄴ. 접속함의 각 스트링 MCCB 또는 퓨즈를 OFF한다.
ㄷ. 각 모듈이 그늘로 되어있지 않는 것을 확인한다.
ㄹ. 측정한다.

해설

◐ 태양전지 어레이의 각 스트링의 개방전압을 측정하여 개방전압의 불균일에 따른 동작불량의 스트링이나 태양전지 모듈의 검출 및 직렬 접속선의 결선 누락사고 등을 검출하기 위해 측정 한다.

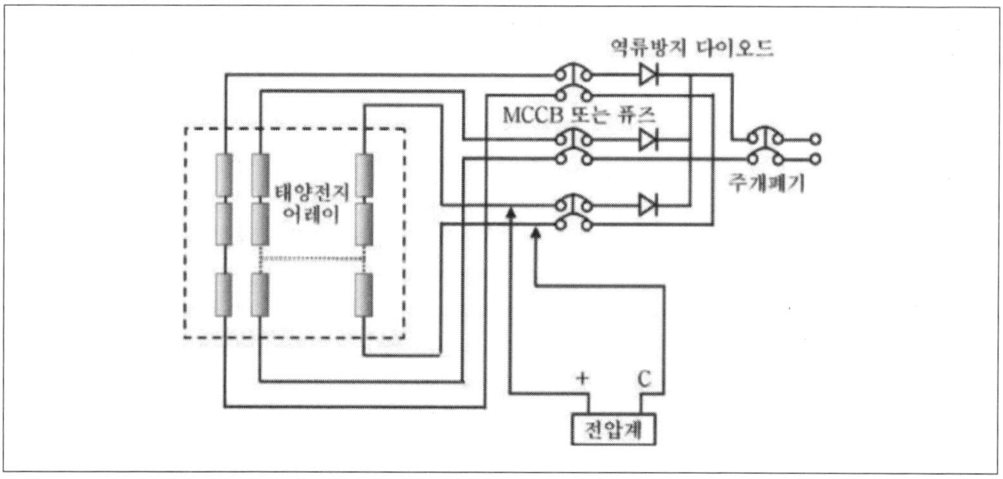

● 개방 전압 측정순서

1. 접속함의 주개폐기를 Off 한다.
2. 접속함의 각 스트링의 MCCB 또는 퓨즈를 개방 한다.
3. 각 모듈이 그늘져 있지 않은지 확인한다.
4. 측정하는 스트링의 MCCB 또는 퓨즈를 개방 하여 직류전압계로 각 스트링의 P(+)와 N(-)단자 간의 전압을 측정한다.

41. 다음은 신재생에너지 활성화를 우리나라 정책과 관련된 용어에 대한 설명이다. 설명에 대한 영문약어를 쓰시오?

발전차액지원제도	
신재생 에너지 공급의무화 제도	
공급인증서의 발급 및 거래단위	
신재생 연료 혼합의무화 제도	
태양광 대여 사업으로 발전되는 발전량에 대하여 부여하는 태양광 발전량 포인트	

정답

발전차액지원제도	FIT (Feed-in-Tariff)
신재생 에너지 공급의무화 제도	RPS (Renewable Portfolio Standard)
공급인증서의 발급 및 거래단위	REC (Renewable Energy Certificate)
신재생 연료 혼합의무화 제도	RFS (Renewable Fuel Standard)
태양광 대여 사업으로 발전되는 발전량에 대하여 부여하는 태양광 발전량 포인트	REP (Renewable Energy Point)

해설

- 발전차액지원제도 : (FIT (Feed-in-Tariff)) – (「대체에너지이용 발전전력의 기준가격 지침」, (산업자원부 공고 제2002-108호 · 산업자원부 고시 제2003-61호 · 산업자원부 고시 제2004-104호, 2002년 5월 29일 제정) 신재생에너지 투자경제성 확보를 위해 신재생 에너지 발전에 의하여 공급한 전기의 전력거래 가격이 산업통상자원부 장관이 고시한 기준가격보다 낮은 경우, 기준가격과 전력거래와의 차액(발전차액)을 지원해주는 제도.
- 신재생 에너지 공급의무화 제도 : (RPS (Renewable Portfolio Standard)) – 일정 규모(500MW) 이상의 발전설비(신재생에너지 설비는 제외)를 보유한 발전사업자(공급의무자)에게 총 발전량의 일정비율 이상을 신 · 재생에너지를 이용하여 공급토록 의무화한 제도.
  [관련규정] 신에너지 및 재생에너지 개발 · 이용 · 보급 촉진법 제12조의5, 신재생에너지 공급의무화제도 및 연료혼합의무화제도 관리 · 운영지침(산업부 고시 제2017-204호), 공급인증서 발급 및 거래시장 운영에 관한 규칙(신재생센터 공고 제2017-21호)

[공급의무화(RPS) 운영절차]

한국에너지공단 일부발췌

- 공급인증서의 발급 및 거래단위 : REC (Renewable Energy Certificate) – 공급인증서의 발급 및 거래단위로서 공급인증서 발급대상 설비에서 공급된 MWh기준의 신재생에너지 전력량에 대해 가중치를 곱하여 부여하는 단위를 말합니다.
  지식경제부 고시 제2012-134호(2012. 6. 25) 신에너지 및 재생에너지 개발·이용·보급촉진법 제12조의5 등의 규정에 따른 「신·재생에너지 공급의무화제도 관리 및 운영지침」을 참고하면 됩니다.
- 신재생 연료 혼합의무화 제도 : (RFS – Renewable Fuel Standard) – 산업통상자원부 고시 제2105-155호에 의거 지난 2015년 7월 31일부터 전면 시행되고 있습니다.
  RFS제도는 연료 혼합의무자에게 일정비율 이상의 신재생 연료를 수송용 연료에 혼합하여 공급하도록 의무화하는 제도입니다. 즉, 석유정제업자 및 석유수출입 업자는 자동차용 경유 공급 시 일정비율이상의 바이오디젤을 석어 판매해야 합니다. 현재 의무량은 경유 1리터당 2.5%로 2018년 3%, 2020년 이후부터는 선진국 기준인 5%까지 상향조정한다는 것이 정부의 방침입니다.
- 태양광 대여 사업으로 발전되는 발전량에 대하여 부여하는 태양광 발전량 포인트(신재생에너지 생산인증서) : REP (Renewable Energy Point) – 가정에 태양광 설비를 설치 · 대여해주고 줄어드는 전기요금의 일부를 대여료로 납부하는 제도, (소비자) 대여료+전기요금을 기존 전기요금의 80%이

하로 납부, (대여사업자) 대여료와 REP* 판매로 수익, 설비 유지 · 보수 이행

◐ 공급의무자 : 일정규모(500MW) 이상의 발전설비를 보유한 발전사업자('18년도 기준 한국수력원자력, 남동발전, 중부발전 등 총 18개사)

[태양광 대여사업 개요]

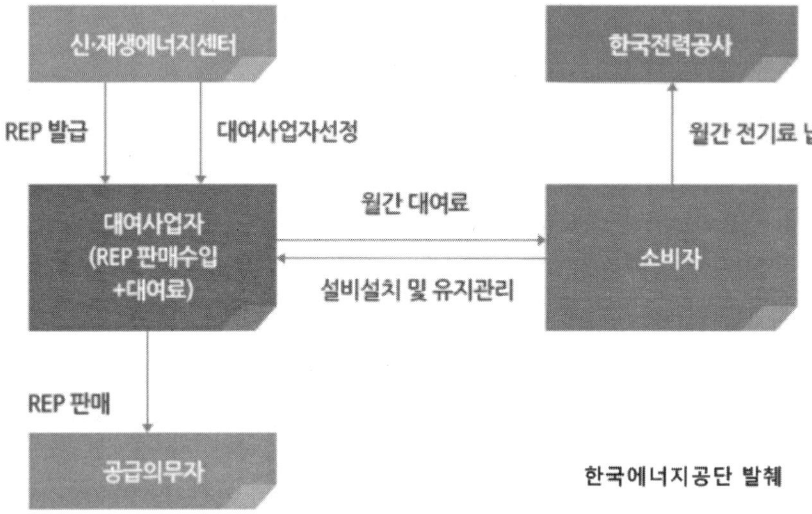

한국에너지공단 발췌

42. 아래 설명의 (　　　)안에 알맞은 내용을 쓰시오.

> 전기(발전)사업의 허가권자는 제주특별자치도를 제외하고 3,000 [KW] 초과 설비의 경우 (①), 3,000[KW] 이하 설비의 경우 (②) 이다.

정답 ① 산업통상부 장관 ② 시.도지사

해설

● 전기(발전)사업 허가

□ 정의 – 전기사업은 국민생활과 산업 활동에 필수 불가결한 공공재이고 막대한 투자와 상당기간의 건설 기간이 필요하므로, 전기사용자의 이익 보호와 건전한 전기산업육성을 위해 적정한 자격과 능력이 있는 자만이 전기사업에 참여할 수 있도록 하기 위함이다.

□ 허가권자

○ 3,000kW 초과설비 : 산통자원부 장관(전기위원회 총괄정책팀)

○ 3,000kW 이하설비 : 시.도지사

– 재위임 : 1,000kW 미만설비 : 시장·군수

※ 단, 제주특별자치도는 제주국제자유도시특별법에 따라 3,000kW 이상의 발전설비도 제주특별자치도지사의 허가사항임

43. 태양전지 모듈의 건축물 형태 중 벽 건재형의 특징 4가지를 쓰시오.

정답 1) 태양전지 모듈이 벽재로서의 기능을 하는 형태이다.
2) 셀의 배치에 따라 개구율을 번경할 수 있다.
3) 알루미늄 새시의 활용 등 지지공법이 다양하다.
4) 주로 커튼월 등으로 설치되어 있다.

해설

- 모듈을 건물에 설치할 때 다양한 방법.
  - 지붕설치형 : 지붕 위에 지지대를 설치하여 그 위에 모듈을 설치. 일반적으로 가장 많이 이용하는 타입.
  - 지붕재형 : 지붕재에 바로 붙이는 지붕재 일체형이 있고, 지붕자체가 모듈이 됨.
  - 톱 라이트형 : 최근에는 태양전지 유리를 천장에 설치하여 채광이나 차폐효과를 노리기도 함.
  - 벽 설치형 : 벽에 지지대를 설치하고 그 위에 태양전지 모듈을 설치하는 타입.
  - 벽 건재형 : 벽 자체에 모듈을 붙이는 것.
  - 창재형 : 유리창의 기능(채광성, 투시성)을 가지고 있는 형태로, 유리자체가 모듈.
  - 차양형 : 유리창 상부 등 건물 외부에 지지대를 설치하고 태양적지 모듈을 설치하여 차양처럼 사용할 수 있는 타입으로 한국에너지 기술연구원, 서울시 노원구청 등에 설치되어 있음.
  - 루버형 : 건물과 별개로 그 위나 바깥에 구조물을 설치하고 블라인드처럼 설치하는 형태.
  - 난간형 : 옥상이 아닌 베란다 등의 설치뮬을 이용하여 설치하는 형태.

44. 다음 그림의 ①은 무엇이며 ②의 명칭을 쓰고 무손형의 누전 차단기인지 답란에 쓰시오.

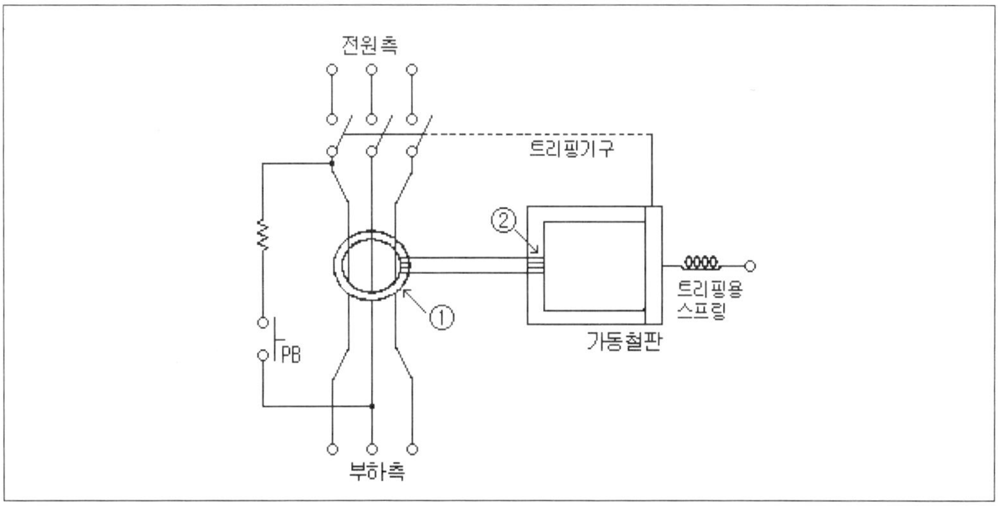

정답 1) ① 영상변류기 (ZCT)
2) ② 트립코일
3) 전류동작형 누전차단기

해설

◐ 전압동작형은 전용의 접지선을 갖고 지락사고가 발생한경우 대지를 경유해서 그 접지선에 복귀하는 지락전류를 전압적으로 검지하여 동작하는 것이다.
초기의 누전차단기는 이와 같은 방식을 사용하고 있었으나 시공성이 우수한 전류동작형이 보급됨에 따라 점차자취를 감추었다.

◐ 전류동작형은 지락전류를 직접 검출하는 영상변류기(ZCT)를 사용한 방식으로서, 전로에 접속하는 것만으로도 기능이 작용하기 때문에 시공성이 좋으며 현재는 대부분 이 방식을 채택하고 있다.

45. 아래 내용을 보고 독립형 축전지용량 산출식을 쓰시오.

L_d : 1일 적산부하 전력량[kWh] Dr : 일조가 없는 날의 일수[일]
L : 보수율 - 0.8 Vb : 공칭축전지 전압[V] 납-2[V], 알칼리-1.2[V]
N : 축전지 개수[개] DOD : 방전심도[%] - 일조가 없는 마지막 날을 기준

정답

● 독립 형 전원시스템 축전지용량 산출식
C = $L_d \times Dr \times 1{,}000 / L \times Vb \times N \times DOD$ [Ah]

해설

◐ 방전심도(DOD:Depth of discharge) 의 용량이 1,000mAh 라고하면 1000mAh를 전부소진하고 충전했을 때의 방전심도는 1 이고 80% 사용하고 충전을 한다면 방전심도는 0.8 이다,
- 불일조일수 ; 기상상태로 발전을 할 수 없을 때의 일 수.
- 직류부하 전용일때는 인버터가 필요없다.
- 직류출력전압과 축전지의 전압을 서로 같게 한다.

46. 전로의 사용전압 (또는 대지전압)구분에 따른 절연저항 값의 기준을 답란에 쓰시오.

구 분	절연저항 값 [MΩ]
대지전압 150[V] 이하	①
대지전압 150[V] 초과 300[V] 이하	②
대지전압 300[V] 초과 400[V] 미만	③
대지전압 400[V] 이상	④

정답 ① 0.1 [MΩ] 이상 ② 0.2 [MΩ] 이상 ③ 0.3 [MΩ] 이상 ④ 0.4 [MΩ] 이상

해설

● 전기사용 장소의 사용전압이 저압인 전로의 전선 상호간 및 전로와 대지 사이의 절연저항은 개폐기 또는 과전류차단기로 구분할 수 있는 전로마다 다음 표에서 정한 값 이상이어야 한다. 절연저항 측정시 전선-전선, 전선-접지 모두를 측정해야 한다.

전로의 사용전압 구분		절연저항
400V 미만	대지전압(접지식 전로는 전선과 대지간의 전압, 비접지식 전로는 전선간의 전압을 말한다. 이하 같다)이 150V 이하인 경우	0.1MΩ
	대지전압이 150V 초과 300V 이하인 경우(전압측 전선과 중성선 또는 대지 간의 절연저항)	0.2MΩ
	사용전압이 300V 초과 400V 미만인 경우	0.3MΩ
400V 이상		0.4MΩ

※ 신설일 때는 초기값은 1MΩ을 넘어야 한다.

47. 단결정 태양전지 모듈의 사양이 다음 표와 같을 때 공칭효율을 구하시오.

공칭개방전압(V_{oc})	45.53 [V]
공칭단락전류(I_{sc})	8.92 [A]
공칭최대출력 동작전압(V_{max})	37.14 [V]
공칭최대출력 동작전류(I_{max})	8.35 [V]
모듈크기(L × W × T)	1960×985×40[mm]

정답 16.06 %

해설

- 태양전지 모듈 공칭효율 $\eta = P_{max} / P_{input} \times 100(\%) = I_{max} \times V_{max} / P_{input} \times 100(\%)$

$= I_{max} \times V_{max} / (E \times A) \times 100(\%)$

$= 8.35 \times 37.14 / 1000 \times 1.96 \times 0.985 = 16.06(\%)$

48. 독립형 태양광발전 인버터 태양광발전시스템에서는 효율을 최대화 하면서 왜율을 줄이기 위해 인버터 설계시 보완해야할 사항 3가지를 적으시오

정답 1. Switching속도가 빠른 IGBT소자를 사용하고, 정격보다 비교적 큰 용량을 사용한다.

2. IGBT의 고속 Switching에 의한 순간 Spike전압을 억제하기 위해 각각의 양단에 Snubber회로를 부착한다.

3. 병렬운전에 의해서 인버터를 최적 운전시켜야 한다.

해설

● 독립형 인버터시스템에 있어서 가장 중요한 것은 인버터 전력회로의 형태와 전압제어방법을 결정하는 일이다. 일반적으로 전압제어 방법은 인버터의 전력회로 형태에 따라서 달라지므로 기존 인버터의 회로방식을 검토한 후에 적절한 방법을 강구해야 한다.

4개의 Switching소자로 구성되는 단상 Full bridge에 의해 직류전압이 교류로 변환되며 정현파에 가까운 출력파형을 얻기 위하여 인버터 출력단에 L s와C p로 이루어진 Filter를 단다.

그러나, 인버터 출력단 전압의 왜율을 최소화 하면서 시스템의 효율을 극대화하기 위해서는 주어진 회로구성만으로는 불충분하다. 왜냐하면 왜율을 줄이기 위해서는 인버터의 Switching 주파수나 인버터 출력단 Filter의 용량을 증가시켜야 하는데 Switching 주파수가 증가하면 Switching손실이 증가하고 Filter가 커지면 무효전력 성분의 크기가 증대되어 도통손실이 커진다. 따라서 태양광발전시스템에서는 효율을 최대화 하면서 왜율을 줄이기 위해 인버터 설계시 다음과 같이 일부사항을 보완하여야 한다.

1. Switching속도가 빠른 IGBT소자를 사용하고, 정격보다 비교적 큰 용량을 사용한다. IGBT는 종래의 Power transister보다 Switching속도가 수십배 빠르기 때문에 Switching손실을 줄일 수 있다. 또한 대용량(400A급) IGBT소자를 2개 병렬로 연결하여 사용함으로서 소자정격의 1/20이내에서 사용가능하며 포화전압의 크기를 낮출 수 있다. 즉 Switching손실과 도통손실을 줄일 수 있고 Switching속도가 빠름에 따른 왜율의 감소가 가능하다.
2. IGBT의 고속 Switching에 의한 순간 Spike전압을 억제하기 위해 각각의 양단에 Snubber회로를 부착하였고, 또한 가능한한 스위치에 가까운 직류Link양단에 주파수 Capacitor를 연결하여 배선에 의한 Inductance영향을 최소화 시켰다. 그러나 실제의 경우 Snubber 회로만으로는 Spike전압을 효과적으로 억제시키는데는 한계가 있으므로 Gate driver회로에서 주제어소자를 인위적으로 서서히 Turn-on시킴으로서 이러한 기능을 분담할 수 있도록 하여야 한다.
3. 병렬운전에 의해서 인버터를 최적운전시키는 방법이다. 일반적으로 인버터시스템의 효율은 정격부하에 가까울수록 효율이 좋아진다. 독립형시스템의 전력부하는 계절과 시간에 따라 일정하지 않으므로 부하가 증가하면 여러 대의 인버터를 병렬운전하고 부하가 적어지면 인버터 운전댓수를 줄임으로서 고효율의 인버터운전은 물론, 전체시스템의 신뢰성도 높힐 수 있다.

49. 임야에 태양광발전설비를 설치하고자 한다. 질문에 답하시오.
(소수점 두 번째 자리까지 표시하고 반올림은 하지 않음)

설비용량	5MWP	할인율	6.0%
SMP	120원/kwh	발전시간(hour)	3.6
REC	150원/kwh	모듈발전량 경년 감소율	0.7%
자기자본율	100%	1차년도 모듈발전량감소율	3%

1) REC 가중치가 적용된 판매단가를 구하시오?

2) 시스템 이용률을 구하시오?

정답

1) REC 가중치가 적용된 판매단가를 구하시오?
- REC 가중치 = (99.999×1.2/용량) + (2,900.001×1.0/용량) + ((용량−3,000)×0.7/용량)
  = (99.999×1.2/5,000) + (2,900.001×1.0/5,000) + ((5,000−3,000)×0.7/5,000)
  = 0.88
- REC 가중치는 0.88배 이므로 0.88 × 150 [원/kwh] = 132 [원/kwh]
- 전력판매단가 = 132 + 120 = 252 [원/kwh]　　답 : 252 [원/kwh]

2) 시스템 이용률을 구하시오?
- 시스템 이용율 [%] = 발전시간 (hour) / 24 (hour) × 100 = 3.6/24 × 100 = 15 답 : 15%

50. 태양광발전시스템 부지선정 시 일반적인 고려(확인)사항 5가지를 쓰시오.

정답

① 빛장애, 공해, 염해 등이 없는지 확인
② 토사, 암반의 지내력 등 지반지질 상태 확인
③ 바람이 잘 들 수 있는 부지인지 확인
④ 일사량이 좋은 지역이고 남향인지 확인
⑤ 부지의 가격은 저렴한 곳인지 확인

※ 그 외 출제 예상 내용

● 태양광발전시스템의 기획 및 설계 전 설치장소의 환경조건 조사항목(주요검토사항) 5가지를 쓰시오.

해설

1) 수광 장해요인, 2) 염해, 공해의 유무, 3) 동계적설, 결빙, 뇌해 상태, 4) 자연재해, 5) 새 등의 분비물 피해 유무.

참고문헌 목록

- 이순형, “태양광발전 시스템의 계획과 설계”, 기다리, 2008
- 인인숙, “그림으로 보는 연료전지”, 교보문고, 2007.6
- 장태익, 정영관, “신·재생에너지공학”, 북스힐, 2007
- 한국전력 기술인협회, “태양광발전설비 기술세미나”, 한국전력 기술인협회, 2008
- 에너지관리공단 신·재생에너지센터, “신재생에너지 RD&D전략 2030[태양광]”, 2007.11
- Claudia Mng저, 이응직역, “건축과 태양광발전”, 도서출판 세진사, 2005
- Frano Barbir 원저, 조영일, 남기석 공역, “고분자연료전지공학” (주)북스힐, 2007
- 혼마 다큐야 지음, 윤실, 정해상 옮김, “‘연료전지의 활용”, 전파과학사, 2007
- 구또 데쓰이찌外 2명 공저, 윤창주역, “연료전지”, 겸지사, 2007
- 산업자원부 - 전기설비기술기준 및 판단기준(2007)
- 전기관련관계법령의 전력 기술관리법, 내선규정
- 한국전력기술인협회지, 이순형 - 태양광발전시스템의 계획과 설계
- 기다리, 이순형 저 - 수변전설비의 계획과 설계
- 기다리, 이순형 저 - 전기설비기술기준 및 판단기준
- 홍능과학출판사, 이재형, 임동건, 이준신 - 태양전기원론
- 유아사 - 기술자료 및 카탈로그(catalog)
- 쏠라테크(주) 신재생에너지 전문가 연수교육 자료중 일부
- PSD 테크 - 카탈로그(catalog)
- 한국전력공사 - 분산형 전원 배전계통 연계 기술기준
- 에너지관리공단 신재생에너지자료
- 법제처(2013년09월01일자) - 관련법규
- 2009년, 신재생에너지 유망산업기술 /전망세미나 - 태양에너지, 한국미래기술교육 연구원.
- 유춘식, 2009년 3월, 그린에너지의 이해와 태양광발전 시스템, 연경문화사.
- 2009년 5월, 태양광사업 기술시장의 실태와 전망, 산업교육 연구소.
- 에너지관리공단 신재생에너지센터, 2008년 7월, 신재생에너지의 RD&D 전략 2030 시리즈9 태양광, 북스힐.
- 일본태양광 발전협회, 이현화, 유헌종, 2009년 12월, 태양광 발전시스템 설계 및 시공, 인포더북스.

신재생에너지 발전설비(태양광) 실기

2013년 10월 10일 초판 발행
2018년 5월 10일 개정증보판 인쇄
2018년 5월 15일 개정증보판 발행
편저자 김 종 택
발행자 성 대 준
발행처 도서출판 금 호
서울특별시 성동구 성수2가 333-15
한라시그마벨리 2차 512호
전 화 02) 498-4816, 02) 498-9385
팩 스 02) 462-1426
등 록 303-2004-000005

정가 20,000원